“十二五”普通高等教育本科国家级规划教材

编号 2014-1-161

新编大学化学实验（一）
—— 基础知识与仪器

第二版

■ 扬州大学　盐城师范学院　唐山师范学院　盐城工学院
　江苏科技大学　江苏理工学院　淮海工学院　泰州学院　　合编

■ 刁国旺　总主编　　　　■ 刘　巍　本册主编

U0229120

化学工业出版社

·北京·

"十二五"普通高等教育本科国家级规划教材《新编大学化学实验》共包括四个分册：基础知识与仪器、基本操作、仪器与参数测量、综合与探究。

第一分册为基础知识与仪器，共5章，在介绍实验室安全与管理的基础上，对各类实验基础操作进行了系统介绍，测量与控制技术一章介绍了各类测温、测压和真空技术，实验数据处理一章对数字计算规则、误差处理、图表制作的介绍有利于学生实验报告的撰写。最后一章为常见仪器的使用，本章对目前高校实验室常见的45种仪器的简单原理和使用步骤等进行了系统介绍，对高年级学生或科研人员也有很大的借鉴作用。

《新编大学化学实验（一）——基础知识与仪器》内容广泛、系统，适用于化学、化工、环境、生物、制药、材料等专业的本科生，也可供从事化学实验和科研的相关人员参考。

图书在版编目（CIP）数据

新编大学化学实验（一）——基础知识与仪器/刘巍本册主编.
2版. —北京：化学工业出版社，2016.8（2023.2重印）
"十二五"普通高等教育本科国家级规划教材/刁国旺总主编
ISBN 978-7-122-27419-9

Ⅰ. ①新… Ⅱ. ①刘… Ⅲ. ①化学实验-高等学校-教材
Ⅳ. ①O6-3

中国版本图书馆 CIP 数据核字（2016）第 141260 号

责任编辑：宋林青 李 琰　　　　　　　　　　　　装帧设计：史利平
责任校对：宋 玮

出版发行：化学工业出版社（北京市东城区青年湖南街13号　邮政编码100011）
印　　装：大厂聚鑫印刷有限责任公司
787mm×1092mm　1/16　印张17　字数410千字　2023年 2 月北京第 2 版第 6 次印刷

购书咨询：010-64518888　　　　　售后服务：010-64518899
网　　址：http://www.cip.com.cn
凡购买本书，如有缺损质量问题，本社销售中心负责调换。

定　　价：30.00元

"十二五"普通高等教育本科国家级规划教材
《新编大学化学实验（第二版）》编委会

总 主 编：刁国旺

副总主编：薛怀国　张根成　沈玉龙　邵　荣
　　　　　袁爱华　周全发　许兴友　李存福

编　　　委（以姓氏拼音为序）：

蔡照胜（盐城工学院）　　　　陈传祥（江苏科技大学）

陈立庄（江苏科技大学）　　　刁国旺（扬州大学）

丁元华（扬州大学）　　　　　高玉华（江苏科技大学）

关明云（江苏理工学院）　　　韩　莹（扬州大学）

李存福（泰州学院）　　　　　李宗伟（扬州大学）

李增光（扬州大学）　　　　　林　伟（江苏理工学院）

刘冬莲（唐山师范学院）　　　刘　巍（扬州大学）

刘维桥（江苏理工学院）　　　仇立干（盐城师范学院）

邵　荣（盐城工学院）　　　　沈玉龙（唐山师范学院）

王丽红（唐山师范学院）　　　王佩玉（扬州大学）

许兴友（淮海工学院）　　　　薛怀国（扬州大学）

颜朝国（扬州大学）　　　　　严　新（盐城工学院）

杨锦明（盐城师范学院）　　　袁爱华（江苏科技大学）

张根成（盐城师范学院）　　　朱霞石（扬州大学）

周全法（江苏理工学院）

《新编大学化学实验（一）
——基础知识与仪器（第二版）》编写组

主　　编：刘　巍

副 主 编：韩　莹　蔡照胜　王丽红　王佩玉

参　　编（以姓氏拼音为序）：

　　　　　陈松庆　董宝霞　郭　霞　韩　杰　李　娟

　　　　　刘文龙　刘汝章　陆春良　鲁　萍　孙　诚

　　　　　王　建　吴德峰　吴　俊　薛怀国　严长浩

　　　　　袁　宇　张奉民　张永才　朱沛志　朱霞石

编写说明

2010 年《新编大学化学实验》第一版出版，本系列教材吸收了多所院校的实验教学改革经验，并结合教育部关于加强大学生实践能力与创新能力培养的教学改革精神，在满足教育部化学专业教学指导委员会关于化学及近化学类专业化学基础实验的基本要求的前提下，对整个大学化学实验的内容和体系进行了全方位的更新，得到同行专家的首肯。2014 年该教材先被评为江苏省重点教材，后入选"十二五"普通高等教育本科国家级规划教材。该系列教材出版以来，扬州大学、盐城师范学院、江苏师范大学、徐州工程学院和唐山师范学院等院校先后选择该书为本校相关本科专业基础化学实验教材，受到了广大师生的普遍好评。

经过近六年的教学实践验证，本套教材比较符合本科化学及近化学类专业基础化学实验的基本要求，因此在第二版中基本保留了原书的框架结构，只是对部分内容进行了删改或增加。修订时遵循的基本原则：一是尽量吸收近年来实验教学改革的最新成果，将现代科学发展的前沿技术融入基础化学实验教学中，为提升学生的创新能力、拓宽学生的知识视野提供了保证；二是对参编院校进行了调整，部分新参编学校提供了许多优秀的实验教学方案，使本书教学内容更加丰富。编者相信，通过本次修订，本书的普适性会更强。

由于编者水平有限，书中难免会出现不足及疏漏之处，恳请广大师生及读者批评指正。

本书在修订时，得到了江苏省重点教材项目、省教改基金（重点）、扬州大学出版基金和教改项目的资助，特此感谢！

编者

2016 年 2 月

前　言

现代社会的高速发展对高校人才的培养也提出了更高的要求。当今高校的主要任务是培养人才，多出人才，出好人才。化学作为基础学科的重要组成部分，对培养高素质的理工科人才具有十分重要的作用。著名化学教育家戴安邦院士指出"实验室是实施全面化学教育最有效的教学形式"，在学生综合素质和科学素养的形成过程中发挥着不可替代的作用。随着实验室建设资金投入的大幅度增加，许多高校实验室添置了大量仪器、设备，教学、科研条件上了一个新的台阶，我国高校化学实验室建设和实验教学改革进入了一个高速发展的时期。目前，我国主要高校化学实验教学条件已经达到或接近国际先进水平。作为实验教学重要元素的实验教材也必须适应这种新的发展。《新编大学化学实验（一）——基础知识与仪器》的再版工作，也正是在这种形势下提上议事日程的。

本次修订主要对本书第5章进行了修改、补充，基本保留了原教材中的分析天平、酸度计等14种常规仪器的内容，对电化学工作站、紫外-可见分光光度计、红外光谱仪、荧光光谱仪等10种仪器，结合这类仪器的最新发展，做了较大的改动。除此以外，本章重点补充了原教材没有涉及的多种光谱仪、色谱仪、电子显微镜的介绍和使用方法，这21种仪器的加入，大大扩展了本教材的使用范围，与目前高校实验室的发展相匹配。

由于编者水平所限，在选择有关实验内容时，难免有疏漏之处。敬请各位同仁不吝指教。

编者
2015 年 12 月

第一版序

关于化学实验的重要性和化学实验教学在培养创新人才中的作用，我国老一辈化学家从他们的创新实践中提出了非常精辟的论述。傅鹰教授提出："化学是实验的学科，只有实验才是最高法庭。"黄子卿教授指出："在科研工作中，实验在前，理论在后，实验是最基本的。"戴安邦教授对化学实验教学的作用给予了高度的评价："为贯彻全面的化学教育，既要由化学教学传授化学知识和技术，更须通过实验训练科学方法和思维，还应培养科学精神和品德。而化学实验课是实施全面的化学教育的一种最有效的教学形式。"老一辈化学家的论述为近几十年来化学实验的改革指明了方向，并取得了丰硕的成果。

什么是创新人才？创新人才应具备的品质是：对科学的批判精神，能发现和提出重大科学问题；对科学实验有锲而不舍的忘我精神；对学科的浓厚兴趣。而学生对化学实验持三种不同态度：一类是实验的被动者，这类学生不适合从事化学方面的研究工作；一类是对实验及研究充满激情，他们可以放弃节假日，埋头于实验室工作，他们的才智在实验室中得以充分体现，他们是"创新人才"的苗子；一类是对实验既无热情也不排斥，只是把实验当成取得学分的手段，这类学生也许能成为合格的化学人才，但决不能成为创新人才。因此，对待实验室工作的态度是创新人才的"试金石"，有远见的化学教育工作者应创造机会让优秀学生脱颖而出。

近三十年来，各高校对实验教学的重视程度有所提高，并取得了系统性的认识和成果，但目前的实际情况尚不尽如人意，在人们的思想中，参加实验教学总是排在科学研究、理论教学工作之后，更不愿把精力放在教学实验的研究工作上。但是，以扬州大学刁国旺教授为首的教学集体以培养创新人才为己任，长期投入、潜心钻研、追求创新，研究出一批新实验，形成了富有特色的化学实验教学新体系，编写了新的实验教材，受到了同行的高度好评，成为江苏省人才培养模式创新实验示范区、大学化学实验课程被评为江苏省精品课程，刁国旺教授荣获江苏省教学名师，这种精神是难能可贵的。《新编大学化学实验》就是他们的最新研究成果，全书特色鲜明：(1) 全：全书收集了教学实验 214 个，囊括了基础综合探究性各类实验，可能是目前国内收编教学实验最多的化学实验教科书之一，是实验教学改革成果的结晶。(2) 新：收集的实验除了经典的基本实验外，相当多的实验是新编的，有的就是作者的科研成果转化而来，使实验训练接近最新的科学前沿。本教材也以全新的模式展现给读者。(3) 细：从实验教学出发，教材在编写时细致周到，既为学生提供了必要的提示，也为教师在安排实验教学上提供了很大的自由度。

期望《新编大学化学实验》的出版能给我国化学实验教学带来新活力、增添新气象、开创新局面，培养出更多的创新人才。

高盘良

2010 年 5 月 16 日

第一版编写说明

众所周知，化学是一门以实验为基础的学科，许多化学理论和定律是根据大量实验进行分析、概括、综合和总结而形成的，同时实验又为理论的完善和发展提供了依据。化学实验作为化学教学中的独立课程，作用不仅是传授化学知识，更重要的是培养学生的综合能力和科学素质。化学实验课的目的在于：使学生掌握物质变化的感性知识，掌握重要化合物的制备、分离和表征方法，加深对基本原理和基本知识的理解掌握，培养用实验方法获取新知识的能力；掌握化学实验技能，培养独立工作和独立思考的能力，培养细致观察和记录实验现象、正确处理实验数据以及准确表达实验结果、培养分析实验结果的能力和一定的组织实验、科学研究和创新的能力；培养实事求是的科学态度，准确、细致、整洁等良好的科学习惯和科学的思维方法，培养敬业、一丝不苟和团队协作的工作精神和勇于开拓的创新意识。为此，教育部化学与化工学科教学指导委员会制定了化学教学的基本内容，并对化学实验教学提出了具体要求。江苏省教育厅也要求各教学实验中心应逐渐加大综合性与设计性实验的比例，加强对学生动手能力的培养。扬州大学化学教学实验中心作为省级化学教学实验示范中心，始终注重实验教学质量，于1999年起尝试实验教学改革，于2001年在探索和实践中建立一套独特的实验教学体系，并编写了《大学化学实验讲义》（以下简称《讲义》），该《讲义》按照实验技能及技术的难易程度和实验教学的认知规律分类，分别设立基础实验、综合实验和探究实验。其中基础实验又分成基础实验一和基础实验二，分别在大学一、二年级开设，主要训练学生大学本科阶段必须掌握的基本实验技能技巧、物质的分离与提纯、常用仪器的性能及操作方法、常规物理量测量及数据处理等，了解化学实验的基本要求。在完成基础实验训练后，学生于三年级开设综合性实验。该类实验以有机合成、无机合成为主线，辅之以各种分析测量手段，一方面学生可学到新的合成技术，同时又可以利用在一、二年级掌握的基本实验技术，对合成的产品进行分离提纯、分析检测，并研究相关性质等。综合性实验一方面可帮助学生复习、强化前面已学过的知识，进一步规范实验操作技能和技巧；另一方面也可培养学生综合应用基础知识和提高解决实际问题的能力。在此基础上，开设探究性与设计性实验，该实验内容主要来自最新的实验教学改革成果，也有部分为最新的科研成果。按照设计要求，该类实验，教科书只给出实验目的与要求，学生必须通过查阅参考文献，撰写实验方案，经指导老师审查通过后独立开展实验，对于实验过程中发现的问题尽可能自行解决。该类实验完全摒弃了以往实验教学中常用的保姆式教育，放手让学生去设计、思考，独立自主地解决实际问题，使学生动手能力得到了显著提高。经过4年的教学实践证明，采用这一课程体系，综合性与设计性实验的课时数占总实验课时数可以达到40％左右。师生普遍反映该课程体系设计科学、合理，学生在基础知识、基础理论和实践技能培训方面得到全面、系统训练的同时，综合解决实际问题的能力得到进一步加强。《讲义》经4年的试用，不断完善，并于2006年与徐州师范大学联合编写了《大学化学实验》系列教材，由南京大学出版社正式出版发行。两校从2006年夏起，以本套丛书作为本校化学及近化学各专业基础化学实验的主要教材，至2010年，先后在化学、应用化学、化学工程与工艺、制药工程及高分子材料与工程等专业近4000名学生中使用，师生普遍反映良好，该教材也被评为普通高等教育"十一五"国家级规划教材和江苏省精品教材。但在实际使用过程中，也发现原教材存在诸多不足。为此，扬州大学、徐州师范大学以及盐城师范学院、盐城工学院、徐州工程学院、淮海工学院和淮阴工学院一起于 2008 年春在扬州召开了实验教学改革经验交流会及实验教材建设会议，在充分肯定《大学化学实验》教材取得成功经验的基础上，也提出了许多建设性的建议，并决定成立《新编大学化学实验》编写委员会，对《大学化学实验》教材进行改编。会议决定，《新编大学化学实验》仍沿用《大学化学实验》的编写体系，即全套共由四个分册组成，第一分册介绍实验基础知识、基本理论和基本操作以及常规仪器的使用方法等，刘巍任主编；第二分册为化学实验基本操作实验，朱霞石任主编；第三分册为仪器及参数测量类实验，丁元华任主编；第四分册为综合与探究实验，颜朝国任主编。全书由刁国旺任总主编，薛怀国、沐来龙、许兴友、张根成、邵荣、杜锡华和马卫兴等任副总主编，刁国旺、薛怀国负责全套教材的统稿工作。

本次改编时，在保留原教材编写体系的同时，根据实际教学需要，又作了以下几点调整：

（1）为反映实验教学的发展历史，同时也为适应不同学校的教学需求，适当增加了部分基础实验内容，安排了部分利用自动化程度相对较低的仪器进行测量的实验，有利于加深学生对实验测量基本原理的认识。

（2）为强化实验的可操作性，注意从科研和生产实践中选择实验内容。

（3）考虑到现代分析技术发展迅速，在仪器介绍部分，增加了现代分析技术经常使用的较先进仪器的介绍，以适应不同教学之需要，也可供相关专业人员参考。

（4）部分实验提供了多种实验方案，一方面可拓宽学生的知识视野，同时也便于不同院校根据自身的实验条件选择适合自己的教学方案。

（5）吸收了近几年实验教学改革的最新研究成果。

全套教材共收编教学实验 214 个，涉及基础化学实验教学各个分支的教学内容，各校可根据具体教学需求，自主选择相关的教学内容。

希望本套教材的出版，能为我国高等教育化学实验教学的改革添砖加瓦。

本套教材是参编院校从事基础化学实验教学工作者多年来教学经验的总结，编写过程中得到扬州大学郭荣教授、胡效亚教授等的关心和支持；北京大学高盘良教授担任本套教材的审稿工作，提出了许多建设性的意见，并欣然为本书作序，在此一并表示谢意！

本套教材由扬州大学出版基金资助。

由于编者水平有限，加之时间仓促，不足之处在所难免，恳请广大读者提出宝贵意见和建议，以便再版时修改。

编委会

2010 年 5 月

第一版前言

本书是系列丛书《新编大学化学实验》的第一分册，共分两个部分。第一部分主要介绍大学化学实验的基础知识，包括化学实验的基本理论和基本操作技术、化学实验条件的控制技术、化学实验结果的处理与表达等；第二部分介绍常规仪器的使用方法等。实验仪器的种类、功能、精度随着科技的不断发展而日新月异，应该说，对实验仪器及其使用方法的介绍，是一个永无休止的专题。本书的第五章，讲述了大学化学实验中所涉及的 25 种仪器的基本原理、使用方法及注意事项，这些仪器绝大部分是教育部化学与化工学科教学指导委员会在"化学类专业基本教学条件"中所推荐使用的，考虑到学科发展的需求，书中还对少数近年内可能列入规定的部分仪器做了简单介绍。

本册教材由刘巍任主编，王佩玉、蔡照胜、刘英红任副主编；参加编写的还有朱霞石、薛怀国、郭霞、张奉民、瞿其曙、吴德峰、吴俊、吴昊等。

本书可作为高等学校化学与近化学类各专业的实验教材，也可作为相关专业研究生和工程技术人员的参考书。

由于编者水平所限，书中难免存在疏漏和不当之处，敬请读者不吝指正。

编者
2010 年 5 月

目　　录

第1章 绪 论

1.1 化学实验教学的作用

化学是以实验为基础的学科，实验在化学教学中具有不可替代的作用，它可以激发学生学习化学的兴趣，帮助学生形成化学概念，获得化学知识和实验技能，培养观察能力和实际动手能力，还有助于培养实事求是、严肃认真的科学态度和科学的学习方法。如果离开了实验教学而使化学教学成为一种纯理论、纯知识的传授过程，化学教学的大厦将变成"空中楼阁"。其结果违背化学学科教学的客观规律，受教育者缺少理论与实践相结合的训练，成为只重视书本知识，忽视实践知识的不合格人才。因此，加强实验教学，培养学生的创新能力，是高校培养高素质化学化工专门人才的必要手段。

化学实验是一项独特的实践活动，化学理论只有经过实验的检验，才能成立，才能引起学生的学习兴趣，才能更好地体现化学学科的特点。实验本身特有的实际操作性可以为学生认识的深化提供可靠依据和最佳途径，可以为学生提供丰富的、真实的、生动的感性认识，并为理性认识奠定坚实的基础。事实上化学实验作为一种实践性教育，不仅对学生的智力产生影响，同时它还对学生的心理及非智力因素产生着积极的作用，这一点往往为人们所忽视。无论是提高学生的素质，还是提高学生的能力，都离不开实践环节。

化学实验教学有利于学生科学态度的形成。科学态度是思维素质的一种表现形式，它对于人们从事科学研究和其他工作非常重要。化学实验过程需要学生认真、细致地进行实验观察，如实地反映实验中观察到的各种现象和事实，实事求是地做好实验记录，对实验结果作出正确的分析并及时完成实验报告，是培养学生严谨的科学态度和治学作风的重要环节。

化学实验教学过程也是一种重要的科学方法教育过程。通过化学实验（特别是探索性实验和设计性实验），学生不仅可以学习观察、测定、实验条件的控制、实验记录、数据的分析和处理等基本的科学分析、研究方法，而且在解释实验现象和分析实验结果的过程中，可以采用观察、分析、比较、分类、综合、抽象、概括等科学方法。化学实验教学为这种具有科学、理性、善于思辨，手、脑协调发展的人才培养提供了途径。

化学实验对学生能力的培养，特别是观察能力、思维能力和实验能力的培养具有重要作用。一个人的能力涉及多方面，这里主要讨论观察能力、思维能力和实验能力。这些能力也是一个人素质高低的一种表现形式。化学实验离不开观察，在观察现象的同时，学生必须把观察到的现象与已经学过的知识、已有的经验联系起来进行思维，将实验中获得的感性认识上升为理性认识。能力是通过解决实际问题表现出来的，而其直接外在形式则是动手操作能力。实验的操作能力必须通过化学实验来培养，离开化学实验无法培养学生的化学实验操作能力。

环境问题已经成为全人类共同关注的问题。我国政府也把它列为实施可持续发展战略的基本国策。作为以培养高素质人才为己任的高等教育，必须使受教育者树立环保意识，必须使之有更宽广的视野。然而，我国公民（包括广大青少年学生）的环保意识仍很淡薄，亟需加强。我们可以通过化学实验实现这一教育目的，这是实验课特有的功能之一。

是否具有与他人合作共事的能力，也是对学生进行素质教育的内容之一。素质教育虽然强调人的个性发展和人的主体性，但同时更强调人的群体性和合作意识的培养。这一点关系到人与人、人与社会相协调、相适应，学会生存的重要问题。所以培养学生与他人合作共事的能力是形成人的社会适应能力的一个十分重要的前提。在学生的分组实验中可以有效地培养学生这方面的能力，因为在一个小组内学生们可根据实验的要求和自己的情况进行合理分工、协作，需要团结互助，合作共事才能完成实验任务。

1.2　实验教学中学生的中心地位和教师的主导作用

1.2.1　实验的预习与设计

为了能达到预期的目标，学生在实验前必须认真预习。实验从根本上说就是人们需要知道某件事、某个方面、某个理论的什么问题时，从自然现象或模拟自然现象中找出答案的一种手段。因而要求实验者在实验前就必须有明确的目的。例如通过实验应当观察什么现象，测量什么数据，最后获得什么样的结果。为了达到预期的目标，应当制定什么样的实验计划，并选择何种实验仪器，已有的仪器设备是否适用，尚缺哪些仪器设备，为正确使用仪器，预习时应认真阅读仪器使用说明书，充分了解仪器的性能及操作步骤；与此同时，所需药品的种类、用量以及试剂的纯度要求等都必须在自己头脑中有明确、清晰的认识。要做到这些，学生必须认真阅读实验教材及有关的参考资料，并认真做好预习笔记，只有预习充分的学生，实验时才能有条不紊，积极主动地完成各项实验任务，并在实验中不断发现问题和解决问题。

1.2.2　实验记录和报告

（1）实验时必须认真操作，细心观察，正确记录

学生进入实验室后，首先对照"仪器使用卡"检查实验仪器是否完好齐全，然后按照教材要求认真进行各项实验操作。任何时候任何情况下都不能抱有成见，而应努力发现事物的本来面貌。事实上，任何一个伟大的发现都是与细心观察分不开的，试图在实验结果中加入人为的因素则是科学的大忌。要善于发现实验中的异常现象，仔细分析其原因，去伪存真，以揭示事物的本质。实验记录应当是一份永久性资料，为便于模拟和重复实验，必须认真记录实验条件。如实验用的仪器型号、药品纯度、实验时的温度、大气压，甚至天气等；通常的要求是在若干年以后，其他人阅读了你的实验记录，仍能清楚了解当时的实验情况。为此要求：

① 必须准备一个记录本，将所有实验现象、数据记录在记录本上，而不要记在纸片或滤纸等碎片上，以免造成记录的散失，使实验前功尽弃。

② 不得用铅笔记录。如要修改记录，可用一条线划去要修改的记录，而不要将其任意涂改或擦掉。这样做的目的是为便于知道修改前记录的内容，了解修改的原因。

③ 将各记录项目分项列表并标注项目名称。

（2）认真书写实验报告

实验报告通常包括如下内容：

① 目的　　要求用简洁的语言概括实验的目的和要求。

② 原理 扼要概述实验所依据的基础理论（包括理论的阐述和公式）。

③ 主要仪器和药品 介绍实验用到的仪器型号、精度等。实验结果除了与研究者的工作经验等有关外，很大程度上还取决于仪器的测量精度（有关仪器的测量精度对实验结果的影响参见第 4.1.4 节内容）。实验中所用药品应标明纯度（即试剂等级）。不同等级的试剂其杂质含量是不同的，而杂质含量的高低有时会直接影响实验结果，甚至会使结果面目全非。

④ 实验操作 说明仪器装置的构造框图、连接方法，仪器的具体操作步骤及操作注意事项，尤其对实验成败的关键应详细描述。

（3）数据处理

将有关实验数据代入相应的理论公式中，计算各物理量及化学参量，并与文献中相应值比较，以检验实验结果的准确程度。如果是多组平行的数据，可举一例说明其计算过程，其余的则以表格形式直接列出计算结果。需要作图的实验，还应根据要求用相关数据作图，再对图形作进一步的处理，从而获得实验结果。图形表格应分别按顺序编号标明名称和测量条件。

为了评估实验结果的优劣，还应对实验结果进行误差分析，探讨其可靠程度。

（4）结果讨论

主要是指学生进行实验后的心得体会，分析实验可能的误差来源和解决措施，实验成败的关键，以及对实验改进的建议等。这是实验报告的重要部分，它反映了学生是否在实验时自始至终地积极思考、认真观察、及时解决所发现问题的能力。因此，这部分是学生实验能力的综合体现，必须认真对待。

（5）参考文献

列举与实验密切相关，且已查阅的有关参考文献，注意没有阅读过的文献一般不要列入。

实验报告必须做到言简意赅、条理清晰，既要有一定的格式，又不落俗套，书写时应避免照搬教材，尽可能使用自己的语言。一般的实验操作只需简要说明而将重点放在关键性步骤上。

有关实验的思考题，目的在于帮助理解实验原理和操作，引导实验者做好总结，通过个别实验认识一类物质或一类反应，领悟处理同类问题的方法。书写实验报告时，应根据自己的实验情况，将对实验数据、现象的分析、归纳与回答思考题结合起来。对某个实验的小结往往也是对某个思考题的问答，这样做，比孤立回答思考题收益大。实验报告的格式，应根据不同类型实验的特点，自行设计出最佳格式。

1.2.3 教师的主导作用

在实验教学中，既要强调学生的主体地位，也要强调老师的主导作用。教师起主导作用具有客观性和必要性。教学方向、教学内容、教学方法、教学进程、教学结果和教育质量等，主要由教师决定和设计。教师之所以起主导作用，因为他们闻"道"在先，受过专门的教育训练，在把握教学方向、确定教学内容、选择教学方法等方面，应该具有一定的经验；而学生才准备闻"道"，知识和经验都不丰富，还缺乏一定深度的认识辨别能力，他们不可能掌握教学的方向、内容、方法等。

教师之所以起主导作用，还有其更深刻的根据。人是环境和教育的产物。教师固然代表不了学生的外在环境和教育的全部，但他们是环境和教育的综合体，对学生产生影响；而学生的学习动机、学习行动、学习方式方法，以及学习获得的知识思想和能力等，都不可能是自生先验的东西，必须在一定条件下接受、吸收来自外部环境和教育的影响，而教育的影响主要来自于老师。教育教学是人类有目的、有计划、有组织的培养人的活动，抛弃了教师主导作用的这个原则，目的、计划、组织就无从谈起。在实验课上，学生应在教师的循循诱导下，亲自感知教材，通过自己动手，联系旧知识，初步获得新知识，然后转向运用新知识，去解决新问题。整个实验过程，应该是在教师不断指导、学生不断尝试的过程中逐步完成的。通过教师的主导作用，把学生的主体作用、教科书的指导作用、旧知识的迁移作用、学生之间的相互作用及师生之间互动的情感作用充分发挥出来，达到完成教学任务，提高学生学习能力的目的。所以，教师的主导作用是学生实验是否成功的关键。

1.3　实验室管理

1.3.1　实验室规则

实验室规则是人们从长期实验室工作中归纳总结出来的，它是防止意外事故，保证正常实验的良好环境、工作秩序和做好实验的重要前提。

① 实验前认真预习，明确实验目的和要求，了解实验内容、方法和基本原理。对于设计性实验，实验者课前必须查阅资料，根据实验要求设计详细的实验方案，并经指导教师批阅同意后方可进行实验。实验前必须认真预习，写好预习报告。

② 提前10分钟进入实验室，熟悉实验室环境、布置和各种设施的位置，做好实验准备。进入实验室必须穿着实验服，实验时遵守纪律，保持肃静，思想集中，认真操作。

③ 实验中注意保持实验台的清洁和整齐，每次实验完毕应立即将仪器洗干净放入柜中，实验药品按序排列，做好实验室清洁卫生工作。

④ 实验过程要仔细观察各种现象并详细记录，认真思考问题。

⑤ 爱护国家财产，注意节省水、电和药品，不得滥用、浪费。公用仪器实验后，洗、擦干净并放回原处。实验过程中如有仪器破损，应填好仪器破损单，并经指导教师签注意见后向仪器保管室领取。废物、废液、滤纸条、破玻璃等分别放入废液缸和废物桶内，严禁放入水槽，以防水槽腐蚀和淤塞。

⑥ 实验结束时，必须提交实验原始数据，实验课后应根据原始记录，联系理论知识，认真地分析问题，处理有关数据，做好实验报告并及时提交实验报告。

⑦ 实验不得无故缺席，实验不符合要求的需要重做。

1.3.2　实验室安全操作守则

① 试剂瓶要有标签。剧毒药品需与一般药品分开，设专柜并加锁，专人管理，并制订保管、使用制度。开启易挥发的试剂瓶时，不可使瓶口对着自己或他人的脸部。在室温高的情况下打开密封的装有易挥发试剂的瓶子时，最好先把试剂瓶在冷水中浸一段时间。实验过程中对于易挥发及易燃性有机溶剂的加热应在水浴锅或严密的电热板上慢慢进行，严禁用火焰或电炉直接加热。

② 对于某些有毒的气体，必须在通风橱内进行操作处理，头部应该在通风橱外面。

③ 严禁试剂入口，用移液管吸取样品时应用橡皮球操作，如需以鼻鉴别试剂时，应将

试剂瓶远离鼻子，以手轻轻扇动稍闻其味，严禁以鼻子接近瓶口。

④ 中毒时必须及时救治。如果是由于吸入毒性气体、蒸汽，应立即把中毒者移到新鲜空气中；如果是由于吞入毒物，最有效的办法是借呕吐以排除胃中的毒物，并必须立即送医疗部门处理，救护得愈早，恢复健康也愈快。

⑤ 实验室内禁止吸烟、进食，严禁食具和仪器互相代用。离开实验室时要仔细洗手、洗脸和漱口，脱去工作服。

1.3.3 化学灼烧、烫伤、扎伤的预防

① 取用腐蚀类刺激性药品，如强酸、强碱、浓氨水、三氯化磷、氯化氧磷、浓过氧化氢、氢氟酸、冰乙酸等，必须戴上橡皮手套和防护眼镜等。腐蚀性物品不得在烘箱内烘烤。

② 稀释硫酸时必须在烧杯等耐热容器内进行，而且必须在不断搅拌下，仔细缓慢地将浓硫酸加入水中，绝不能将水加注到硫酸中去。在溶解氢氧化钠、氢氧化钾等发热物时，也必须在耐热容器内进行。浓酸或浓碱中和，则必须先行稀释。

③ 取下正在沸腾的水或溶液时，须先用烧杯夹子摇动后才能取下使用，以防使用时突然沸腾溅出伤人。

④ 切割玻璃管（棒）及塞子钻孔，往往造成伤害。往玻璃管上套橡皮管时，必须正确选择它的直径，不要使用薄壁的玻璃管，且须将管端烧圆滑后才插入。最好用水或甘油浸湿橡皮管的内部，并用布裹手，以防玻璃管破碎时扎伤手部。把玻璃管插入塞内时，必须握住塞子的侧面，不要把它撑在手掌上。

⑤ 装配或拆卸仪器时，要防止玻璃管和其他部分的损坏，以避免受到伤害。

⑥ 实验室应置备足够数量的安全用具，如沙箱、灭火器、冲洗龙头、洗眼器、护目镜、屏障、防护衣和防毒面具，每个工作人员都应知道其放置位置和安全使用方法。

⑦ 熟悉实验室水阀和电闸的位置，以便必要时随时关闭。

⑧ 实验室工作结束后，应当进行安全检查，离开时要关闭一切电源、热源、水源、气源和门窗。

1.3.4 电器设备的安全使用

（1）电流的种类

电流分直流电和交流电两种。直流电的方向是不变的，总是从电源的正极流到负极，电压维持恒定；交流电的电流是有规律地从一个方向变换到另一个方向，其电压数值也可以从正的最大值变到负的最大值。交流电又分为单相交流电和三相交流电。单相电只有一根相线和一根零线，相电压为220V；三相电有三根相线，线电压为380V。在一般的实验室内，直流电源有干电池、蓄电池和整流器；交流电则通过配电装置将室外的交流电输入室内。

室内配电装置通常由自动开关、保险丝、电插座以及其他设备组成。单相电插座分两孔和三孔插座。两孔插座（相、零线）分别与两根电源线连接，没有防护性接地。三孔插座（相、零、地线）因采用防护性接地，用电比较安全。三孔插座上有一个孔特别大，是接到地线上的，另外两个孔较小，分别接到两根电源线路上。三脚插头上有一只脚特别大而长，通过三芯电线中的一根电线接到电器的金属外壳，另外两只脚由导线接通到电器内部的用电线路。使用电器时将三脚插头推进三孔插座时，插头的一只大脚先碰到插座的一个大孔，于是电器的金属外壳先行接地，然后电流再接通电器内部的用电线路，这样使用起来很安全。

需要注意的是有些仪器要求相、零线不能混用，否则会烧毁仪器。而三相电通常采用四孔插座和插头。它与三孔插座、插头的功用相似。四孔插座上有一个孔特别大，是接到地线的，另外三个孔较小而浅，分别接到三根电源线路上。四脚插头上有一只脚特别大而长，通过四芯电线中的一根电线，接到电器设备的金属外壳，另外三只脚经过三根电线与电器设备内部电路接通。当使用电器设备时，它的金属外壳可先行接地，然后再接通电流，可以达到安全用电的目的。使用真空泵等三相电设备时，如发现逆转，应将插头的任两根相线换接。

实验者初进实验室应首先了解室内配电装置的结构，了解室内用电的最大负荷。如用电超过规定负荷，则自动开关会自动断电，这时必须检查和排除故障后才能重新合闸。

（2）安全用电

通常实验室供交流电电压为220V。人体通过交流电1mA就有麻电的感觉，10mA以上使肌肉强烈收缩，25mA以上则呼吸困难，甚至窒息，100mA以上则使心脏发生纤维性颤动，以致无法抢救。对于直流电，在通过同样电流时，对人体也有相似的危害。为防止触电必须注意如下事项。

① 通电设备必须绝缘良好，一切电源裸露部分都应有绝缘装置（电开关应有绝缘匣，电线接头裹以胶布、胶管），所有电器设备的金属外壳应接上地线。

② 操作电器时，手必须干燥。因为手潮湿时，电阻显著减小，容易引起触电。

③ 已损坏的接头或绝缘不良的电线应及时更换。修理或安装电器设备时，必须先切断电源。

④ 不能用测电笔去试高压电（250V以上）。

⑤ 应当了解实验室电源总闸所在的位置，如果遇到有人触电，应首先切断电源，然后进行抢救。

（3）负荷和短路　实验室内用电的总负荷不能超过供电的总功率，否则就会使保险丝熔断，甚至发生严重事故。一般实验台上电源的最大允许电流为15A。使用功率很大的仪器，应事先计算电流量。应严格按规定接保险丝，否则长期使用超过规定负荷的电流时，容易引起火灾或其他事故。

接保险丝时，不得在带电时进行操作。应避免导线间的摩擦以防止短路。尽可能不使电线、电器受到水淋或浸在导电的液体中。

氢气、煤气等易燃易爆气体，如有电火花，则可能引起火灾或爆炸。电火花经常在电器接触点（如插座、插头）接触不良、继电器工作及开关电闸时发生，因此应注意室内通风，电线接头要接触良好，包扎牢固以消除电火花。万一着火，则应首先切断电路，再用一般方法灭火。如无法拉开电闸，应用砂土或二氧化碳灭火器灭火，绝不能用有导电性的水或泡沫灭火器来灭电火。

必须定期检查实验室内电器设备的使用情况，应定期更换导线。过旧的导线不可使用。工作结束后，应拉开室内总电闸。

1.3.5　防火与灭火

① 实验室常备适用于各种情况的灭火材料，包括消火砂、石棉布、毯子、各类灭火器。消火砂要经常保持干净，且不可有水浸入。

② 实验过程中起火时，应先拔去电炉插头，关闭煤气阀、总电门，立即用湿抹布或石

棉布熄灭灯火，注意除了小范围可用湿抹布覆盖外，要立即用消火砂、灭火器来扑灭。特别是易燃液体和固体（有机物）着火时，不能用水去浇。活泼金属（如金属镁）着火，不能用水、CO_2 灭火器灭火。

③ 电线着火时需关闭总电门，立即切断电流，再用 1211 灭火器熄灭已燃烧的电线并及时通知值班电气装配工人。

④ 衣服着火时应立即以毯子之类蒙盖在着火者身上，以熄灭燃烧着的衣服，不可跑动，否则会使火焰加大。

⑤ 实验室备用的灭火器需按时检查并调换药液。使用前需检查喷嘴是否畅通，如果有堵塞应疏通后再使用，以免造成爆炸事故。

1.4　化学试剂基本常识及其安全保管

1.4.1　化学试剂的分类

化学试剂通常指一类具有一定纯度标准，用于教学、科学研究、分析测试，并作为某些新兴工业所需的纯净的功能材料和原料的精细化学品。化学试剂种类繁多，且根据用途不同标准也不同。化学试剂的分类目前尚无统一的方法。我国编制的化学试剂经营目录，按试剂用途和化学组成将化学试剂分为十大类，见表 1-1。

表 1-1　化学试剂的分类

序号	名　称	说　明
1	无机分析试剂	用于化学分析的无机化学品,如金属、非金属单质、氧化物、酸、碱、盐等
2	有机分析试剂	用于化学分析的有机化学品,如烃、醛、酮、醚及其衍生物
3	特效试剂	在无机分析中测定、分离、富集元素所专用的一些有机试剂,如沉淀剂、显色剂、螯合剂等
4	基准试剂	主要用于标定标准溶液的浓度,这类试剂纯度高、稳定性好、化学组成恒定
5	标准物质	用于化学分析、仪器分析中作对比的化学标准品,或用于校准仪器的化学品
6	指示剂和试纸	用于滴定分析中指示滴定终点,或用于检验气体或溶液中某些物质存在的试剂,试纸是用指示剂或指示剂溶液处理过的滤纸条
7	仪器分析试剂	用于仪器分析的试剂
8	生化试剂	用于生命科学研究的试剂
9	高纯物质	用作某些特殊需要的工业材料和一些痕量分析用试剂,其纯度一般在 4 个"9"(99.99%)以上
10	液晶	液晶是液态晶体的总称,它既有流动性、表面张力等液体的特征,又具有各向异性、双折射等固体晶体的特征

化学试剂规格又称试剂级别，反映试剂的质量。试剂规格一般按试剂的纯度以及杂质含量来划分。为保证和控制试剂产品的质量，国家或有关部门制定和颁布了"试剂标准"，对试剂的规格标准和检验方法作出了规定。

试剂的纯度对实验结果准确度的影响很大，不同的实验对试剂纯度的要求也不相同，因此，必须了解试剂的分类标准。表 1-2 是我国化学试剂等级标志与某些国家的化学试剂等级标志的对照。

表 1-2 我国化学试剂等级标志与某些国家的化学试剂等级标志的对照

	级别	一级品	二级品	三级品	四级品	五级品
我国化学试剂等级标志	中文标志	保证试剂	分析试剂	化学纯	化学用	生物试剂
		优级纯	分析纯	纯	实验试剂	
	符号	G. R.	A. R.	C. P.	L. R.	B. R. 或 C. R.
	标签颜色	绿色	红色	蓝色	棕色等	黄色等
德、英、美等国通用等级和符号		G. R.	A. R.	C. P.		

除表 1-2 中所列试剂外，还有特殊规格试剂。如：

光谱纯试剂　符号 SP，光谱法测不出杂质含量，主要用于光谱分析中的基准物质。

基准试剂　纯度相当于或高于保证试剂，可作基准物和直接配制标准溶液。

色谱纯试剂　在最高灵敏度下，以 10^{-10} g 试剂无色谱杂质峰为标准。

选用试剂的主要依据是该试剂所含杂质对实验结果有无影响，若试剂纯度不符合要求应对试剂进行纯化处理。应该按实验的要求，根据节约的原则，分别选用不同规格的试剂。同一化学试剂由于规格不同价格可能差别很大，不要认为试剂越纯越好，超越具体实验条件去选用高纯试剂会造成浪费。

1.4.2　化学试剂的安全保管

化学试剂保管时也要注意安全，要防火、防水、防挥发、防曝光和防变质，根据试剂的毒性、易燃性、腐蚀性和潮解性等各不相同的特点，在保存化学试剂时应采用不同的保管方法。

① 一般单质和无机盐类的固体，应放在试剂柜内，无机试剂要与有机试剂分开存放。危险性试剂应严格管理，必须分类隔开放置，不能混放在一起。

② 易燃液体：实验中常用的苯、乙醇、乙醚和丙酮等有机溶剂，极易挥发成气体，遇明火即燃烧，应单独存放，要注意阴凉通风，并注意远离火源。

③ 易燃固体：无机物中如硫黄、红磷、镁粉和铝粉等，着火点都很低，也应注意单独存放。存放处应通风、干燥。白磷在空气中可自燃，应保存在水中，并放于避光阴凉处。

④ 遇水燃烧的物质：锂、钠、钾、电石等，可与水剧烈反应放出可燃性气体。锂要用石蜡密封，钠和钾应保存在煤油中，电石等应放在干燥处。

⑤ 强氧化剂：氯酸钾、硝酸盐、过氧化物、高锰酸盐和重铬酸盐等，当受热、撞击或混入还原性物质时，就可能引起爆炸。保存这类物质，应严防与还原性物质混放。

⑥ 见光分解的试剂：如硝酸银、高锰酸钾等应存于棕色瓶中，并放在阴暗避光处；与空气接触易氧化的试剂如氯化亚锡、硫酸亚铁等，应密封保存。

⑦ 容易侵蚀玻璃的试剂：如氢氟酸、含氟盐、氢氧化钠等应保存在塑料瓶内。

⑧ 剧毒试剂：如氰化钾、三氧化二砷（砒霜）应妥善保管，取用时应严格做好记录，以免发生事故。

1.5　实验室中的绿色化学

绿色化学又称环境友好化学、环境无害化学、清洁化学。绿色化学是美国环境保护局于 1991 年提出的一个新术语，并定义为在化学品设计制造和使用时所采用的一系列新原理，以便减少或消除有毒物质的使用或产生，以此为基础发展起来的技术称为环境友好技术和洁净技术，它包括化学过程的所有方面和各种反应类型，尽可能实现零排放。绿色化学的理想在于不再使用有毒、有害的物质，不再产生废物，不再处理废物。1998 年，Anastas 和 Warner 在《绿色化学理论和实践》一书中提出了绿色化学的 12 条原则。

① 防止废物的生成比其生成后再处理更好。

② 设计合成方法应使生产过程中所采用的原料最大量地进入产品之中。

③ 设计合成方法时，无论原料、中间产品还是最终产品，均应对人体健康和环境无毒、无害（包括毒性极小）。

④ 化工产品设计时，必须使其具有高效的功能，同时也要减少其毒性。

⑤ 应尽可能避免使用溶剂、分离试剂等助剂，如不可避免，也要选用无毒无害的助剂。

⑥ 合成方法必须考虑过程中能耗对成本与环境的影响，应设法降低能耗，最好采用在常温常压下的合成方法。

⑦ 在技术可行和经济合理的前提下，采用可再生资源代替消耗性资源。

⑧ 在可能的条件下，尽量不用不必要的衍生物，如限制性基团、保护/去保护作用、临时调变物理/化学工艺。

⑨ 合成方法中采用高选择性的催化剂比使用化学计量助剂更优越。

⑩ 化工产品要设计成在其使用功能终结后，不会永存于环境中，要能分解成可降解的无害产物。

⑪ 进一步发展分析方法，对危险物质在生成前实行在线监测和控制。

⑫ 要选择化学生产过程的物质使化学意外事故（包括渗透、爆炸、火灾等）的危险性降低到最小限度。

从以上的原则可以看出，绿色化学涉及化学反应的全过程，它不仅要求从末端控制污染，而且要求一体化预防污染。它第一次着眼于防止污染物的形成，致力于最终使污染物处理成为不必要，从而从源头上控制污染。当然这 12 条原则也同样适用于化学实验室。

根据以上原则，结合化学实验室的具体特点，必须在建设绿色化学实验室方面做如下努力。

第一，要精选实验内容，严格控制反应条件。在选择实验内容时，要照顾到知识的广度和深度，尽量选择低毒或无毒的原料，或产物低毒、易处理，用量上在能够保证教学效果的前提下降低投料量，做微量或半微量实验；又要从整体上考虑相互间的联系，互为所用，减少污染。在实验前，教师应先预做实验，对实验条件心中有数，尽量控制有害副反应的发生。

第二，所有实验产物、废弃试剂和物品必须分类回收，并在可能的条件下进行预处理，以降低毒性或减小体积和质量，便于暂存。如含铬废液是分析实验室的主要废弃物，直接收集液体，不仅占用空间大而且容易跑冒滴漏，不如用碱石灰处理生成固体沉淀，体积很小，易于管理，同时降低了处理费用。要严格控制倾倒物，降低环境影响。严禁自行填埋、倾倒，实验废液应交专业公司集中处理。

1.6　实验室三废处理的一般方法

化学实验过程中产生的废弃物多是有毒有害的物质，有些甚至是剧毒物或强致癌物，其任意排放不仅污染环境，破坏生态平衡，威胁人类健康，而且有悖于可持续发展的绿色化学思想。随着人们环保意识的不断增强，可持续发展的绿色化学教育已成为现阶段我国化学教育的重要组成部分，对实验室三废进行处理，有助于在实践环节培养学生的环保意识，是实施绿色化学教育的重要举措。

1.6.1　废气的处理方法

（1）溶液吸附法

即用适当的液体吸收剂处理气体混合物，除去其中有害气体的方法。常用的液体吸收剂有水、碱性溶液、酸性溶液、氧化剂溶液和有机溶剂，它们可用于净化含有 SO_2、NO_x、Cl_2、HF、SiF_4、HCl、NH_3、汞蒸气、酸雾、沥青烟和各种有机蒸气的废气，吸收液可用于后期的废水处理或是用作某些定性化学试剂配制的母液。

（2）固体吸收法

固体吸收法是使废气与固体吸收剂接触，废气中的污染物（吸收质）吸附在固体表面从而被分离出来，此方法主要用于净化废气中低浓度的污染物，如活性炭可吸收常见的大多数无机及有机气体；硅藻土可选择性地吸收 H_2S、SO_2、HF 及汞蒸气；分子筛可选择性吸收 NO_x、CS_2、NH_3、CCl_4、H_2S；沥青烟可用焦炭粉粒或白云石粉吸收除去。

一般来说，产生毒气量大的实验必须备有吸收或处理装置，采用溶液吸附法或固体吸收法进行处理。一氧化碳可点燃生成二氧化碳，可燃性有机废液可于燃烧炉中通氧气完全燃烧。产生少量有毒气体的实验必须在通风橱中进行，少量的有毒气体可以通过排风排到室外（使排出气在外面大量空气中稀释），避免污染室内空气。通风橱排气口应保证对外排气不影响附近人员身心健康为原则，排气口朝向应避开教室、商店、居民点等人员密集地，并有一定高度，使之易于扩散。

1.6.2　常见废液的处理

废液应根据其化学特性选择合适的容器和存放地点，密闭存放，禁止混合贮存；容器要防渗漏，防止挥发性气体逸出而污染环境；容器标签必须标明废物种类和贮存时间，存放地要有良好通风且贮存时间不宜太长，贮存数量不宜太多。剧毒、易燃、易爆药品的废液，其贮存应按危险品管理规定办理。一般废液可通过酸碱中和、混凝沉淀、次氯酸钠氧化处理后排放。有机溶剂废液应根据其性质尽可能回收；对于某些数量较少、浓度较高确实无法回收使用的有机废液，可采用活性炭吸附法、过氧化氢氧化法处理，或在燃烧炉中供给充分的氧气使其完全燃烧。对高浓度废酸、废碱液要经中和至近中性（pH＝6~9）时方可排放。

（1）含汞废液

先将废液调至 pH 8~10，加入过量硫化钠，使其生成硫化汞沉淀，再加入硫酸亚铁与过量的硫化钠反应，生成的硫化亚铁沉淀将悬浮在水中难以沉降的硫化汞微粒吸附而共沉淀，然后分离，清液可排放，残渣可用焙烧法回收汞或制成汞盐。

若不小心将金属汞散失在实验室里（如打碎压力计、温度计等），必须及时清除。可用滴管、毛笔或用在硝酸汞的酸性溶液中浸过的薄铜片、粗铜丝收集于烧杯中，用水覆盖。散落于地面难以收集的微小汞珠应撒上硫粉，使其转化成毒性较小的硫化汞；或喷上用酸酸化过的高锰酸钾溶液（每升高锰酸钾溶液中加 5mL 浓酸），过 1~2h 后再清除；或喷上 20% 三氯化铁的水溶液，干后再清除干净。三氯化铁水溶液对汞具有乳化性能，同时可将汞转化为不溶性化合物，是一种非常好的去汞剂，但金属器件（铅质除外）本身会受三氯化铁水溶液的作用而损坏，不能用这种溶液除汞。

室内的汞蒸气浓度超过 $0.01 \text{mg} \cdot \text{m}^{-3}$，可将单质碘加热或自然升华，碘蒸气与空气中的汞及吸附在器物上的汞作用生成不易挥发的碘化汞，然后彻底清扫干净。实验中产生的含汞废气可导入高锰酸钾吸收液内，经吸收后排出。

（2）含铅、镉废液的处理

镉在 pH 值高的溶液中能沉淀下来，含铅废液的处理通常采用中和沉淀法、混凝沉淀法。可用碱或石灰乳将废液 pH 值调至 8~10，使废液中的 Pb^{2+}、Cd^{2+} 生成 $Pb(OH)_2$ 和 $Cd(OH)_2$ 沉淀，加入硫酸亚铁作为共沉淀剂，沉淀物可与其他无机物混合进行烧结处理，清液可排放。

（3）含铬废液的处理

铬酸洗液经多次使用后，Cr(Ⅵ) 逐渐被还原为 Cr^{3+}，同时洗液被稀释，酸度降低，氧化能力逐渐降低至不能使用。此废液可在 110~130℃ 下不断搅拌，加热浓缩除去水分，冷却至室温后边搅拌边缓缓加入高锰酸钾粉末，直至溶液呈深褐色或微紫色（1L 加入约 10g 高锰酸钾），再加热至有二氧化锰沉淀出现，稍冷，用玻璃砂芯漏斗过滤，除去二氧化锰沉淀后即可使用。

含铬废液中加入还原剂，如硫酸亚铁、亚硫酸钠、二氧化硫、水合肼或者废铁屑，在酸性条件下将 Cr(Ⅵ) 还原为 Cr^{3+}，然后加入碱，如氢氧化钠、氢氧化钙、碳酸钠、石灰等，调节废液的 pH 值，使 Cr^{3+} 形成低毒的 $Cr(OH)_3$ 沉淀，分离沉淀，清液可排放。沉淀经脱水干燥后或综合利用、或用焙烧法使其与煤渣和煤粉一起焙烧，处理后的铬渣可填埋。一般认为，将废水中的铬离子形成铁氧体（使铬镶嵌在铁氧体中），则不会有二次污染。

（4）含砷废液的处理

在含砷废液中加入氧化钙，调节并控制废液 pH 值为 8，生成砷酸钙和亚砷酸钙沉淀，有 Fe^{3+} 存在时可起共沉淀作用。也可将含砷废液 pH 值调至 10 以上，加入硫化钠，与砷反应生成难溶、低毒的硫化物沉淀。能产生少量含砷气体的实验应该在通风橱中进行，使毒害气体及时排出室外。

（5）含酚废液的处理

低浓度的含酚废液可加入次氯酸钠或漂白粉，使酚氧化成邻苯二酚、邻苯二醌、顺丁烯二酸而被破坏，处理后废液收入综合废水桶。高浓度的含酚废液可用乙酸丁酯萃取后再用少量氢氧化钠溶液反萃取。经调节 pH 值后，蒸馏回收，提纯（精制）即可使用。

（6）含氰废液的处理

低浓度的氰化物废液可加入氢氧化钠调节 pH 值为 10 以上，再加入高锰酸钾粉末（约 3%），使氰化物氧化分解。如氰化物浓度较高，先用碱调至废液 pH 值为 10 以上，加入次氯酸钠或漂白粉，经充分搅拌，氰化物被氧化分解为二氧化碳和氮气，放置 24h 排放。应特别注意含氰化物的废液切勿随意乱倒或误与酸混合，否则可能生成挥发性的氰化氢气体，造成中毒事故。

（7）含苯废液的处理

含苯废液可回收利用，也可采用焚烧法处理。对于少量的含苯废液，可将其置于铁容器内，放到室外空旷地方点燃；但操作者必须站在上风向，持长棒点燃，并监视至完全燃尽为止。

（8）含铜废液的处理

酸性含铜废液，以 $CuSO_4$ 废液和 $CuCl_2$ 废液为常见，一般可采用硫化物沉淀法进行处理（调节 pH 值约为 6），也可用铁屑还原法回收铜。碱性含铜废液，如含铜氨腐蚀废液等，其浓度较低和含有杂质，可采用还原法处理，操作简单，效果较佳。

（9）含氟废液的处理

在废液中加入消化石灰乳，至废液充分呈碱性为止，并加以充分搅拌，放置一夜后进行过滤，滤液作含碱废液处理。但此法不能把氟含量降到 $8\mu g \cdot g^{-1}$ 以下，要进一步降低氟的浓度时，可以用阴离子交换树脂进行处理。

（10）含酸、碱、盐类废液的处理

将酸、碱废液分别收集，查明酸、碱废液互相混合也没有危险时，可分次少量将其中一种废液加入另一种废液中，将其互相中和，并用 pH 试纸（或 pH 计）检验。当溶液的 pH 值约等于 7 时，用水稀释，使溶液浓度降到 5% 以下然后排放。对酸、碱的稀溶液，用大量水把它稀释到 1% 以下的浓度后即可排放。对黄磷、磷化氢、卤氧化磷、卤化磷、硫化磷等的废液，在碱性情况下，用 H_2O_2 将其氧化后，作为磷酸盐废液处理。对缩聚磷酸盐的废液，用硫酸酸化，然后将其煮沸 2～3h 进行水解处理。互不作用的盐类废液可用铁粉处理。调节废液 pH 值为 3～4，加入铁粉，搅拌 30min，用碱调 pH 值至 9 左右，继续搅拌 10min，加入高分子混凝剂进行混凝沉淀，清液可排放，沉淀物以废渣处理。

（11）含氧化剂、还原剂废液的处理

查明各氧化剂和还原剂，如果将其混合也没有危险性时，即可一面搅拌，一面将其中一种废液分次少量加入另一种废液中，使之反应。取出少量反应液，调成酸性，用碘化钾-淀粉试纸进行检验。试纸变蓝时（氧化剂过量）：调整 pH 值至 3，加入 Na_2SO_3（用 $Na_2S_2O_3$、$FeSO_3$ 也可以）溶液，至试纸不变颜色为止。充分搅拌，然后把它放置一夜。如试纸不变色时（还原剂过量）：调整 pH 值至 3，加入 H_2O_2 使试纸刚刚变色为止。然后加入少量 Na_2SO_3，把它放置一夜，用碱将其中和至 pH 值为 7，并使其含盐浓度在 5% 以下才可排放。

（12）有机溶剂的回收与提纯

实验用过的有机溶剂有些可以回收。回收有机溶剂通常先在分液漏斗中洗涤，将洗涤后的有机溶剂进行蒸馏或分馏处理。精制、纯化后所得有机溶剂纯度较高，可供实验重复使用。整个回收过程应在通风橱中进行。

① 三氯甲烷　将三氯甲烷废液依顺序用水、浓硫酸（三氯甲烷量的 1/10）、纯水、盐酸羟胺溶液（0.5%、分析纯）洗涤。用蒸馏水洗涤 2 次，将洗好的三氯甲烷用无水氯化钙脱水，放置几天，过滤后蒸馏，蒸馏速度为每秒 1～2 滴，收集沸程为 60～62℃ 的馏出液，保存于棕色带磨口塞的试剂瓶中。如果三氯甲烷中杂质较多，可用自来水洗涤后预蒸馏一次，除去大部分杂质，然后再按上法处理。对于蒸馏法仍不能除去的有机杂质可用活性炭吸附后纯化。

② 石油醚　将石油醚废液用氢氧化钠溶液（10%）洗涤一次，再用蒸馏水洗涤 2 次，除去水层，用无水氯化钙干燥，过滤，在水浴上蒸馏，收集 60℃以上的馏出液。

③ 四氯化碳　含双硫腙的四氯化碳：先用硫酸洗涤一次，再用蒸馏水洗涤两次，除去水层，加入无水氯化钙干燥、过滤、蒸馏，水浴温度控制在 90～95℃，收集 76～78℃的馏出液。

含铜试剂的四氯化碳：只需用蒸馏水洗涤两次后，经无水氯化钙干燥后过滤、蒸馏。

含碘的四氯化碳：在四氯化碳废液中滴加三氯化钛至溶液呈无色，用纯水洗涤两次，弃去水层，用无水氯化钙脱水，过滤、蒸馏。

④ 乙醚　先用水洗涤乙醚废液 1 次，再调节 pH 值至中性，再用 0.15% 高锰酸钾洗涤至紫色不褪，经蒸馏水洗后用 0.15%～1% 硫酸亚铁铵溶液洗涤以除去过氧化物，最后用蒸馏水洗涤 2～3 次，弃去水层，经氯化钙干燥、过滤、蒸馏，收集 33～34℃馏出液，保存于棕色带磨口塞的试剂瓶中待用。由于乙醚沸点较低，乙醚的回收应避开夏季高温为宜。

1.6.3　固体废弃物的处理

实验中所出现的废渣多为固体实验生成物，当然也有某些原材料以及废纸、火柴梗、破损玻璃仪器等杂物，其处理方法如下。

（1）集中收集法

实验中所出现的废纸、火柴梗、破损玻璃仪器等杂物，不能随便丢放，应按指定的地方收集，统一倒掉。

（2）回收法

实验中的生成物需要回收的要统一回收，根据回收物的化学特性，回收后统一处理，再作使用。有的贵重金属，特别是有毒的物质更不允许学生随便丢弃，应要求回收，比如，金属钠与汞反应制备钠汞齐的实验，当钠汞齐与水反应之后汞被还原出来，实验后，应将汞回收倒入指定的容器内。有的贵重金属在实验生成物中能够回收的一定要回收，比如银镜反应中所生成的银，用 $6mol \cdot L^{-1}$ HNO_3 溶液溶解之后将银回收。有的实验残留物，该回收的也不能随便倒掉，比如说锌与硝酸的反应，铜与硝酸的反应，反应后残留的锌粒、铜片应要求回收。

（3）化学处理法

有毒害的原材料由于学生在取用过程中不慎而洒落在实验台上时，应立即用化学方法进行处理。

总之，实验中出现的固体废弃物不能随便乱放，以免发生事故。能放出有毒气体或能自燃的危险废料不能丢进废品箱内和排进废水管道中。不溶于水的固体废弃物不能直接倒入垃圾桶，必须将其在适当的地方烧掉或用化学方法处理成无害物。碎玻璃和其他有棱角的锐利废料，不能丢进废纸篓内，要收集于特殊废品箱内处理。

参 考 文 献

[1]　杭州大学化学系分析化学教研室. 分析化学手册（第一分册）——基础知识与安全知识. 第 2 版. 北京：化学工业出版社，1997.

[2]　北京师范大学化学系. 化学实验规范. 北京：北京师范大学出版社，1987.

[3]　王秋长，赵鸿喜，张守民，李一峻. 基础化学实验. 北京：科学出版社，2003.

第 2 章　基本操作技术

2.1　玻璃仪器

2.1.1　常用玻璃仪器简介

玻璃具有良好的化学稳定性，玻璃仪器透明，便于观察反应现象，所以在化学实验中大量使用玻璃。玻璃分软质和硬质两种。软质玻璃从断面看颜色偏绿色，透明度好，但硬度、抗腐蚀性和耐热性差，所以一般用于非加热仪器，如量筒、试剂瓶等。硬质玻璃的耐热性、抗腐蚀性和耐冲击性都较好，常用的烧杯、试管、烧瓶等都是硬质的。

2.1.1.1　化学实验中常用的玻璃仪器

化学实验中常用的玻璃仪器见表 2-1。

表 2-1　化学实验中常用的玻璃仪器

仪器名称	规格、用途	使用注意事项
(a)　(b)　(c) 试管	规格： 用管口直径（mm）×管长（mm）表示，可分为普通试管(a)、(b)和离心试管(c) 用途： 1. 反应容器，用药量较少，便于操作，反应现象易于观察 2. 离心试管用于少量沉淀的分离	1. 反应液体的体积应不超过试管容积的 1/2，当加热时不超过试管容积的 1/3 2. 硬质试管可以加热至高温，但不可骤冷，以免破裂 3. 加热时必须使用试管夹，应使试管下半部均匀受热，试管口不可对人 4. 离心试管不可加热
烧杯	规格： 以容积（mL）表示 用途： 1. 反应容器，用药量可多些，便于操作，易混合均匀，反应现象易于观察 2. 配制溶液时用 3. 可代替水浴	1. 反应液体的体积应不超过烧杯容积的 2/3 2. 烧杯可以加热至高温，加热时必须放在石棉网上，不可骤冷骤热，以免破裂
量筒	规格： 以量度的最大容积（mL）表示 用途： 量取一定体积液体	1. 不能作为反应容器 2. 不可加热，也不能量取热液体 3. 读数时视线与液面保持在同一水平线，读取与液体弯月面最低点相切的刻度线

仪器名称	规格、用途	使用注意事项
漏斗	规格： 以直径(cm)表示 用途： 1. 过滤 2. 引导溶液进入小口容器 3. 粗颈漏斗用于转移固体物质	不能用火直接加热
分液漏斗	以容积(mL)和漏斗形状表示，有球形、梨形、筒形等几种 用途： 用于液体的分离、洗涤和萃取	漏斗口塞子与活塞是配套的。防止滑出打碎 使用前，将活塞涂一薄层凡士林，插入转动直至透明，如果过少，会造成漏液，过多会溢出沾污仪器和试液 萃取时，振荡初期要多次放气，以免漏斗内气压过大 不能加热
恒压滴液漏斗	恒压滴液漏斗 以容积(mL)表示 用途： 用于无水条件、惰性气体保护或有气体参与的反应中，向反应体系中滴加液体试剂	必须在无水条件下、在惰性气体保护下，或者有气体参与的反应
(a)　(b) 干燥器	以内径(cm)表示，分普通(a)和真空(b)干燥器两种，用于存放易吸湿的药品，重量分析中用于冷却经过灼烧的坩埚等	盖与缸身之间的平面经过磨砂，在磨砂处涂以润滑脂，使之密闭 及时更换干燥剂 搬动时，必须使用双手，且用双手拇指压住盖子以防滑落 灼烧过的物品放入干燥器前温度不能过高
容量瓶	用容积(mL)表示 用于配制准确浓度溶液	不能加热，不能代替试剂瓶用来存放溶液，不能在其中溶解固体 瓶塞与瓶口配套，不能互换

续表

仪器名称	规格、用途	使用注意事项
布氏漏斗	布氏漏斗为瓷质，以直径(cm)大小表示，与吸滤瓶一起用于减压过滤	不能加热 注意漏斗大小与过滤的固体或沉淀量相适宜
吸滤瓶	吸滤瓶为玻璃质，以容积(mL)大小表示，与布氏漏斗一起用于减压过滤	不能加热
研钵	瓷质，以钵口直径(cm)表示，也有铁、玻璃、玛瑙制的 用于研磨固体、混合固体物质	1. 根据固体的性质和硬度选用研钵 2. 不能代替反应容器用 3. 放入量不能超过容积的1/3 4. 易爆物质只能轻轻压碎，不能研磨
烧瓶	烧瓶包括三角烧瓶(a)、平底烧瓶(b)、圆底烧瓶(c)、梨形烧瓶(d)、三口烧瓶(e)等，容量有 100mL、250mL、500mL 等多种。烧瓶用作反应容器，可在常温或加热时使用。当溶液需要长时间反应或是加热回流时，一般都会选择使用烧瓶作为容器，加热回流时，可于瓶内放入搅拌子，并以加热搅拌器加以搅拌	通常平底烧瓶用在室温下的反应，而圆底烧瓶则用在较高温度下的反应。圆底烧瓶在使用时应固定在铁架上；加热时应隔石棉网间接加热，烧瓶夹应垫石棉绳或套橡皮管
滴定管	滴定管在定量分析(如中和滴定)中用于准确地放出一定量液体。滴定管容量规格有 5mL、10mL、25mL、50mL 等多种。滴定管有酸式滴定管和碱式滴定管两种类型。酸式滴定管下端有玻璃磨口的活塞，碱式滴定管下端连接着橡皮管，再接一个尖嘴	1. 用滴定管前必须检查滴定管是否漏水，活塞是否转动灵活 2. 量取体积前，必须调节到滴定管内没有气泡 3. 碱式滴定管不能装与橡胶发生反应的物质 4. 见光易分解的溶液用棕色滴定管滴定

仪器名称	规格、用途	使用注意事项
(a) (b) 冷凝管	用于冷却蒸汽,有球形冷凝管(a)、直形冷凝管(b)、空气冷凝管几种,常与圆底烧瓶、蒸馏烧瓶等连接使用。使用时下支管与自来水龙头相连,上支管把冷却水放出后导入下水道。球形冷凝管用于回流操作,直形冷凝管、空气冷凝管用于蒸馏操作	冷凝管不能加热
移液管	用于准确移取一定体积的溶液。移液管容积有 1mL、2mL、5mL、10mL、25mL 等多种,按刻度有多刻度管型和单刻度大肚型之分	使用时先用少量所移溶液润洗三次 一般移液管残留最后一滴液体不要吹出(完全流出型应吹出)
滴瓶	用于盛放少量液体试剂,容量有 30mL、60mL 两种	滴管与滴瓶磨口配套,不可互换。保存见光易分解试剂时应用棕色瓶
试剂瓶	用于储存液体试剂,容量有 30mL、60mL、250mL、500mL 多种规格	试剂瓶不能加热,盛放碱液时要用橡皮塞;储存见光易分解试剂,应选用棕色瓶

仪器名称	规格、用途	使用注意事项
蒸馏烧瓶	用于常压下蒸馏液体，也可作反应容器，容积有 100mL、2500mL、500mL 等多种	蒸馏烧瓶使用时应固定在铁架台上，烧瓶夹应垫石棉绳或套橡皮管，通常隔石棉网加热，烧瓶夹应夹在支管上方瓶颈处
蒸发皿	有瓷、石英以及铁、铂制作的几种，容量有 30mL、60mL、100mL、200mL 等几种。蒸发皿用于蒸发、浓缩液体或干燥固体	蒸发皿可直接加热；液体接近蒸发完时，需要垫石棉网加热。蒸发皿虽耐高温，但不宜骤冷
干燥管	用于干燥气体	单球干燥管的球体中可根据所干燥气体的性质选用干燥剂
坩埚	坩埚：有瓷、石英以及铁、铂制作的几种，容量有 30mL、60mL 等几种。坩埚可用于灼烧试样	坩埚可直接加热；瓷坩埚虽耐高温，但不宜骤冷
坩埚钳	铁制品，有大小、长短的不同。主要用于夹持坩埚加热或往高温电炉中放、取坩埚	坩埚钳用后，应尖端朝上平放在实验台上（很高温度时，应放在石棉板上）
木制试管夹	用于加热试管时夹持试管	夹持试管必须从试管底部慢慢朝上移动试管夹，试管夹不应触及试管口。夹持试管在酒精灯焰上加热时，必须手持试管夹的长柄部分，同时不可触及试管夹的另一半部分

续表

仪器名称	规格、用途	使用注意事项
燃烧匙	铜制或铁制品 用于检验可燃性,进行固气燃烧反应	放入集气瓶时应从上而下慢慢放入,不可接触瓶底 　硫黄、钾、钠的燃烧实验,必须在燃烧匙底垫上少量沙子
试管刷	按粗细、长短分 用于洗涤试管	根据所洗涤试管的大小,选择适当粗细的试管刷
试管架	有木质及塑料制品几种	保持清洁、干燥
洗气瓶	用于洗涤、干燥气体	要根据所洗涤气体的性质,选择适当的液态洗气剂。洗气剂的用量不可过多或过少
表面皿	按直径大小分类,用于盖住烧杯	要根据烧杯等的口径选择大小适宜的表面皿 　盖烧杯时,应将表面皿的凹面朝上
称量瓶	按容积大小分,用于精确称量试剂,特别适用于称量易吸湿的固体试样	称量试样前,称量瓶必须洗净、烘干 　称量固体试样时,必须尽可能盖好称量瓶的瓶盖

仪器名称	规格、用途	使用注意事项
铁架台	用于固定反应容器，或固定铁圈	仪器固定在铁架台上时，仪器与铁架台的重心必须落在铁架台底座中央 用铁夹夹持仪器时，以仪器不能转动为宜，不可过紧或过松

在化学实验中常用带有标准磨口的玻璃仪器。磨口分内磨口和外磨口两种，均按标准尺寸磨制，常用的规格有 10、14、19、24、29、34 等，这些数字是指磨口最大端的直径，单位为 mm。相同规格的内、外磨口均可紧密相连接，不同规格的磨口可以借助相应的标准接头套接。使用磨口仪器操作方便，便于清洗，既可免去配塞及钻孔等过程，又能避免反应物或产物被塞子沾污，但其价格较高。使用磨口玻璃仪器时必须注意如下事项。

① 磨口处必须洁净，若粘有固体杂质，会使磨口对接不严而漏气，若固体杂质较硬，还会损坏磨口。

② 用后立即拆开，如长期放置，内外磨口间可衬小纸条，以免内外磨口粘牢，难于拆开。

③ 除非反应中有强碱，一般使用时不涂润滑剂，以免沾污产物或反应物。

2.1.1.2 有机合成实验常用装置

在有机合成实验中，有许多常见的基本单元操作，如回流、蒸馏、气体吸收及搅拌等，这些基本操作常用特定的仪器装置进行。

（1）回流装置

很多有机反应需要在反应体系的溶剂或液体反应物的沸点附近进行，这时就要用回流装置，如图 2-1 所示。图 2-1(a) 是可以隔绝潮气的回流装置。如不需要防潮，可以去掉球形冷凝管顶端的干燥管。若回流中无不易冷却物放出，还可把气球套在冷凝管上口，来隔绝潮气的渗入。图 2-1(b) 为带有吸收反应中生成气体的回流装置，适用于回流时有水溶性气体（如氯化氢、溴化氢、二氧化硫等）产生的实验。图 2-1(c) 为回流时可以同时滴加液体的装置。加热回流前应先放入沸石，根据瓶内液体的沸腾温度，可选用水浴、油浴或石棉网直接加热等方式。在条件允许的情况下，一般不采用隔石棉网直接用明火加热的方式。回流的速率应控制在液体蒸气浸润不超过冷凝管两个球为宜。

（2）蒸馏装置

蒸馏是分离两种以上沸点相差较大的液体以及除去有机溶剂的常用方法。图 2-2 中几种常用的蒸馏装置，可以用于不同的场合。图 2-2(a) 是常用的蒸馏装置。这种装置出口处与大气相通，可能逸出蒸馏蒸气，若蒸馏易挥发的低沸点的液体时，需将接液管的支管连上橡皮管，通向水槽或室外。在支管口接上干燥管，可用作防潮的蒸馏。图 2-2(b) 是应用空气冷凝管的蒸馏装置，常用于蒸馏沸点在 140℃ 以上的液体。若使用直形水冷凝管，由于液体蒸气温度较高，而会使冷凝管夹套炸裂。图 2-2(c) 为蒸除较大量溶剂的装置，液体可自滴液漏斗中不断地加入，既可调节滴入和蒸出的速度，又可避免使用较大的蒸馏瓶，增加液体残留量。

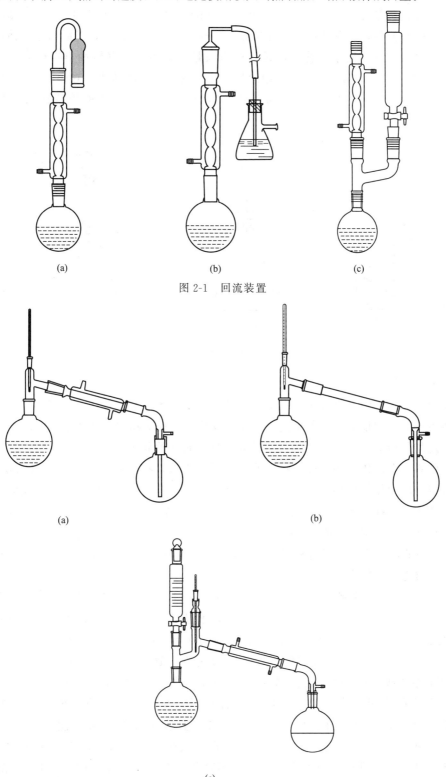

(a)　　　　　　　　　　(b)　　　　　　　　　　(c)

图 2-1　回流装置

(a)　　　　　　　　　　(b)

(c)

图 2-2　常用蒸馏装置

（3）气体吸收装置

图 2-3 为气体吸收装置，用于吸收反应过程中生成的有刺激性的和水溶性的气体（例如氯化氢、二氧化硫等）。其中图 2-3(a) 和图 2-3(b) 可作少量气体的吸收。图 2-3(a) 中的玻璃漏斗应略微倾斜，使漏斗口一半在水中，一半在水面上。这样，既能防止气体逸出，亦可防止水被倒吸至反应瓶。若反应过程中有大量气体生成或气体逸出很快时，可使用图 2-3(c) 的装置，水自上端流入（可利用冷凝管流出的水）抽滤瓶中，在恒定的平面上溢出。粗的玻管恰好伸入水面，被水封住，可防止气体逸入大气中，图中的粗玻管也可用 Y 形管代替。

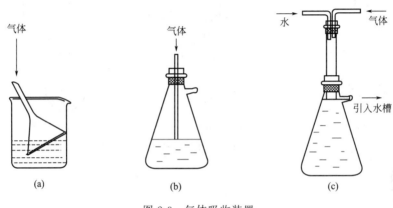

图 2-3　气体吸收装置

（4）搅拌装置

当反应在均相溶液中进行时可以不用搅拌，因为加热时溶液存在一定程度的对流，从而保持液体各部分均匀地受热。如果是非均相间反应，或反应物之一系逐渐滴加时，为了尽可能使其迅速均匀地混合，以避免因局部过浓、过热而导致其他副反应发生或有机物的分解；有时反应体系中有固体，如不搅拌将影响反应顺利进行，在这些情况下均需进行搅拌操作。在许多合成实验中使用搅拌装置不但可以较好地控制反应温度，同时也能缩短反应时间和提高产率。常用的搅拌装置见图 2-4。图 2-4(a) 可同时进行搅拌、回流和自滴液漏斗加入液体。装置图 2-4(b) 可同时测量反应温度。

图 2-4 中的搅拌器采用了简易封闭装置，在加热回流情况下，进行搅拌可避免蒸气或生成的气体直接逸至大气中。

简易密封搅拌装置制作方法（以 250mL 三颈瓶为例）：在 250mL 三颈瓶的中口配置软木塞，打孔（孔洞必须垂直且位于软木塞中央），插入长 6～7cm、内径较搅棒略粗的玻管。取一段长约 2cm、内壁必须与搅棒紧密接触、弹性较好的橡皮管套于玻管上端。然后自玻管下端插入已制好的搅棒。这样，固定在玻管上端的橡皮管因与搅棒紧密接触而达到密封的效果。在搅棒和橡皮管之间滴入少量甘油，可对搅拌起润滑和密闭作用。搅棒的上端用橡皮管与固定在搅拌器上的一短玻棒连接，下端接近三颈瓶底部，离瓶底适当距离，不可相碰。且在搅拌时要避免搅棒与塞中的玻璃管相碰。这种简易密封装置［见图 2-5(a)］在一般减压（1.33～1.6kPa）时也可使用。

在使用磨口仪器进行反应而密封要求又不高的情况下，可使用图 2-5(b) 的简易密封装置。另一种液封装置，见图 2-5(c)，可用惰性液体（如石蜡油）进行密封。图 2-5(d)

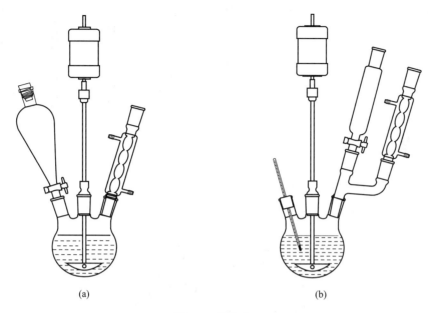

(a)　　　　　　　　　　　　(b)

图 2-4　搅拌装置

是由聚四氟乙烯制成的搅拌密封塞，由上面的螺旋盖 1、中间的硅橡胶密封垫圈 2 和下面的标准口塞 3 组成。使用时只需选用适当直径的搅棒插入标准口塞与垫圈孔中，在垫圈与搅棒接触处涂少许甘油润滑，旋上螺旋口至松紧合适，并把标准口塞紧在烧瓶上即可。

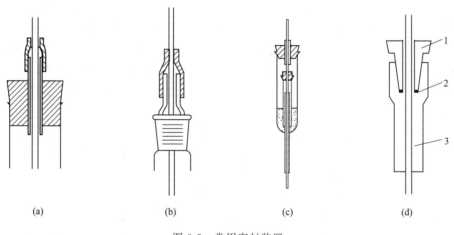

(a)　　　　　　(b)　　　　　　(c)　　　　　　(d)

图 2-5　常用密封装置

　　搅棒机的轴头和搅拌棒之间还通过两节真空橡皮管和一段玻璃棒连接，以保证搅拌器导管不致磨损或折断（见图 2-6）。

　　搅拌所用的搅拌棒通常由玻璃棒制成，式样很多，常用的见图 2-7。其中（a）、（b）两种可以容易地用玻璃弯制。（c）、（d）较难制，其优点是可以伸入狭颈的瓶中，且搅拌效果较好。（e）为筒形搅拌棒，适用于两相不混溶的体系，其优点是搅拌平稳，搅拌效果好。

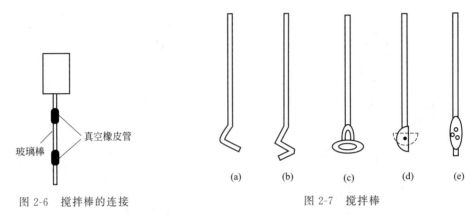

图 2-6　搅拌棒的连接　　　　　　　　　　图 2-7　搅拌棒

在有些实验中还要用到磁力搅拌器（见图 2-8）。

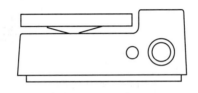

图 2-8　磁力搅拌器

（5）分水装置

常用分水装置见图 2-9。

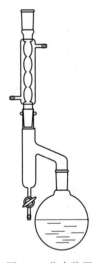

图 2-9　分水装置

（6）仪器装置方法

有机合成实验常用的玻璃仪器装置，一般皆用铁夹将仪器依次固定于铁架台上。铁夹的双钳应贴有橡皮、绒布等软性物质，或缠上石棉绳、布条等。若铁钳直接夹住玻璃仪器，则容易将仪器夹坏。

用铁夹夹玻璃器皿时，先用左手手指将双钳夹紧，再拧紧铁夹螺丝，待夹钳手指感到螺丝触到双钳时，即可停止旋动，做到夹物不松不紧。

仪器安装应先下后上，从左至右，做到正确、整齐、稳妥、端正，其轴线应与实验台边缘平行。以回流装置［图 2-1(a)］为例，装置时先根据热源高低（一般以三脚架高低为准），用铁夹夹住圆底烧瓶瓶颈，通过十字接头垂直固定于铁架台上。铁架台应正对实验台外面，不要歪斜。若铁架台歪斜，重心不一致，会造成装置不稳。然后将球形冷凝管下端正对烧瓶口，用铁夹垂直固定于烧瓶上方，再放松铁夹，将冷凝管放下，使磨口塞塞紧后，再将铁夹稍旋紧，固定冷凝管，使铁夹位于冷凝管中部偏上一些。用合适的橡皮管连接冷凝水，进水口在下方，出水口在上方，最后按图 2-1(a) 在冷凝管顶端装置干燥管。

2.1.2　玻璃加工技术

玻璃管的加工有切割、熔烧、弯曲、抽拉、扩口等。

（1）玻璃管的截断

选择干净、粗细合适的玻璃管并平放于实验桌面上，一手捏紧玻璃管，另一只手持锉刀，用锉刀的棱沿着拇指指甲在需截断处用力向前锉一下（注意不允许来回锉）并锉出一道凹痕。锉出来的凹痕应与玻璃管垂直，以能保证玻璃管截断后截面平整，之后双手持玻璃管锉痕的两侧，拇指放在划痕的背后向前推压，同时食指向后拉，即可截断玻璃管（见图 2-10）。

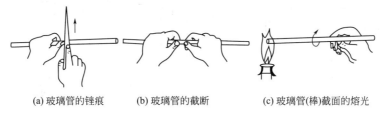

(a) 玻璃管的锉痕　　　(b) 玻璃管的截断　　　(c) 玻璃管(棒)截面的熔光

图 2-10　玻璃管切割及熔光

如玻璃管较粗，用上述方法截断较困难。可用玻璃管骤热或骤冷易裂的性质，采用下列方法进行：将一根末端拉细的玻璃管在灯焰上加热至白炽，使之成熔球，立即触及到用水滴湿的粗玻璃管的锉痕处，锉痕因为骤然受强热而断裂。

玻璃管的截断面非常锋利，容易将手划破，而且难以插入塞子的圆孔内，因此需将其断面在煤气灯的氧化焰（即外焰处，温度最高）熔烧光滑。操作时可将截面斜插入氧化焰中，同时缓慢地转动玻璃管使之熔烧均匀，直至光滑为止。熔烧时间不可太长，以免管口收缩；灼烧后玻璃管应放于石棉网上冷却，切不可放于桌面上，以免烧焦桌面；也不能用手去摸，以免烫伤。

（2）玻璃管的弯曲

弯玻璃管时，两手手心向上，用拇指、食指和中指挟住玻璃管，一手用力转动玻璃管，另一手随之从动，以保证玻璃管始终在一条轴线上转动（见图 2-11）。

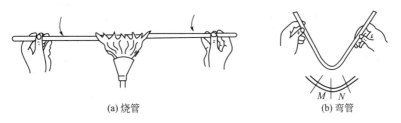

(a) 烧管　　　　　　　　　　　　(b) 弯管

图 2-11　玻璃管的弯曲

先将玻璃管于弱火焰中左右移动预热，以除去管中的水汽，然后将欲弯曲的部位放在氧化焰中加热，并不断慢慢转动玻璃管，使之受热均匀（受热部分约为 5cm）。当玻璃管加热到适当软化但又不会自动变形时（玻璃管颜色变黄），迅速离开火焰，然后轻轻地顺势弯曲至所需角度。若欲将玻璃管弯成很小的角度，可分几次弯曲，玻璃管的弯曲部分、厚度和粗细必须保持均匀。具体操作如下。

① 在一端套乳胶头（或塞软纸），两手持玻璃管，在 2/3（或 1/2）处灼烧并平稳转动（使之受热均匀，注意双手要保持固定的距离，以防玻璃管软化时扭曲、拉长或缩短），待玻璃管刚软化后固定加热某一处（使之过火），待玻璃管加热至发黄变软时取出。

② 左手持断处并压紧乳胶头，而右手持长端，并用嘴轻轻吹玻璃管，边吹边弯曲（过火一头朝外）。注意弯曲时不能过猛过快。

③ 将弯曲的玻璃管再进行熔烧，按②方式操作，直到弯至要求为止（70°或 90°）。

④ 在弯曲好的玻璃管的断处进行熔烧，按拉制滴管的方式拉制蒸馏水瓶管。

弯曲要求：内侧不瘪、两侧不鼓、角度正确、不偏不歪，而且弯曲后的玻璃管要在同一平面上（不能有扭曲现象），图 2-12 为弯管好坏的比较与分析。

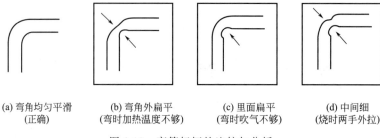

(a) 弯角均匀平滑　　(b) 弯角外扁平　　(c) 里面扁平　　(d) 中间细
　　（正确）　　（弯时加热温度不够）　（弯时吹气不够）　（烧时两手外拉）

图 2-12　弯管好坏的比较与分析

在加热和弯曲玻璃管时，不要扭曲，如果弯管不在同一平面内，此时可再对弯管处进行加热并加以修正，使弯管两侧在同一平面内。若遇到弯管内侧凹陷时，可将凹进去的部位在火焰中烧软，用手或塞子封住弯管的一端，用嘴向管内吹气，至凹进去的部位变得平滑为止。

（3）玻璃管的拉细（拉制滴管）

拉细玻璃管与弯曲玻璃管的加热方法相同。选取粗细、长度适当的干净玻璃管，两手持玻璃管的两端，将中间部位放于火焰中加热，边加热（受热面积比弯曲玻璃管要窄些）边向一个方向转动，待玻璃足够软（烧成红黄色或放开右手立刻下垂的程度，即比弯曲玻璃管要软），从火焰中取出，左右手以同样速度将管子向两侧拉伸，拉伸时先慢拉，后用力拉，将拉制好的玻璃管放于石棉网上冷却。冷却后，在拉伸部位的中间切断，再将拉制好的滴管口置于弱火焰中灼熔（去掉其锋利的断口）至发红即可（边灼烧边旋转），最后在滴管口上套上乳胶头（见图 2-13、图 2-14）。

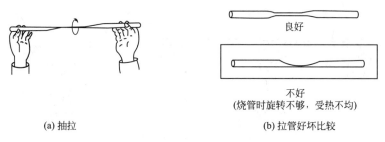

良好

不好
（烧管时旋转不够，受热不均）

(a) 抽拉　　　　　　　　　　　　(b) 拉管好坏比较

图 2-13　玻璃管的抽拉

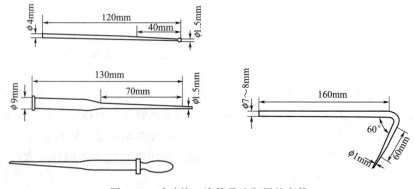

图 2-14　玻璃棒、滴管及洗瓶用的弯管

拉成的滴管与原管应在同一轴线上，而且尖嘴要拉得匀正，尖嘴的坡度不要太陡。注意：拉伸时绝对不允许使玻璃管上、下移动（这样制得的滴管不是圆形、不对称且不均匀）；玻璃管拉好后两手不要马上松手，仍要慢慢转动，直至拉伸部位变硬为止。

（4）玻棒熔烧

将切割好的玻璃棒的一头置于氧化焰处熔烧，边旋转边熔烧，直至将玻棒头熔烧为圆形（或椭圆形）即可［见图 2-10(c)］。按同样方式熔烧另一头，将熔烧后的玻棒置于石棉网上冷却。注意：不能用氧化焰以外的火焰熔烧玻棒（因其他火焰燃烧不完全，使烧制的玻棒头发黑）。

（5）拉制毛细管

选取粗细、长度适当的干净玻璃管，两手持玻璃管的两端，将中间部位放于火焰中加热，边加热边向一个方向转动，待玻璃足够软（烧成红黄色或放开右手立刻下垂的程度，即比弯曲玻璃管要软），从火焰中取出，左右手以较快的速度将管子向两侧拉伸（速度的快慢和拉伸的幅度将影响毛细管的粗细）。再将拉制好的毛细管用锉刀小心地切割到适当长度，将一端管口置于弱火焰中灼熔封闭，另一端用小火熔光（勿使之封闭！）

（6）塞子钻孔

实验室所用的塞子有软木塞、橡皮塞和玻璃磨口塞。前两者常用于钻孔，以配插温度计或玻璃导管等。选用塞子时，除了要选择材料外，还要根据容器口的大小来选择合适的塞子。软木塞由于质地松软，以致严密性较差，而且容易被酸碱损坏；但与有机物的作用小，不被有机溶剂所膨胀，因此常用于与有机物接触的场合。橡皮塞弹性好，可将瓶子塞得严密，并且耐强碱腐蚀，因此在化学实验中比较常用。塞子的大小一般以能塞进容器瓶 1/3～1/2 为宜。选好塞子后，还得选口径大小合适的钻孔器打孔。钻孔器由一组直径不同的金属管组成，一端有柄，另一端的管口很锋利可用于钻孔，另外每组还配有一个带柄的细铁棒，用于捅出钻孔时进入钻孔器内的橡皮或软木［见图 2-15(a)］。

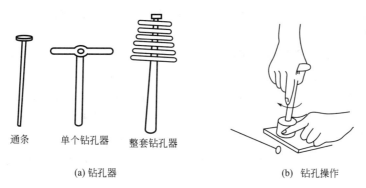

通条　　单个钻孔器　　整套钻孔器

(a) 钻孔器　　　　　　　　(b) 钻孔操作

图 2-15　钻孔器和钻孔操作

钻孔前，根据所要插入塞子的管子直径来选择钻孔器。由于橡皮具有弹性，应选比欲插管子外径稍大的钻孔器，而对弹性小的软木塞，应选比欲插管子外径稍小的钻孔器，这样可以保证导管插入塞子后能很好地密封。

钻孔方法：用笔在塞子的两面画出中心（即画一十字线），将塞子的小端朝上并平放于下面垫有木板的桌面上，左手持塞子，右手握钻孔器的柄，同时在钻孔器的管口处涂点水或甘油，将钻孔器按在选定的位置上，按顺时针方向，边旋转边用力向下压［见图 2-15(b)］。钻孔器必须垂直于塞子的面上，不能左右摆动，更不能倾斜，以免将孔钻斜。钻至塞子的一半时，以逆时针方向边旋转，边用力向外拔出钻孔器。

按同样方式从塞子大的一端钻孔，并注意应在塞子的中心向下钻，直至两端的圆孔贯穿为止。然后逆时针拔出钻孔器并用细铁棒将钻孔器中的橡皮捅出。

塞子孔钻好后，应立即检查孔道是否合适，若玻璃管毫不费力地插入塞子，说明塞子孔径太大，不能密封。若塞孔稍小或孔道不光滑，可用圆锉修整，直至符合要求为止（见图 2-16）。

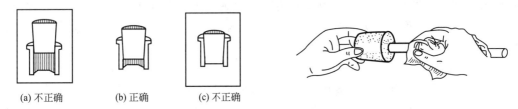

图 2-16　塞子的配置　　　　　图 2-17　将玻璃管插入塞子的方法

将玻璃管插入塞子的操作可分为三部分：湿润管口、插入塞孔和旋入塞孔。用甘油或水将玻璃管的前端湿润，先用布包住玻璃管，之后右手握玻璃管的前半部，左手拿塞子的侧面，将玻璃管插入塞孔并慢慢旋入塞孔内至合适位置（见图 2-17）；在旋入时，用力必须轻，而且右手不能离塞子太远，否则会把玻璃管折断并刺伤手。

2.1.3　玻璃仪器的洗涤和干燥

2.1.3.1　玻璃仪器的洗涤

在进行化学实验时，实验用仪器必须清洁干燥。实验中最简单而常用的清洗玻璃仪器的方法是用长柄毛刷（试管刷）蘸上皂粉或去污粉，刷洗润湿的器壁，直至玻璃表面的污物除去为止，最后再用自来水清洗。当仪器倒置、器壁不挂水珠时，即已洗净，可供一般实验使用。在某些实验中，当需要更洁净的仪器时，则可使用洗涤剂洗涤。若用于精制产品，或供分析用的仪器，则尚需用蒸馏水荡洗，以除去自来水冲洗时带入的杂质。

在每次实验结束后，应当立即清洗使用过的仪器，否则残留物放留时间过长易固化，使清洗时更加困难。

实验用仪器若用常规方法洗不干净，可视污物性质，采用适当方法清洗。如粘附的固体残留物可用不锈钢勺刮掉；酸性残留物可用 5％～10％碳酸钠溶液中和洗涤；碱性残留物可用 5％～10％盐酸溶液中和洗涤；氧化性残留物可用还原性溶液洗涤，如二氧化锰褐色斑迹，可用 1％～5％草酸溶液洗涤；有机残留物可根据"相似相溶"原则，选择适当有机溶剂溶解后清洗或用 5％氢氧化钠-乙醇溶液浸泡后，用自来水冲洗。

必须反对盲目使用各种化学试剂和有机溶剂来清洗仪器。这样不仅造成浪费，而且还可能带来危险。

实验室中常用超声波清洗器来清洗仪器，既省时又方便。只要把用过的仪器，放在配有洗涤剂的溶液中，再接通电源，利用超声波的振荡和能量，即可达到清洗仪器的目的。洗涤过的仪器，再用自来水漂洗干净，必要时需要用蒸馏水荡洗几遍。

2.1.3.2　常用洗涤液的配制

（1）铬酸洗涤液

称取研细的重铬酸钾（又称红矾钾）5g，置于 250mL 烧杯内，加水 10mL，加热使它溶解，冷却后，再慢慢加入 80mL 粗浓硫酸（工业纯）。应注意切不可将水加入浓硫酸中，边加边搅拌。配好的溶液应为深褐色。待溶液冷却后，储于磨口塞小口瓶中备用。玻璃器皿用铬酸洗液时操作要点如下。

①　使用洗液前，必须先将器皿用自来水和毛刷洗刷，并倒尽器皿内水。以免洗液被水稀释后降低洗涤效率。

②　用过的洗液不能随意乱倒。只要洗液未变为绿色，应倒回原瓶，以备下次再用。当洗液变为绿色，表明已失去去污力。可以用适当的方法氧化再生使用。

③　用洗液洗涤后的仪器。应先用自来水冲净，再用蒸馏水或去离子水淋洗 2～3 次。

（2）氢氧化钠的高锰酸钾洗涤液

称取高锰酸钾 4g 溶于少量水中，向该溶液中慢慢加入 100mL 10％的氢氯化钠溶液。混匀后储于带有橡皮塞的玻璃瓶中备用。该洗液用于因油污及有机物沾污的器皿。洗后在器皿上如残留二氧化锰沉淀可用浓盐酸或亚硫酸钠溶液洗掉。

（3）肥皂液及碱液洗涤液

当器皿被油脂弄脏时用浓的碱液（30％～40％）处理或用热肥皂液洗涤，再用热水和蒸馏水洗清洁。合成洗涤剂适合于洗涤被油脂或某些有机物沾污的器皿。将市售合成洗涤剂（又称洗衣粉）用热水配成浓溶液，洗时放入少量溶液。加热效果更好，振荡后倒掉，再先后用自来水、蒸馏水洗清洁。如果洗涤剂没有冲净，装水后弯月面变平。洗滴定管、容量瓶等后，用水要冲洗到弯月面正常为止。

（4）硝酸-乙醇洗涤液

此洗液适用于洗涤油脂或有机物质沾污的酸式滴定管。使用时先在滴定管中加入 3mL 乙醇，再沿壁加入 4mL 浓硝酸，用小表面皿盖住滴定管。让溶液在管中保留一段时间，即可除去污垢。

（5）盐酸-乙醇洗涤液

用 1 份盐酸加 2 份乙醇混合配成洗涤液。此洗液适合于洗涤有颜色的有机杂质的比色皿。

（6）硫酸亚铁酸性溶液或草酸及盐酸洗涤液

这些溶液是用于清洗高锰酸钾留在器皿的二氧化锰用的。大多数不溶于水的无机物质可以用少量粗盐酸洗去。灼烧过沉淀的瓷坩埚，可用热盐酸（1＋1）洗涤，然后再用铬酸洗液洗涤。

（7）硝酸洗涤液

在铝和搪瓷器皿中的沉垢，用 5％～10％硝酸去除，酸宜分批加入，每次都要在气体停止放出后加入。

器皿清洗后先用大量自来水冲洗，再用蒸馏水或去离子水冲洗，使水沿着器皿的壁完全流掉。如果器皿已洗清洁，壁上便留有均匀的水膜。

2.1.3.3　玻璃仪器的干燥

洗净后的仪器不能用布、毛巾、纸或其他物品擦拭（因为布或纸的纤维会留在容器壁上而沾污仪器）。有些仪器洗净后可直接用作实验，而有些化学实验中所使用的玻璃仪器，常常需要干燥后才能使用。常用的干燥方法如下。

（1）晾干

晾干是让残留在仪器内壁的水分自然挥发而使仪器干燥。稳定性较好的仪器（如烧杯等）可将之倒立放置于适当的仪器柜内或放置于干燥的陶瓷盘上，对倒置不稳的仪器（如容量瓶等）可倒插于格栅板中或干燥板上干燥。倒置可以防止灰尘落入，该方法的缺点是耗时较长。

有机溶剂快速干燥（见图2-18）：对于不能用高温加热方法干燥并带有刻度的计量仪器（如吸管、容量瓶等），如需干燥并快速使用时，用少量丙酮或乙醇等有机溶剂淋洗仪器一遍后，倾出含水混合液（应回收），晾干。

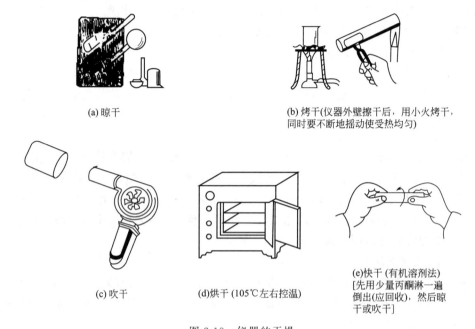

(a) 晾干　　　　　　　　　　　　(b) 烤干(仪器外壁擦干后，用小火烤干，同时要不断地摇动使受热均匀)

(c) 吹干　　　　(d)烘干 (105℃左右控温)　　　　(e)快干 (有机溶剂法) [先用少量丙酮淋一遍 倒出(应回收)，然后晾 干或吹干]

图 2-18　仪器的干燥

（2）吹干

用热或冷的空气流将玻璃仪器吹干，所用仪器是电吹风机（见图2-18）或"玻璃仪器气流干燥器"。用吹风机吹干时，一般先用热风吹玻璃仪器的内壁，待干后再吹冷风使其冷却。如果先用易挥发的溶剂（如乙醇、乙醚、丙酮等）淋洗一下仪器，将淋洗液倒干净，然后用吹风机按冷风→热风→冷风的顺序吹，则会干燥得更快。另一种方法是将洗净的仪器直接放在气流干燥器中进行干燥。

（3）烤干

用酒精灯、煤气灯、电炉或其他加热器小心将仪器烤干。一些常用的烧杯、蒸发皿等可置于石棉网上用小火烤干，烤干前应先擦干仪器外壁的水珠。烤干试管时应使试管口向下倾斜，以免水珠倒流而炸裂试管。烤干时应先从试管底部开始，慢慢移向管口，不见水珠后再将管口朝上，将水汽赶尽。

（4）烘干

将洗净的仪器放入电热恒温干燥箱内加热烘干。电热恒温干燥箱是化学实验室常用的仪器（见图2-19），常用来干燥玻璃仪器或烘干无腐蚀性、热稳定性较好的药品，但具有挥发性的易燃物或刚用乙醇、丙酮淋洗过的仪器，则不能放入烘箱中，以免发生爆炸。

电热恒温干燥箱是利用电热丝隔层加热物体干燥的设备。它适用于比室温高（25～200℃）的恒温、干燥、热处理等，其热灵敏度通常为±1℃，电热恒温干燥箱一般由箱体、电热系统和自动恒温控制系统三个部分组成。其电热系统一般由两组电热丝构成，一组为辅助电热丝，用于短时间内急剧升温和120℃以上恒温时的辅助加热；另一组为恒温电热丝，

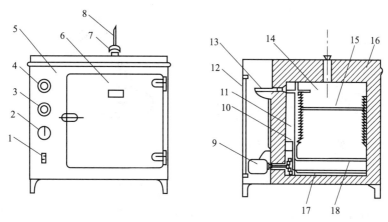

图 2-19　电热恒温干燥箱

1—鼓风开关；2—加热开关；3—指示灯；4—控温器旋钮；5—箱体；6—箱门；7—排气阀；
8—温度计；9—鼓风电动机；10—搁板支架；11—风道；12—侧门；13—温度控制器；
14—工作室；15—试样搁板；16—保温层；17—电热器；18—散热板

受温度控制器控制。辅助电热丝工作时恒温电热丝必定也在工作，而恒温电热丝工作时辅助电热丝不一定工作（如 120℃以下的恒温时）。

　　带有自动控温装置的电热恒温干燥箱使用方法如下：接通电源，开启加热开关后，将控温旋钮由"0"位顺时针旋至一定程度，这时红色指示灯亮，干燥箱处于升温状态。当温度升至所需温度时，将控制旋钮按逆时针方向缓慢旋回，红色指示灯熄灭，绿色指示灯亮，表明干燥箱处于该温度下的恒温状态，此时加热丝已停止工作。一段时间后，由于散热等原因，箱体内的温度降低后，它又自动切换到加热状态。这样交替地不断通电、断电，就可以保持恒定的温度。

　　干燥玻璃仪器时，应先洗净并将水分尽量倒干，放置时应注意平放或使仪器口朝上，带塞子的瓶子应打开瓶塞，如果能将仪器放在托盘里更好。一般在 105℃加热 15min 左右即可干燥，最好让干燥箱温度降至室温后再取出仪器。如果在热时需要取出仪器，则注意用干布垫手，以免烫伤。热玻璃仪器不能碰水，以免炸裂。烘干的药品通常取出后应放在干燥器内保存，避免再开启时又吸收水分而潮解。

　　电热恒温干燥箱的使用注意事项如下。

　　① 一般带有刻度的计量仪器（如量筒、滴定管、吸管、容量瓶等）不能用加热的方法干燥，以免因热胀冷缩而影响这些仪器的精确度；

　　② 对于厚壁瓷质仪器不能烤干，只能烘干；

　　③ 刚烘烤过的热仪器不能直接放在冷的，特别是潮湿的桌面上，以免因局部过冷而破裂。

2.2　加热技术

2.2.1　实验室加热设备

（1）酒精灯的构造及其使用

酒精灯是最常用的加热仪器，由灯罩、灯芯和灯壶三部分组成（见图 2-20）。

使用酒精灯时，应注意以下几点。

① 点燃酒精灯以前，必须检查酒精灯灯芯是否平整、完好。

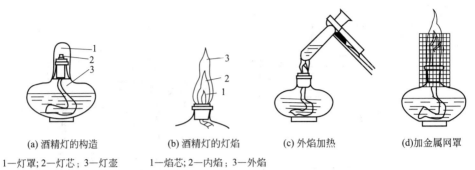

(a) 酒精灯的构造　　　(b) 酒精灯的灯焰　　(c) 外焰加热　　(d)加金属网罩
1—灯罩;2—灯芯；3—灯壶　　1—焰芯;2—内焰；3—外焰

图 2-20　酒精灯的构造及其使用

② 灯壶中酒精的量是否合乎要求（酒精必须占灯壶容积的 $1/2 \sim 2/3$，不可过多或过少）。添加酒精时先熄灭酒精灯，再使用小漏斗，以免洒出灯外。

③ 用火柴棍点燃酒精灯，决不能用燃着的酒精灯点燃，否则易引起火灾（见图 2-21）。

④ 用灯罩将火焰熄灭，决不能吹灭。

⑤ 盖灭片刻后，应将灯罩打开一次，再重新盖上，以免冷却后盖内形成负压而打不开罩子。

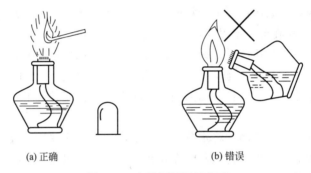

(a) 正确　　　　　　　　　(b) 错误

图 2-21　点燃酒精灯的方法

酒精灯的加热温度一般为 $400 \sim 500\,℃$，适用于温度不需太高的实验。若要使灯焰平稳且适当提高温度，可加金属网罩。酒精灯正常火焰各部位的性质见表 2-2。

表 2-2　酒精灯正常火焰各部位的性质

名称	火焰颜色	温度	燃烧情况
焰心	灰黑	最低	酒精与空气混合,并未燃烧
内焰	淡蓝	较高	燃烧不完全
外焰	淡紫	高	燃烧完全

酒精易挥发、易燃，使用酒精灯时必须注意安全，万一洒出的酒精在灯外燃烧，可用湿抹布或石棉布扑灭。

（2）煤气灯的构造及使用

煤气灯使用较方便，是化学实验室常用的加热器具。其样式虽多，但构造原理是相同的，由灯管 1 和灯座 4 组成［见图 2-22(a)］。灯的下部有螺旋 2 并与灯座相连，灯管下部的几个圆孔 3 是空气的入口，可通过调节煤气或空气的进入量来控制火焰的大小。

当完全关闭空气入口时，点燃煤气灯时煤气燃烧不完全，生成光亮的黄色火焰，火焰温度不高且会析出炭质。逐渐加大空气的进入量至煤气完全燃烧，其火焰为正常火焰，可分为三层 [见图 2-22(b)]，内层为焰心 1，空气与煤气不完全燃烧；中层 2 为煤气与空气完全燃烧且分解为含碳的产物，该部分火焰具有还原性，称为"还原焰"，用于直接加热试管中的液体（或固体）、蒸发浓缩溶液以及干燥晶体等；外层 3 为煤气完全燃烧，由于含有过量的空气，它具有氧化性，称为"氧化焰"，主要用于灼烧和加工玻璃制品等。

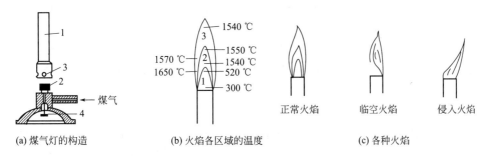

图 2-22　煤气灯的构造、温度及各种火焰

空气或煤气的进入量调节不当会产生不正常火焰。若煤气和空气进入量均很大时，火焰产生于灯管上空，称为"临空火焰"，当用于引燃的火柴熄灭时，它也马上熄灭。当煤气进入量很小而空气进入量很大时，火焰在灯管内燃烧，呈绿色并发出特殊的嘶嘶声，这种火焰称为"侵入火焰"。

点燃煤气灯的正确方法是：先关闭空气入口，将煤气调节阀旋至适当位置，划燃火柴后打开煤气开关，将火柴移近管口点燃，之后调节空气进入量，并按实验需要调节火焰大小和强度。

使用煤气灯的注意事项如下：

① 使用前先检查装置有无漏气现象，因为煤气中含有毒气体（CO），若它在空气中的浓度达到 30%，12～15min 内可致人死亡。

② 先开煤气，点燃后调节空气或氧气的进入量，若有"临空火焰"或"侵入火焰"，应立即关闭煤气，重新按正确操作方法调节煤气和空气（氧气）的进入量后再点燃，侵入火焰会将灯管烧得很烫，切勿立即用手去碰，以免烫伤。

③ 灯的周围不能有易燃、易爆等危险品。

（3）电炉

电炉是一种用电热丝将电能转化为热能的装置 [见图 2-23(a)]，它可用于代替酒精灯或煤气灯加热容器中的液体。使用电炉的注意事项如下。

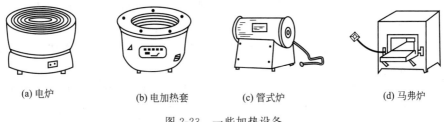

图 2-23　一些加热设备

① 电炉下面必须垫上瓷板。

② 加热玻璃仪器时容器与电炉之间要隔一块石棉网，以使溶液受热均匀并保护电炉丝，

而加热金属仪器时不能触及电炉丝。

③ 要保持炉盘凹槽内清洁，并及时清除杂物。

（4）电加热套（亦称电热包）

电加热套是专为加热圆底烧瓶容器而设计的，电热包为凹型的半球形电加热设备［见图 2-23(b)］，可取代油浴、砂浴对圆底容器加热。电加热套有多种规格，使用时应根据圆底容器的大小选用合适的型号，否则会影响加热效果。受热容器应悬置在加热套的中央，不能接触套的内壁。电加热套相当于一个均匀加热的空气浴。为有效地保温，可在套口和容器之间用玻璃布围住，电加热套最高可达 $450\sim500℃$。

电热套与调压变压器结合起来使用是既方便又安全的加热方法。电热套主要在回流加热时使用，蒸馏和减压蒸馏时最好不用。因为随着蒸馏的进行，瓶内物质减少，会导致瓶壁过热现象。

（5）管式炉

管式炉有一管状炉膛，利用电热丝或硅碳棒加热，温度可达 $1000℃$ 以上，炉膛中插入一根瓷管或石英管，管内放入盛有反应物的反应舟［见图 2-23(c)］。反应物可在空气或其他气氛中加热反应。通常用来焙烧少量物质或对气氛有一定要求的试样。

（6）马弗炉（箱式炉）

马弗炉有一个长方形炉膛，与管炉一样，也用电阻丝或硅碳棒加热，打开炉门即可放入各种欲加热的器皿和样品［见图 2-23(d)］。

马弗炉的炉温由高温计测量，用一对热电偶和一只毫伏表组成温度控制装置，可以自动调温和控温。马弗炉使用时的注意事项如下：

① 检查马弗炉所接电源的电压是否与电炉所需电压相符，热电偶是否与测量温度相符，热电偶正负极是否接反。

② 调节温度控制器的定温调节螺丝，使定温指针指示到所需温度处，打开电源开关升温，当温度升至所需温度时即能恒温。

③ 灼烧结束后，先关电源，不要立即打开炉门，以免炉膛骤冷而碎裂。一般温度降至 $200℃$ 以下方可打开炉门，用坩埚钳取出样品。

④ 马弗炉应置于水泥台面上，不可放置在木质桌面上，以免过热而引起火灾。

⑤ 炉膛内应保持清洁，炉周围不要放置易燃物品，也不能放精密仪器。

（7）微波炉

微波炉就是用微波来加热物体的。微波是一种电磁波。这种电磁波的能量不仅比通常的无线电波大得多，而且微波一碰到金属就发生反射，金属根本没有办法吸收或传导它；微波可以穿过玻璃、陶瓷、塑料等绝缘材料，但不会消耗能量；而含有水分的物体，微波不但不能透过，其能量反而会被吸收。微波炉正是利用微波的这些特性制作的。微波炉的外壳用不锈钢等金属材料制成，可以阻挡微波从炉内逃出，以免影响人们的身体健康。装受热物体的容器则用绝缘材料制成。

微波炉的心脏是磁控管。这个叫磁控管的电子管是个微波发生器，它能产生每秒振动频率为 24.5 亿次的微波。这种肉眼看不见的微波，能穿透待加热物体达 5cm 深，并使其中的水分子也随之运动，剧烈的运动产生了大量的热能，使待加热物体温度升高，这就是微波炉加热的原理。用微波炉加热，热量直接深入待加热物体内部，所以加热速度比其他方法快 $4\sim10$ 倍，热效率高达 80% 以上。目前，其他各种加热器具的热效率无法与它相比。

使用微波炉时，应注意不要空"烧"，因为空"烧"时，微波的能量无法被吸收，这样很容易损坏磁控管。另外，人体组织是含有大量水分的，一定要在磁控管停止工作后，再打开炉门，取出受热物体。

2.2.2　加热技术

化学反应的反应速率，一般情况下随温度升高而加快，大体上温度每升高 10℃，反应速率就要增加 2～4 倍。因此，为了增加反应速率，往往需要在加热条件下进行反应。此外，化学实验的许多基本操作如蒸发、回流、蒸馏等都要用到加热。

化学实验室中常用的玻璃仪器一般不能用火焰直接加热。因为剧烈的温度变化和加热不均匀会造成玻璃仪器的损坏。同时，由于局部过热，还可能引起化合物（特别是有机化合物）的部分分解。为了避免直接加热可能带来的弊端，实验室中常常根据具体情况应用不同的间接加热方式。

（1）石棉网

最简便的加热技术是通过石棉网进行加热。把石棉网放在三脚架或铁圈上，用煤气灯在下面加热，以避免由于局部过热引起有机化合物分解，但这种加热仍很不均匀，故在减压蒸馏或回流低沸点易燃物等操作中就不能用这种加热方式。

（2）水浴

当需要加热的温度在 80℃ 以下时，可将容器浸入水浴中（注意：勿使容器触及水浴底部），小心加热以保持所需的温度。但是若要长时间加热，水浴中的水总难免汽化外逸，在这种情况下，可采用附有自动添水装置的水浴（见图 2-24）。这样既方便，又能保证加热温度恒定。若需要加热到 100℃ 时，可用沸水浴或水蒸气浴。

（3）油浴

在 100～250℃ 间加热可用油浴。油浴所能达到的最高温度取决于所用油的种类。若在植物油中加入 1% 的对苯二酚，便可增加它们在受热时的稳定性。

透明石蜡油可加热到 220℃，温度再高并不分解，但易燃烧。

甘油和邻苯二甲酸二正丁酯适用于加热到 140～145℃，温度过高则易分解。

硅油和真空泵油在 250℃ 以上时，仍较稳定。但由于价格昂贵，在普通实验室中并不常用。

在用油浴加热时，油浴中应放温度计，以便及时调节灯焰，防止温度过高。油浴中应防止水溅入。

在有机合成实验中，为保证实验室的安全，要避免使用明火直接加热，尤其是用明火加热油浴时，稍有不慎，常发生油浴燃烧。为此，采用电热圈放在热浴内加热更为安全。若与继电器和接触式温度计相连，就能自动控制热浴的温度。

此外，蜡或石蜡也可用作油浴的浴液，可以加热到 220℃。它的优点是在室温时是固体，便于贮藏，但是加热完毕后，在它们冷凝成固体前，应先取出浸于其中的容器。

（4）砂浴

加热温度必须达到数百摄氏度以上时往往使用砂浴。将清洁而又干燥的细砂平铺在铁盘上，盛有液体的容器埋入砂中，在铁盘下加热，液体就间接受热。由于砂对热的传导能力较差而散热却很快，所以容器底部与砂浴接触处的砂层要薄些，使易受热；容器周围与砂接触的部分，可用较厚的砂层，使其不易散热。但砂浴由于散热太快，温度上升较慢，且不易控制而使用不广。

（5）空气浴

沸点在80℃以上的液体，原则上均可采用空气浴加热。最简便的空气浴可用下法制作：取空的铁罐一只（用过的罐头盒即可），罐口边缘剪光后，在罐的底部打数行小孔，另将圆形石棉片（直径略小于罐的直径，厚2～3mm）放入罐中，使其盖在小孔上，罐的四周用石棉布包裹。另取直径略大于罐口的石棉板（2～4mm）一块，在其中挖一个洞（洞的直径接近于蒸馏瓶或其他容器颈部的直径），然后对切为二，加热时用于盖住罐口。使用时将此空气浴放置在铁三脚架上，用火焰加热即可。注意蒸馏瓶或其他容器在罐中切勿触及罐底，其正确位置如图2-25所示。作为一种简易措施，有时也可将烧瓶离开石棉网1～2mm代替空气浴加热。

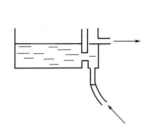

图 2-24　附有自动添水装置的水浴

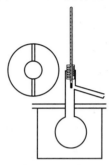

图 2-25　空气浴

此外，当物质在高温加热时，也可使用熔融的盐，如等质量的硝酸钠和硝酸钾混合物在218℃熔化，在700℃以下是稳定的。含有40％亚硝酸钠、7％硝酸钠和53％硝酸钾的混合物在142℃熔化，使用范围为150～500℃。必须注意若熔融的盐触及皮肤，会引起严重的烧伤。所以在使用时，应当倍加小心，并尽可能防止溢出或飞溅。

以上介绍了一些热浴的性能和使用范围。使用者还可以根据具体情况选用其他的热源。例如，蒸馏易燃的低沸点液体（如乙醚等）时，也可以用250W的红外灯加热；当蒸馏大量的有机溶剂时，则往往采用封闭式电炉加热水浴，或使用电热恒温水浴。

（6）微波

微波是频率在300MHz～300GHz的电磁波（波长1m～1mm），通常是作为信息传递而用于雷达、通讯技术中。而近代应用中又将它扩展为一种新能源，在工农业上用作加热、干燥；在化学工业中催化化学反应，在科研中激发等离子体等。

一些介质材料由极性分子和非极性分子组成，在微波电磁场作用下，极性分子从原来的热运动状态转向依照电磁场的方向交变而排列取向。产生类似摩擦热，在这一微观过程中交变电磁场的能量转化为介质内的热能，使介质温度出现宏观上的升高，这就是对微波加热最通俗的解释。由此可见，微波加热是介质材料自身损耗电磁场能量而发热。对于金属材料，电磁场不能透入内部而是被反射出来，所以金属材料不能吸收微波。水是吸收微波最好的介质，所以凡含水的物质必定吸收微波。有一部分介质虽然由非极性分子组成，但也能在不同程度上吸收微波。

微波加热的特点如下。

① 加热速度快　常规加热如火焰、热风、电热、蒸汽等，都是利用热传导原理将热量从被加热物外部传入内部，逐步使物体中心温度升高，称之为外部加热。要使中心部位达到所需的温度，需要一定的时间，导热性较差的物体所需的时间就更长。微波加热是使被加热物本身成为发热体，称之为内部加热方式，不需要热传导的过程，内外同时加热，因此能在

短时间内达到加热效果。

② 均匀加热　常规加热，为提高加热速度，就需要升高加热温度，容易产生外焦内生现象。微波加热时，物体各部位通常都能均匀渗透电磁波，因此加热均匀性大大改善。

③ 节能高效　在微波加热中，微波只能被加热物体吸收而生热，加热室内的空气与相应的容器都不会发热，所以热效率极高，环境也明显改善。

④ 易于控制　微波加热的热惯性极小。若配用微机控制，则特别适宜于加热过程加热工艺的自动化控制。

⑤ 选择性加热　微波对不同性质的物料有不同的作用，这一点对干燥作业有利。因为水分子对微波的吸收最好，所以含水量高的部位，吸收微波功率多于含水量较低的部位，这就是选择加热的特点。值得注意的是有些物质当温度愈高，吸收性愈好，造成恶性循环，出现局部温度急剧上升造成过干，甚至炭化，对这类物质进行微波加热时，要注意制定合理的加热工艺。

⑥ 安全无害　在微波加热、干燥中，无废水、废气、废物产生，也无辐射遗留物存在。微波泄漏在确保大大低于国家制定的安全标准条件下，微波加热是一种十分安全无害的高新技术。

2.3　冷却技术

有些反应，其中间体在室温下是不够稳定的，必须在低温下进行，如重氮化反应等。有的放热反应，常产生大量的热，使反应难以控制，并引起易挥发化合物的损失，或导致有机物的分解或增加副反应，为了除去过量的热量，便需要冷却。此外，为了减少固体化合物在溶剂中的溶解度，使其易于析出结晶，也常需要冷却。

将反应物冷却的最简单方法就是把盛有反应物的容器浸入冷却剂中冷却。有些反应必须在室温以下的低温进行，这时最常用的冷却剂是冰或水和冰的混合物，后者由于能和器壁接触得更好，冷却效果比单用冰为好。如果有水存在，并不妨碍反应的进行，也可以将冰块直接投入反应物中，这样可以有效地保持低温。

若需要把反应混合物冷却到 0℃ 以下时，可用一份食盐与三份碎冰的混合物，温度可降至 −20℃，但在实际操作中，温度降至 −18～−5℃；食盐投入冰内时碎冰易结块，故最好边加边搅拌。其他盐类与冰的混合物，也有良好的制冷效果，如冰与六水合氯化钙结晶（$CaCl_2 \cdot 6H_2O$）的混合物，理论上可得到 −50℃ 左右的低温。在实际操作中，十份六水合氯化钙结晶与 7～8 份碎冰均匀混合，可达到 −40～−20℃。表 2-3 列出常见的冰盐混合物的制冷性质。

表 2-3　常见的冰盐混合物的制冷性质

物质	无水物质的质量分数 $w/\%$	最低温度 $t/℃$	物质	无水物质的质量分数 $w/\%$	最低温度 $t/℃$
$Pb(NO_3)_2$	35.2	−2.7	NaCl	28.9	−21.2
$MgSO_4$	21.5	−3.9	NaOH	19.0	−28.0
$ZnSO_4$	27.2	−6.6	$MgCl_2$	20.6	−33.6
$BaCl_2$	29.0	−7.8	K_2CO_3	39.5	−36.5
$MnSO_4$	47.5	−10.5	$CaCl_2$	29.9	−55
$Na_2S_2O_3$	30.0	−11.0	$ZnCl_2$	52.0	−62
NH_4Cl	22.9	−16.8	KOH	32.0	−65
$NaNO_3$	37.0	−18.5	HCl	24.8	−96

液氨也是常用的冷却剂，温度可达−33℃。由于氨分子间的氢键，使氨的挥发速度并不很快。将干冰（固体二氧化碳）与适当的有机溶剂混合时，可得到更低的温度，与乙醇的混合物可达到−72℃，与乙醚、丙酮或氯仿的混合物可达到−78℃。液氮可达到−196℃。

为了保持冷剂的效力，通常把干冰或它的溶液及液氨盛放在保温瓶（也叫杜瓦瓶）或其他绝热较好的容器中，上口用铝箔覆盖，以降低其挥发速度。

应当注意，温度若低于−33℃时，则不能使用水银温度计。因为低于−33.87℃时，水银就会凝固。对于较低的温度，常常使用内装有机液体（如甲苯，可达到−90℃；正戊烷，−130℃）的低温温度计。为了便于读数，往往向液体内加入少许颜料。但由于有机液体传热较差和黏度较大，这种温度计达到平衡的时间较长。

2.4　试剂的取用与处理

2.4.1　固体试剂

（1）固体试剂的取用规则

① 要用清洁、干燥的药匙取试剂。药匙的两端为大小两个匙，分别用于取大量固体和少量固体。用过的药匙必须洗净晾干并存放在干净的器皿中。

② 注意药品不要多取，多取的药品不能倒回原试剂瓶中，可放在指定的容器中，以供他用。

③ 要求取用一定质量的固体试剂时，应把固体放在称量纸上称量。具有腐蚀性或易潮解的固体必须放在表面皿或玻璃容器内称量。

④ 往试管（特别是湿试管）中加入粉末状固体试剂时，可用药匙或将取出的药品放在对折的纸片上，伸进平放的试管 2/3 处，然后直立试管，使试剂放入（见图 2-26）。

图 2-26　往试管中加入粉末状固体试剂

⑤ 加入块状固体时，应将试管倾斜，使其沿管壁慢慢滑下，不得垂直悬空投入，以免击破管底（见图 2-27）。

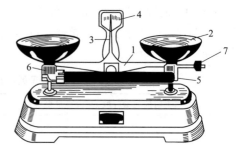

图 2-27　往试管加入块
状固体试剂

图 2-28　台秤
1—横梁；2—秤盘；3—指针；4—刻度盘；5—游码
标尺；6—游码；7—平衡调节螺丝

（2）固体试剂的称量

台秤（又称托盘天平）常用于一般称量。它能迅速地称量物体的质量，但精确度不高。

最大载荷为 200g 的台秤能称准至 0.1g，最大载荷为 500g 的台秤能称准至 0.5g。

① 台秤的构造（见图 2-28）　台秤的横梁架在台秤座上，横梁的左右有两个盘子。横梁的中部有指针与刻度盘相对，根据指针在刻度盘左右摆动情况，可以看出台秤是否处于平衡状态。

② 称量　在称量物体之前，要先调整台秤的零点。将游码拨到游码标尺的"0"位处，检查台秤的指针是否停在刻度盘的中间位置。如果不在中间位置，可调节台秤托盘下侧的平衡调节螺丝。当指针在刻度盘的中间左右摆动大致相等时，则台秤处于平衡状态，此时指针即能停在刻度盘的中间位置，将此中间位置称为台秤的零点。

称量时，左盘放称量物，右盘放砝码。砝码用镊子夹取，10g 以下的质量，可移动游码标尺上的游码。当添加砝码到台秤的指针停在刻度盘的中间位置时，台秤处于平衡状态。此时指针所停的位置称为停点。零点与停点相符时（零点与停点之间允许偏差 1 小格以内），砝码的质量就是称量物的质量。

③ 称量时应注意以下几点。

a. 不能称量热的物品。

b. 化学药品不能直接放在托盘上，应根据情况决定称量物放在已称量的、洁净的表面皿、烧杯或光洁的称量纸上。

c. 称量完毕，应将砝码放回砝码盒中。将游码拨到"0"位处，并将两托盘放在一侧，或用橡皮圈架起，以免台秤摆动。

d. 保持台秤整洁。

2.4.2　液体试剂的取用

从试剂瓶中取用液体试剂时，用倾注法。先将瓶塞放在桌面上，把试剂瓶上贴标签的一面握在手心中，逐渐倾斜瓶子，让试剂沿着洁净的试管壁流入试管或沿着洁净的玻璃棒注入烧杯中（见图 2-29），不可悬空而倒。

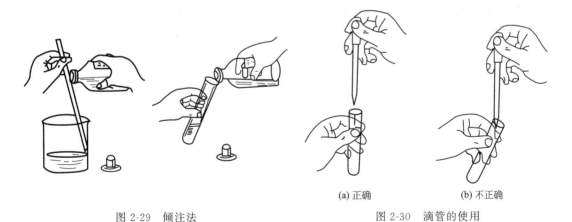

(a) 正确　　　　　(b) 不正确

图 2-29　倾注法　　　　　　　　图 2-30　滴管的使用

（1）滴瓶

从滴瓶中取用少量试剂时，应提起滴管，使管口离开液面。用手指紧捏滴管上部的橡皮胶头，以赶出滴管中的空气，然后把滴管伸入试剂瓶中，放松手指吸入试剂，再提起滴管，垂直地放在试管口或烧杯的上方并将试剂逐滴滴入。滴加试剂时，滴管要垂直，以保证滴加体积的准确（见图 2-30）。

使用滴瓶时的注意事项如下：

① 滴加试剂时绝对禁止将滴管伸入试管中；

② 滴瓶上的滴管只能专用，不能搞错。使用后应立刻将滴管放回原来的滴瓶中，不得乱放；

③ 滴管从滴瓶中取出试剂后，应保持橡皮胶头在上，不能平放或斜放，以防滴管中的试液流入腐蚀胶头而沾污试剂；

④ 滴加完毕后，应将滴管中剩下试剂挤入滴瓶中，不能捏住胶头将滴管放回滴瓶，以免滴管中充有试剂。

（2）量筒

量筒常用于量取一定体积的液体或试液，可根据需要选用不同容量的量筒。量取时要按图 2-31（a）所示进行操作，读数时使视线与量筒内液体或试液的弯月面的最低处保持水平，偏高（b）或偏低（c）都会造成误差。

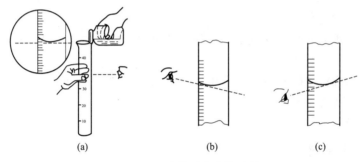

图 2-31　用量筒量取液体试剂

（3）移液管

移液管是准确移取一定量溶液的量器（量出式量器，符号为 Ex）。它是一根细长且中间膨大的玻璃管（见图 2-32），在管的上端有一环形标线，膨大部分标有它的容积和标定时的温度。常用的移液管有 10mL、25mL、50mL、100mL 等规格。

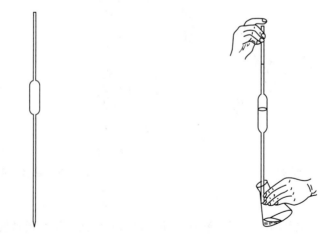

图 2-32　移液管　　　　　　　　　图 2-33　移液管的操作

① 洗涤　移液管和吸量管一般采用橡皮洗耳球吸取铬酸洗液洗涤，也可放在高型量筒内用洗液浸泡，取出沥尽洗液后，用自来水冲洗，再用蒸馏水洗涤干净。

② 操作要点　当首次用洗净的移液管吸取溶液时，应先用滤纸将尖端内外的水吸净，否则会因水滴的引入而改变溶液的浓度。然后用所要移取的溶液润洗 2～3 次，以保证移取溶液的浓度不变，方法是：吸取溶液至刚入膨大部分，立即用右手食指按住管口（尽量勿使溶液回流），将管横过来，用两手的拇指和食指分别拿住移液管的两端，转动移液管并使溶液布满全管内壁，当溶液流至距上口 2～3cm 时，将管直立，使溶液由尖嘴放出弃去。移取溶液时，一般用右手的大拇指和中指拿住管颈标线上方，将管子插入液面以下 1～2cm 深度，太深会使管外黏附溶液过多，影响量取溶液体积的准确性；太浅往往会产生空吸。左手拿洗耳球，先把球内空气压出，然后把球的尖端接在移液管口，慢慢松开左手指使溶液吸入管内。当液面升高到刻度以上时移去洗耳球，立即用右手食指按住管口，将移液管提离液面，然后使管尖端靠着盛溶液器皿的内壁，略微放松食指并用拇指和中指轻轻转动移液管，让溶液慢慢流出，使液面平稳下降，直到溶液弯月面与标线相切时，立刻用食指压紧管口。取出移液管，用干净滤纸擦拭管外溶液，把准备承接溶液的容器稍倾斜（约 45°），将移液管移入容器中，使管垂直，管尖靠着容器内壁，松开食指，让管内溶液自然地全部沿壁流下（见图 2-33），待管中液体流尽后，再等待 10～15s，取出移液管。管上未刻有"吹"字的，切勿把残留在管尖内的溶液吹出，因为在校正移液管时，已经考虑了末端所保留溶液的体积。

移液管使用后，应洗净放在移液管架上。移液管、容量瓶等有刻度的精确玻璃量器，均不应放在烘箱中烘烤。

（4）吸量管

吸量管的全称是"分度吸量管"，又称刻度移液管。它是带有分度线的量出式玻璃量器（见图 2-34），用于移取非固定量的溶液，其操作方法与移液管相同。吸量管可分为以下四类。

① 规定等待时间 15s 的吸量管　这类吸量管零位在上，完全流出式 [见图 2-34(a)]，它的任意一分度线的容量定义为：在 20℃时从零线排放到该分度线所流出 20℃水的体积（mL）。当液面降到该分度线以上几毫米时，应按紧管口停止排液 15s，再将液面调到该分度线。在量取吸量管的全容量溶液时，排放过程中水流不应受到限制，液面降至流液口处静止后，要等待 15s 再移走吸量管。

② 不完全流出式吸量管　不完全流出式吸量管均为零点在上形式，最低分度线为标称容量 [见图 2-34(b)]。这类吸量管的任一分度线相应的容量定义为 20℃时，从零线排放到该分度线所流出的 20℃水的体积（mL）。

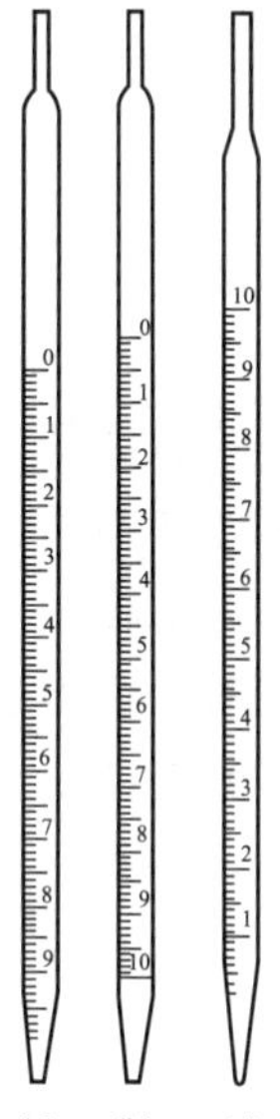

图 2-34　吸量管

③ 完全流出式吸量管　这类吸量管有零点在上 [见图 2-34(b)] 和零点在下 [见图 2-34(c)] 两种形式。其任一分度线相应的容量定义为：在 20℃时，从分度线排放到流液口时所流出 20℃水的体积（mL），液体自由流下，直到确定弯月面已降到流液口静止后，再脱离容器（指零点在下式）；或者从零线排放到该分度线或流液口所流出 20℃水的体积（指零点在上式）。

④ 吹出式吸量管　这类吸量管流速较快，且不规定等待时间。有零点在上和零点在下两种形式，均为完全流出式。吹出式吸量管的任意一分度线的容量定义为在 20℃时，从该分度线排放到流液口（指零点在下）所流出的或从零线排放到该分度线（指零点在上）所流

出的 20℃ 水的体积（mL）。使用过程中液面降至流液口并静止时，应随即将最后一滴残留的溶液一次吹出。

另外还有一种标"快"字的吸量管，其容量精度与吹出式吸量管相近似。吹出式及快流速吸量管的精度低、流速快，适于在仪器分析实验中加试剂用，最好不用其移取标准溶液。

吸量管的其他操作方法同移液管。

（5）移液器

① 移液器的结构和工作原理　移液器为量出式量器，分定量和可调两种。主要用于医药、化工和科研部门的化学、生化分析中作取样和加液用。移液器通过弹簧的伸缩力量使活塞上下活动，排出或吸取液体。移液器的移液量由一个配合良好的活塞在活塞套内移动的距离来确定。它由定位部件、容量调节指示部分、活塞套和吸液嘴（尖）等组成（如图 2-35 所示）。常见的有内置式活塞移液器和外置式活塞移液器两种。

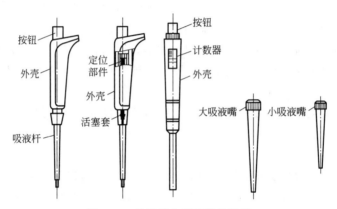

图 2-35　移液器和吸液嘴示意图

内置活塞式移液器（见图 2-36）可用于移取常规液体。该移液器活塞位于移液器套筒内，液体与活塞之间有一段空气隔离，活塞与液体不接触，可很方便地用于固定或可调体积液体的取样，取样体积的范围在 1μL 至 10mL 之间。这种移液器优点很多，例如吸头一般通用等；但不适宜移取高黏度液体、挥发性较大的液体，且易发生交叉污染。一次性吸头是取样系统的一个重要组成部分，其形状、材料特性及与加样器的吻合程度均对加样的准确度有很大的影响。

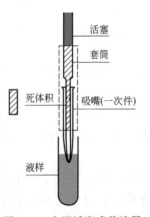

图 2-36　内置活塞式移液器

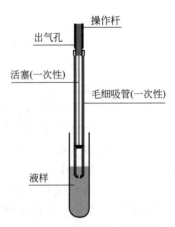

图 2-37　外置活塞式移液器

外置活塞式（见图 2-37）移液器可用于移取黏度较大的液体。这种移液器活塞位于移液器套筒外的吸嘴内部，活塞与液体之间没有空气段，活塞为一次性的，由于无空气间隔，避免了样品与空气接触可能发生的气雾交叉污染，因此也非常适合珍贵的试剂、生物样品的移取。外置活塞式移液器的吸头与内置活塞式移液器吸头有所不同，其内含一个可与加样器的活塞耦合的活塞，这种吸头一般由生产活塞移动加样器的厂家配套生产，不能使用通常的吸头或不同厂家的吸头。

② 移液器的使用

a. 移液器的放置　移液器一般要放在支架上。

b. 吸嘴的安装

ⓐ 散装吸嘴的安装　两手分别持移液器和吸嘴，安装后旋转。

ⓑ 盒装吸嘴的安装　将移液器垂直插入吸嘴中，稍用力下压，然后旋转。

ⓒ 注意事项

错误操作　在将枪头套上移液器时，很多人会使劲地在枪头盒子上敲几下。这样会导致移液器的内部配件（如弹簧）因敲击产生的瞬时撞击力而变得松散，甚至会导致刻度调节旋钮卡住，严重的情况会将白套筒折断。

正确操作　将移液器垂直插入枪头中，稍微用力左右微微转动即可使其紧密结合。如果是多道（如 8 道或 12 道）移液器，则可以将移液器的第一道对准第一个枪头，然后倾斜地插入，往前后方向摇动即可卡紧。枪头卡紧的标志是略为超过 O 形环，并可以看到连接部分形成清晰的密封圈。

c. 设定容量

ⓐ 操作方法　按照所需移取的液体体积，先设定容量。容量的调整，先用按钮粗调，再旋转摩擦环进行细调，直至达到要求。

ⓑ 注意事项

移液器要在规定的容量内使用，切勿超量程使用，否则会卡住内部机械装置而损坏移液器。

调整容量时，如果从大到小时，可以直接调到想要的容量；如果从小到大时，一定要调超三分之一圈，然后再调回来，这样做可以使弹簧完全放开，而且移液器总是在顺时针运转可以延长移液器的使用寿命。

d. 移液

ⓐ 吸液

连接恰当的吸嘴；为使测量准确可将吸嘴预洗 3 次，即反复吸排液体 3 次。按下控制钮至第一挡。将移液器吸嘴垂直进入液面下 1～6mm（视移液器容量大小而定）；$0.1～10\mu L$ 容量的移液器进入液面下 1～2mm；$2～200\mu L$ 容量的移液器进入液面下 2～3mm；1～5mL 容量的移液器进入液面下 3～6mm。使控制钮缓慢滑回原位。移液器移出液面前略等 1～3s；$1000\mu L$ 以下停顿 1s；5～10mL 停顿 2～3s。缓慢取出吸嘴，确保吸嘴外壁无液体。

ⓑ 排液

将吸嘴以一定角度抵住容量内壁。缓慢将控制钮按至第一挡并等待约 1～3s。将控制钮按至第二挡过程中，吸嘴将剩余液体排净。慢放控制钮。按压弹射键弹射出吸嘴。

ⓒ 移液

一是前进移液法。用大拇指将按钮按下至第一停点，然后慢慢松开按钮回原点。接着将按钮按至第一停点排出液体，稍停片刻继续按按钮至第二停点吹出残余的液体。最后松开按钮。

二是反向移液法。此法一般用于转移高黏度液体、生物活性液体、易起泡液体或极微量的液体。其操作是先按下按钮至第二停点，慢慢松开按钮至原点。接着将按钮按至第一停点排出设置好量程的液体，继续保持按住按钮位于第一停点（千万别再往下按），取下有残留液体的枪头，弃之。

e. 移液器的养护及注意事项

ⓐ 当移液器吸嘴有液体时切勿将移液器水平或倒置放置，以防液体流入活塞室腐蚀移液器活塞。

ⓑ 移液器使用完毕后，把移液器量程调至最大值，且将移液器垂直放置在移液器架上。

ⓒ 如液体不小心进入活塞室应及时清除污染物。

ⓓ 平时检查是否漏液的方法　吸液后在液体中停1～3s观察吸头内液面是否下降；如果液面下降首先检查吸头是否有问题，如有问题更换吸头，更换吸头后液面仍下降说明活塞组件有问题，应找专业维修人员修理。

ⓔ 需要高温消毒的移液器应首先查阅所使用的移液器是否适合高温消毒后再行处理。

ⓕ 吸取液体时一定要缓慢平稳地松开拇指，绝不允许突然松开，以防溶液吸入过快冲入取液器内腐蚀柱塞而造成漏气。

ⓖ 吸取血清蛋白溶液或有机溶剂时，吸头内壁会残留一层"液膜"，第二次吸取时的体积会大于第一次的体积。

ⓗ 卸掉的吸头一定不能和新吸头混放，以免产生交叉污染。

f. 移液器的校准

校准应在无通风的房间，移液器和空气温度在$20～25℃$之间，相对湿度在55%以上。特别是当移液量在$50\mu L$以下，空气湿度越高越好，以减少蒸发损失的影响。在万分之一级别天平上放置一个小三角烧瓶，用待标定的移液器吸取蒸馏水（隔夜存放或超声15min）加入小三角烧瓶底部，每次称重后计量，去皮重后再加蒸馏水，连续加蒸馏水10次。加蒸馏水的量根据待标定的移液器不同规格而不同，见表2-4，10次标定称量在所要求的重量范围之内为合格；不合格移液器需要进行调整。

表2-4　移液器的校准

移液器规格	标定使用蒸馏水量	要求质量范围
$0.5～10\mu L$	$2\mu L$	$1.75～2.25mg$
$5～40\mu L$	$10\mu L$	$9.8～10.2mg$
$40～200\mu L$	$70\mu L$	$69.4～70.6mg$
$200～1000\mu L$	$300\mu L$	$298.0～302.0mg$
$1～5mL$	$2000\mu L$	$1990.0～2010.0mg$
$2～10mL$	$3500\mu L$	$3485.0～3515.0mg$

（6）液体样品的称量方法

液体样品的准确称量比较麻烦。根据不同样品的性质有多种称量方法。

① 性质较稳定、不易挥发的样品可装在干燥的小滴瓶中用差减法称量，最好预先粗称每滴样品的大致质量；

② 易挥发或与水作用强烈的样品需要采取特殊的办法进行称量，例如冰乙酸样品可用小称量瓶准确称量，然后连瓶一起放入已装有适量水的具塞锥形瓶中，摇动使称量瓶盖子打开，样品与水混合后进行测定。

（7）反应液滴加技术

化学实验中常常需要按一定次序向反应混合物中加入某种试剂，有时加入速度会直接影响反应结果，对于一个放热反应，慢慢地加入一种反应物要把反应物先混合在一起再通过冷却来控制反应容易得多，安全得多。

滴加液体试剂用滴液漏斗，图 2-38 中（a）、（b）为一般的滴液漏斗，（c）为恒压滴液漏斗。用一般的滴液漏斗滴加反应液时，滴液漏斗上口的小孔需和塞子的缺口相对，以便和大气相通。如果漏斗密闭，漏斗内的压力会随着滴加液的减少而减少，难以顺利滴加。如果反应必须在无水条件下或在惰性气体保护下进行，或者有气体参与反应，必须使用恒压滴液漏斗。恒压滴液漏斗的支管使反应体系与漏斗上部相通，可以保持压力平衡。

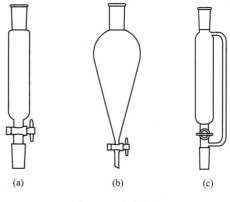

(a)　　(b)　　(c)

图 2-38　滴液漏斗

2.4.3　气体试剂使用

2.4.3.1　气体的发生

实验室里需要少量气体时，可用启普发生器或气体发生装置来制备，见图 2-39。

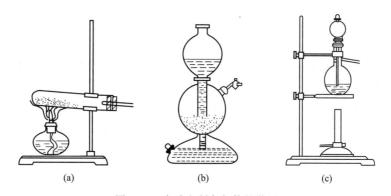

(a)　　(b)　　(c)

图 2-39　实验室制备气体的装置

（1）硬质试管产生气体

适用于在加热的条件下用固体或固体混合物来制备气体（如 O_2、NH_3、N_2 等）[见图 2-39(a)]。操作时应先将试管烘干，冷却后装入所需试剂后用铁架台固定于适当位置。管口向下并连接好橡皮塞和导气管。点燃火源，先用小火均匀预热试管，再将火源放到有固体的部位加强热进行反应，从而产生气体。

（2）启普发生器

适用于块状或大颗粒的固体与液体之间的反应，在不需要加热的条件下制备气体（如 H_2、H_2S、CO_2 等）[见图 2-39(b)]。它主要是一个葫芦状的底部扁平的厚壁玻璃容器和一个球形漏斗（加到下边半球体内）所组成，固体试剂放于中间的球体中。为了防止固体落入下半球，应在固体下面垫一些玻璃丝。其下半球有一个反应液出口，通常用磨口玻璃塞或橡皮塞塞紧并用铁丝捆紧，防止气压增大而脱落。

使用前，先进行仪器的装配，将球形漏斗的磨口部位涂上一层薄薄的凡士林并插入容器中，转动数次使之密封。从球体出口处（中间球体）加入块状固体（加入量不要超过球体的1/3），再装好气体出口的橡皮塞及活塞导气管（活塞也要涂凡士林），最后从球形漏斗中加入适量的酸液。

使用时，旋开导气管出口处的活塞，由于压力差，反应液会自动下降至底部容器中并进入中间球体内，与固体试剂作用而产生气体。不需要气体时，关闭活塞，继续产生的气体则将部分反应液压入球形漏斗中，使其不再与液体接触而停止反应。若要继续使用，再旋开活塞即可，使用十分方便。产生气流的速度可通过气体出口的活塞来调节。因此在启普发生器内加入足够量的固体试剂后，可反复多次使用且易于控制。

发生器内的反应液使用一段时间后，其浓度会减小，需要重新更换。向启普发生器内加入反应液的方法是：打开下半球侧口塞子，倒掉废液，重新塞好塞子，再向球形漏斗中加入新的反应液。若需要更换固体时，可在反应液不与固体接触的情况下，用一胶塞将球形漏斗的上口塞紧，再取下中间球体的气体出口塞子，从该处将原来的固体残渣取出，更换新的固体。

当用启普发生器制取少量气体时，可用图 2-40 所示的代用装置。先在多孔木塞上放置固体颗粒（颗粒应比木塞孔大），打开旋塞，再由长颈漏斗加入液体反应物，至刚好没过固体反应物为止。这样打开旋塞即可制取气体，关闭旋塞就停止制备气体。

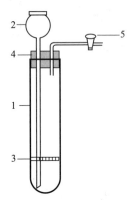

图 2-40　启普发生器的代用装置
1—硬质试管或大试管；2—长颈漏斗；3—多孔木塞；4—双孔橡皮塞；5—旋塞

（3）其他气体发生装置

当制备反应需要加热或固体颗粒是小颗粒或粉末状的情形（如 Cl_2、SO_2、HCl 等气体）时，就不能用启普发生器而用气体发生装置 [见图 2-39(c)]。它由反应器（烧瓶、试管、锥形瓶等）与滴液漏斗组成。安装时将滴液漏斗放于盛固体物的反应器中并密封严密，酸液装入漏斗中。使用时旋开滴液漏斗的活塞，使酸液滴到固体上，便产生气体，如果反应缓慢可适当加热。若加热一段时间后，反应又变缓慢以至停止时，表明需要更换（或添加）试剂。

2.4.3.2　气体的净化与干燥

实验室中制备的气体常含有酸雾、水汽和其他杂质，其纯度达不到要求，需对产生的气体进行净化和干燥。一般的步骤是先除去杂质、酸雾，再干燥气体。气体的净化通常在洗气瓶中进行 [见图 2-41(a)]。所用的吸收剂、干燥剂要根据气体的性质及气体中所含杂质的种类进行选择。通常酸雾用 H_2O 或玻璃棉除去，水汽可用浓 H_2SO_4、无水 $CaCl_2$ 或硅胶等除去，其他杂质则根据具体情况而定。若是还原性杂质，则要用氧化性试剂（如 H_2S、SO_2 等，可用 $K_2Cr_2O_7$ 与浓 H_2SO_4 组成的铬酸溶液洗涤而除去）；若是氧化性杂质，则用还原性试剂，（如 O_2，可通过灼热的 Cu 粉除去）；若是酸性、碱性气体杂质，分别选用碱、不挥发性酸除去（如 CO_2 可用 NaOH、NH_3 可用稀 H_2SO_4）。

除去气体杂质后，还需对气体进行干燥。对不同性质的气体应根据其特性而选用不同的干燥剂。气体的干燥通常在干燥塔、U 形管或干燥管中进行 [见图 2-41(b)～(d)]。

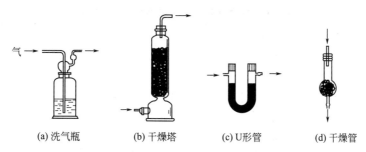

(a) 洗气瓶　　　(b) 干燥塔　　　(c) U形管　　　(d) 干燥管

图 2-41　净化、干燥气体的常用仪器

常用的气体干燥剂见表 2-5。

表 2-5　常用气体干燥剂

干　燥　剂	气　　体
无水 $CaCl_2$	H_2、O_2、N_2、HCl、CO_2、SO_2 等
碱石灰	O_2、NH_3、N_2(可同时除去气体中的 CO_2 和酸气)等
CaO、KOH	NH_3、胺类等
P_2O_5	N_2、O_2、CO、CO_2、SO_2 等
浓 H_2SO_4	N_2、O_2、Cl_2、CO、CO_2 等

2.4.3.3　气体的收集

收集气体的方式主要取决于气体的密度及其在水中的溶解度，收集方法有如下几种。

（1）排气收集法

对易溶于水的气体可用该种方法，它又根据气体的密度分为两种收集方式。

一种是导管向上排气收集法［见图 2-42(a)］，适用于收集比空气轻的气体，如 NH_3；另一种是导管向下排气收集法［见图 2-42(b)］，适用于收集比空气重的气体，如 Cl_2、SO_2、CO_2 等，用该方法收集气体时应注意导气管应尽量接近集气瓶的底部。密度与空气接近的气体（如 NO）不能用该种方法收集。

(a) 导管向上排气收集法　　　(b) 导管向下排气收集法　　　(c) 排水收集法

图 2-42　气体的收集方法

（2）排水收集法

适用于在水中溶解度很小的气体，如 H_2、O_2、N_2 等。操作时应注意先将集气瓶装满水（不能留有气泡），再将集气瓶倒立于水槽中［见图 2-42(c)］。若制备反应是加热反应，收集满气体后，应先从水中移出导气管后再停止加热。

2.4.3.4　钢瓶的使用

实验室如需要大量的某种气体时，通常用气体钢瓶储备、提供。气体钢瓶是由无缝碳素钢或合金钢制成，适用于装压力在 150MPa 以下的气体。表 2-6 是标准气瓶的标记颜色和工作压力。

表 2-6　标准气瓶的标记颜色及其工作压力

气体类别	瓶身颜色	标记颜色	工作压力/atm	气体类别	瓶身颜色	标记颜色	工作压力/atm
氮	黑	黄	150	二氧化碳	黑	黄	125
氧	天蓝	黑	150	氯	黄绿	黄	135
氢	深蓝	红	150	其他一切可燃气体	红	白	
空气	黑	白	150	其他一切不可燃气体	黑	黄	
氨	黄	黑	30				

注：1atm＝101325Pa。

因钢瓶内部压力很高，容易爆炸，使用时要特别注意以下几点。

① 已充气的钢瓶如受热，会使内部气体膨胀，当压力超过钢瓶最大负荷时将会爆炸，所以钢瓶应存放在阴凉、干燥、远离阳光、暖气等热源处，远离易燃物。

② 使用时要用气表（CO_2、NH_3可例外），各种气表一般不得混用。一般可燃性气体的钢瓶是正扣的。

③ 开启气门时，应站在气压表的另一侧，不允许把头或身体对钢瓶总阀门，以防万一阀门或气压表冲出伤人，开启气门时用力要轻而均匀，速度不可太快。

④ 使用时随时观察钢瓶内的压力，不可将钢瓶内气体用尽，特别是易燃易爆气体如H_2，以防重新灌气时发生危险。

⑤ 钢瓶使用一段时间后（如两年）要进行检验。对不合格的气瓶应坚决报废或降级使用，以防发生事故。

2.4.4　溶液的配制

根据所配溶液的用途以及溶质的特性，溶液的配制可分为粗配和精配。

如果实验对溶液浓度的准确度要求不高，利用台秤、量筒等低准确度的仪器配制就能满足需要（即粗配），浓度的有效数字为 1～2 位。例如溶解样品、调节溶液 pH 值、分离或掩蔽离子、显色等使用的溶液就属于这种类型。

有些溶质即使在分析天平上准确称量、在容量瓶里准确定容，所配制的溶液仍然不能确定其准确浓度。例如固体 NaOH 易吸收空气中的 CO_2 和水分，浓 H_2SO_4 具有吸水性，浓 HCl 中的氯化氢很容易挥发，$KMnO_4$ 不易提纯，这类溶液的配制一般也是先粗配。

溶液的浓度有多种表示方法，如质量分数、体积分数、质量体积百分浓度（不特别注明时的百分浓度即指质量体积百分浓度）、体积比浓度、质量体积浓度、物质的量度等。

在定量分析实验中，往往需要配制准确浓度的溶液，这就必须使用比较准确的仪器（如分析天平、移液管、容量瓶等）来配制（精配），浓度要求准确到 4 位有效数字。已知准确浓度的溶液又称为标准溶液。

配制准确浓度溶液的试剂必须是其组成与化学式完全符合的高纯物质，并在保存和称量时，组成和质量均稳定不变，而且相对分子量大的物质，即通常说的基准物质。

2.4.4.1　配制溶液的注意事项

① 溶液应用蒸馏水配制，容器应用蒸馏水洗涤三次以上。特殊要求的溶液应事先作蒸

馏水的空白值检验。如配制 $AgNO_3$ 溶液，应检验水中无 Cl^-；配制用于 EDTA 配位滴定的溶液应检验水中无杂质阳离子。

②　溶液要用带塞的试剂瓶盛装，见光易分解的溶液要装入棕色瓶中，挥发性试剂（如用有机溶剂配制的溶液）的瓶塞要严密，见空气易变质及放出腐蚀性气体的溶液也要盖紧，长期存放时要用石蜡封住。浓碱液应用塑料瓶装，如装在玻璃瓶中，要用橡皮塞塞紧，不能用玻璃磨口塞。

③　每瓶试剂溶液必须有标明名称、规格、浓度和配制日期的标签。

④　溶液储存时，以下原因可能使溶液变质，应予注意。

a. 玻璃与水和试剂作用或多或少会被侵蚀（特别是碱性溶液），使溶液中含有钠、钙、硅酸盐等杂质。某些离子被吸附于玻璃表面，这对低浓度的离子标准溶液不可忽略。故低于 $1mg \cdot mL^{-1}$ 的离子溶液不能长期储存。

b. 由于试剂瓶密封不好，空气中的 CO_2、O_2、NH_3 或酸雾侵入使溶液发生变化（如氨水吸收 CO_2 生成 NH_4HCO_3；KI 溶液见光易被空气中的氧氧化生成 I_2 而变为黄色；$SnCl_2$、$FeSO_4$、Na_2SO_3 等还原剂溶液易被氧化）。

c. 某些溶液见光分解（硝酸银、汞盐等）；有些溶液放置时间较长后逐渐水解（如铋盐、锑盐等）。$Na_2S_2O_3$ 还能受微生物作用逐渐使浓度变低。有些溶液由于易挥发组分的挥发，使浓度降低，导致实验出现异常现象。

d. 某些配位滴定指示剂溶液放置时间较长后发生聚合和氧化反应等，不能敏锐指示终点（如铬黑 T、二甲酚橙等）。

e. 配制硫酸、磷酸、硝酸、盐酸等溶液时，都应把浓酸倒入水中。对于溶解时放热量大的试剂，不可在试剂瓶中配制，以免炸裂。配制硫酸溶液时，应将浓硫酸分为小份沿烧杯壁慢慢注入水中，边加边搅拌，必要时以冷水冷却烧杯外壁。

f. 用有机溶剂配制溶液时（如配制指示剂溶液），有时有机物溶解较慢，应不时搅拌，可以在热水浴中温热溶液，不可直接加热。易燃溶剂使用时要远离明火。几乎所有的有机溶剂都有毒，应在通风橱内操作。

g. 要熟悉一些常用溶液的配制方法。如碘溶液应将碘溶于较浓的碘化钾水溶液中，才可稀释。配制易水解的盐类的水溶液应先加酸溶解后，再稀释（如配制 $SnCl_2$ 溶液）至所需浓度。如果操作不当已发生水解，加相当多的酸仍很难溶解沉淀。

h. 剧毒废液应作解毒处理，常用废液必须集中收集处理，不可直接倒入下水道。

2.4.4.2　精确浓度溶液的配制

容量瓶是常用的测量容纳液体体积的一种容量器皿。它是一个细长颈梨形平底瓶，带有磨口玻塞或塑料塞。在其颈上有一标线，在指定温度下，当溶液充满至弯月液面与标线相切时，所容纳溶液的体积等于瓶上标示的体积，它主要用来配制标准溶液，或稀释一定量溶液到一定的体积。容量瓶通常有 25mL、50mL、100mL、250mL、500mL、1000mL 等各种规格。

（1）使用前的准备

使用前应先检查是否漏水，即在瓶中加水至标线，塞紧磨口塞，左手按住塞子，右手拿住瓶底，将瓶倒立 10s，观察有无渗水（可用滤纸片检查）。将瓶塞旋转 180° 再检查一次。合格后用橡皮筋将塞子系在瓶颈上，以防摔碎。因磨口塞与瓶是配套的，与其他瓶塞搞错后也会引起漏水。依次用洗液、自来水、蒸馏水洗净，使内壁不挂水珠。某些仪器分析实验中还需要用硝酸或盐酸洗液清洗。

（2）操作

如果是用固体物质配制标准溶液，先将准确称取的固体物质于小烧杯中溶解后，再将溶液定量转移到预先洗净的容量瓶中，方法如图

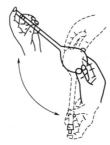

(a) 溶液定量转移操作　　(b) 溶液的混匀

图 2-43　容量瓶的使用

2-43(a) 所示。一手拿玻棒，将它伸入瓶中；一手拿烧杯，让烧杯嘴贴紧玻棒，慢慢倾斜烧杯，使溶液沿玻棒流下。倾完溶液后，将烧杯沿玻棒轻轻上提，同时将烧杯直立，使附在玻棒和烧杯嘴之间的液滴回到烧杯中，再用洗瓶以少量蒸馏水冲洗烧杯 3~4 次，洗出液全部转入容量瓶中（溶液定量转移）。然后用蒸馏水稀释至容积的 2/3 处时，旋摇容量瓶使溶液初步混合，以防体积效应，注意此时切勿倒转

容量瓶，继续加水稀释，当接近标线时，应逐滴加水至弯月面恰好与标线相切。盖上瓶塞，以手指压住瓶盖，另一手指尖托住瓶底缘（尽量减少手与瓶身的接触面积，以免体温对溶液体积的影响），将瓶倒转并摇动，再倒转过来，使气泡上升到顶。如此反复 15 次以上，使溶液充分混合均匀，如图 2-43(b) 所示。

定量稀释浓溶液则用移液管吸取一定体积的浓溶液移入瓶中，按上述方法稀释至标线，摇匀。

热溶液应冷至室温后，才能稀释至标线，否则将造成体积误差。需避光的溶液应以棕色容量瓶配制。对容量瓶材料有腐蚀作用的溶液（如碱性溶液），不可在容量瓶内长期存放，应转移到试剂瓶中保存，试剂瓶应先用配好的溶液荡洗 2~3 次。

2.4.4.3　常用指示剂的制备

常用指示剂的制备分别见表 2-7~表 2-11。

表 2-7　常用酸碱指示剂（18~25℃）的制备

指示剂名称	变色范围 pH	颜色变化	溶液配制方法
甲基紫（第一变色范围）	0.13~0.5	黄~绿	0.1%或 0.05%的水溶液
甲酚红（第一变色范围）	0.2~1.8	红~黄	0.04g 指示剂溶于 100mL 50%乙醇
甲基紫（第二变色范围）	1.0~1.5	绿~蓝	0.1%水溶液
百里酚蓝（麝香草酚蓝）（第一变色范围）	1.2~2.8	红~黄	0.1g 指示剂溶于 100mL 20%乙醇
甲基紫（第一变色范围）	2.0~3.0	蓝~紫	0.1%水溶液
甲基橙	3.1~4.4	红~橙黄	0.1%水溶液
溴酚蓝	3.0~4.6	黄~蓝	0.1g 指示剂溶于 100mL 20%乙醇
刚果红	3.0~5.2	蓝紫~红	0.1%水溶液
溴甲酚绿	3.8~5.4	黄~蓝	0.1g 指示剂溶于 100mL 20%乙醇
甲基红	4.4~6.2	红~黄	0.1g 或 0.2g 指示剂溶于 100mL 60%乙醇
溴酚红	5.0~6.8	黄~红	0.1g 或 0.04g 指示剂溶于 100mL 20%乙醇
溴百里酚蓝	6.0~7.6	黄~蓝	0.05g 指示剂溶于 100mL 20%乙醇
中性红	6.8~8.0	红~亮黄	0.1g 指示剂溶于 100mL 60%乙醇

续表

指示剂名称	变色范围 pH	颜色变化	溶液配制方法
酚红	6.8～8.0	黄～红	0.1g 指示剂溶于 100mL 20％乙醇
甲酚红	7.2～8.8	亮黄～紫红	0.1g 指示剂溶于 100mL 50％乙醇
百里酚蓝(麝香草酚蓝)(第二变色范围)	8.0～9.0	黄～蓝	参看第一变色范围
酚酞	8.2～10.0	无色～紫红	0.1g 指示剂溶于 100mL 60％乙醇
百里酚酞	9.4～10.6	无色～蓝	0.1g 指示剂溶于 100mL 90％乙醇

表 2-8 常用酸碱混合指示剂的制备

指示剂溶液的组成	变色点 pH	颜色		备　注
		酸色	碱色	
三份 0.1％溴甲酚绿酒精溶液 一份 0.2％甲基红酒精溶液	5.1	酒红	绿	
一份 0.2％甲基红酒精溶液 一份 0.1％次甲基蓝酒精溶液	5.4	红紫	绿	pH 5.2 红紫 pH 5.4 暗蓝 pH 5.6 绿
一份 0.1％溴甲酚绿钠盐水溶液 一份 0.1％氯酚红钠盐水溶液	6.1	黄绿	蓝紫	pH 5.4 蓝绿 pH 5.8 蓝 pH 6.2 蓝紫
一份 0.1％中性红酒精溶液 一份 0.1％次甲基蓝酒精溶液	7.0	蓝紫	绿	pH 7.0 蓝紫
一份 0.1％溴百里酚蓝钠盐水溶液 一份 0.1％酚红钠盐水溶液	7.5	黄	绿	pH 7.2 暗绿 pH 7.4 淡紫 pH 7.6 深紫
一份 0.1％甲酚红钠盐水溶液 三份 0.1％百里酚蓝钠盐水溶液	8.3	黄	紫	pH 8.2 瑰红色 pH 8.4 紫色

表 2-9 常用金属离子指示剂的制备

指示剂名称	离解平衡和颜色变化	溶液配制方法
铬黑 T(EBT)	$H_2In^- \xrightleftharpoons{pK_{a2}=6.3} HIn^{2-} \xrightleftharpoons{pK_{a3}=11.55} In^{3-}$ 　　紫红　　　　　　蓝　　　　　　橙	0.5％水溶液
二甲酚橙(XO)	$H_4In^{4-} \xrightleftharpoons{pK_a=6.3} HIn^{5-}$ 　　黄　　　　　　红	0.2％水溶液
K-B 指示剂	$H_2In \xrightleftharpoons{pK_{a1}=8} HIn^- \xrightleftharpoons{pK_{a2}=13} In^{2-}$ 　红　　　　　蓝　　　　　　紫红 (酸性铬蓝 K)	0.2g 酸性铬蓝 K 与 0.4g 萘酚绿 B 溶于 100mL 水中
钙指示剂	$H_2In^- \xrightleftharpoons{pK_{a2}=7.4} HIn^{3-} \xrightleftharpoons{pK_{a1}=13.5} In^{4-}$ 　酒红　　　　　蓝　　　　　　酒红	0.5％的乙醇溶液
吡啶偶氮萘酚(PAN)	$H_2In^+ \xrightleftharpoons{pK_{a1}=1.9} HIn \xrightleftharpoons{pK_{a2}=12.2} In^-$ 　黄绿　　　　　黄　　　　　　淡红	0.1％乙醇溶液

续表

指示剂名称	离解平衡和颜色变化	溶液配制方法
Cu-PAN(Cu-PAN 溶液)	$CuY+PAN+M^{n+}\rightleftharpoons MY+Cu-PAN$ 浅绿　　　无色　　　　　红色	将 0.05mol·L^{-1} Cu^{2+} 溶液 10mL，加 pH 5～6 的 HAc 缓冲液 5mL，1 滴 PAN 指示剂，加热至 60℃左右，用 EDTA 滴至绿色，得到约 0.025mol·L^{-1} CuY 溶液，使用时取 2～3mL 于试液中，再加数滴 PAN 试液
磺基水杨酸	$H_2In\xrightarrow{pK_{a2}=2.7}HIn^-\xrightarrow{pK_{a3}=13.1}In^{2-}$ （无色）	1%的水溶液
钙镁试剂(Calmagite)	$H_2In^-\xrightarrow{pK_{a2}=8.1}HIn^{2-}\xrightarrow{pK_{a3}=12.4}In^{3-}$ 红　　　　　　蓝　　　　　红橙	0.5%水溶液

注：EBT、钙指示剂、K-B 指示剂等在水溶液中稳定性较差，可以配成指示剂与 NaCl 之比为 1∶100 或 1∶200 的固体粉末。

表 2-10　常用氧化还原指示剂的制备

指示剂名称	$\varphi^{\ominus\prime}/V$ $[H^+]=1mol·L^{-1}$	颜色变化		溶液配制方法
		氧化态	还原态	
二苯胺	0.76	紫	无色	1%的浓 H$_2$SO$_4$ 溶液
二苯胺磺酸钠	0.85	紫红	无色	0.5%的水溶液
N-邻苯氨基苯甲酸	1.08	紫红	无色	0.1g 指示剂加 20mL 5%的 Na$_2$CO$_2$ 溶液，用水稀释至 100mL
邻二氮菲-Fe(Ⅱ)	1.06	浅蓝	红	1.485g 邻二氮菲和 0.965g FeSO$_4$ 溶解，稀至 100mL(0.0251mol·L^{-1}水溶液)
5-硝基邻二氮菲-Fe(Ⅱ)	1.25	浅蓝	紫红	1.608g 5-硝基邻二氮菲和 0.695g FeSO$_4$ 溶解，稀至 100mL(0.025mol·L^{-1}水溶液)

表 2-11　常用缓冲溶液的配制

缓冲溶液组成	pK$_a$	缓冲液 pH 值	缓冲液配制方法
氨基乙酸-HCl	2.35(pK$_{a1}$)	2.3	取氨基乙酸 150g 溶于 500mL 水中，加浓 HCl 80mL，水稀至 1L
H$_3$PO$_4$-柠檬酸盐		2.5	取 Na$_2$HPO$_4$·12H$_2$O 113g 溶于 200mL 水，加柠檬酸 387g，溶解过滤后稀至 1L
一氯乙酸-NaOH	2.86	2.8	以 200g 一氯乙酸溶于 200mL 水中，加 NaOH 40g，溶解后稀至 1L
邻苯二甲酸氢钾-HCl	2.95(pK$_{a1}$)	2.9	取 500g 邻苯二甲酸氢钾溶于 500mL 水中，加浓 HCl 80mL，稀至 1L
甲酸-NaOH	3.76	3.7	取 95g 甲酸和 NaOH 40g 于 500mL 水中，溶解，稀至 1L
NaAc-HAc	4.74	4.7	取无水 NaAc 83g 溶于水中，加冰乙酸 60mL，稀至 1L
六亚甲基四胺-HCl	5.15	5.4	取六次甲基四胺 40g 溶于 200mL 水中，加浓 HCl 10mL，稀至 1L
Tris-HCl[三羟甲基氨甲烷 CNH$_2$≡(HOCH$_3$)$_3$]	8.21	8.2	取 25g Tris 试剂溶于水中，加浓 HCl 8mL，稀至 1L
NH$_3$-NH$_4$Cl	9.26	9.2	取 NH$_4$Cl 54g 溶于水中，加浓氨水 63mL，稀至 1L

注：1. 缓冲液配制后可用 pH 试纸检查。如 pH 值不对，可用共轭酸或碱调节。pH 值欲调节精确时，可用 pH 计调节。

2. 若需增加或减少缓冲液的缓冲容量时，可相应地增加或减少共轭酸碱对物质的量，再调节之。

2.5　分离与提纯技术

2.5.1　干燥

2.5.1.1　液体有机化合物的干燥

在有机合成实验中，试剂和产品的干燥具有十分重要的意义。很多有机合成反应需要在"绝对"无水条件下进行，不但所用的原料及溶剂要干燥，而且还要防止空气中的潮气进入反应容器；有机化合物在进行波谱分析或定性、定量化学分析之前以及固体有机物在测定熔点前，都必须使它完全干燥，否则将会影响结果的准确性。液体有机物在蒸馏前通常要先行干燥以除去水分，这样可以使液体沸点以前的馏分（前馏分）大大减少；有时也是为了破坏某些液体有机物与水生成的共沸物。因此，有机化合物的干燥是一种常见的基本操作。

（1）基本原理

干燥方法大致可分为物理法和化学法两种。

物理法有吸附、分馏、利用共沸蒸馏、用离子交换树脂和分子筛等来进行脱水干燥等。离子交换树脂是一种不溶于水、酸、碱和有机物的高分子聚合物。如苯磺酸钾型阳离子交换树脂是由苯乙烯和二乙烯基苯共聚后经磺化、中和等处理的细圆珠状粒子，内有很多空隙，可以吸附水分子。如果将其加热至 150℃ 以上，被吸附的水分子又将释出，分子筛是多水硅铝酸盐的晶体，晶体内部有许多孔径大小均一的孔道和占本身体积一半左右的许多孔穴，它允许小的分子"躲"进去。从而达到将不同大小的分子"筛分"的目的。例如 4A 型分子筛是硅铝酸钠 $[NaAl(SiO_3)_2]$，微孔的表面直径为 0.42nm，能吸附直径 0.4nm 的分子。5A型的是硅铝酸钙钠 $[Na_2AlSiO_3·CaSiO_3·Al_2(SiO_3)_3]$，微孔表观直径为 0.5nm，能吸附直径为 0.5nm 的分子（水分子的直径为 0.3nm，最小的有机分子 CH_4 的直径为 0.49nm）。吸附水分子后的分子筛可经加热至 350℃ 以上进行解吸后重新使用。

化学法是以干燥剂来进行去水，其去水作用又可分为两类：①能与水可逆地结合生成水合物，如氯化钙、硫酸镁等；②与水发生不可逆的化学反应而生成一个新的化合物，如金属钠、五氧化二磷。目前实验室中应用最广泛的是第一类干燥剂，下面以无水硫酸镁为例讨论这类干燥剂的作用。

在装有压力计的真空容器中，放置一定量的无水硫酸镁，保持室温 25℃，缓缓加入水分，结果得到不同的水蒸气压力，这些结果可以用水蒸气压-组成图（见图 2-44）来表示。A 点为起始状态，加入水后，水蒸气压力沿 AB 直线上升至 B 点。此时开始有硫酸镁一水合物（$MgSO_4·H_2O$）生成。在此体系中如再加入水，压力沿 BC 可保持不变。一直到无水硫酸镁全部变为硫酸镁一水合物为止。这种转变在 C 点开始形成硫酸镁的二水合物（$MgSO_4·2H_2O$），此时存在着两种固相（$MgSO_4·H_2O$ 和 $MgSO_4·2H_2O$）间的平衡，压力保持恒定，

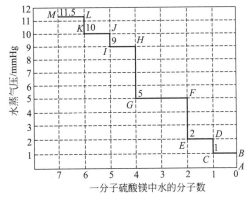

图 2-44　含有不同结晶水的硫酸镁的蒸气压图（1mmHg＝0.133kPa）

直至硫酸镁的一水合物全部转变为二水合物（E 点）为止，依此类推，压力上升至 F，开始形成四水合物（$MgSO_4 \cdot 4H_2O$），最后至 M 点全部形成了七水合物（$MgSO_4 \cdot 7H_2O$），如果七水合物在恒温（25℃）以下抽真空渐渐移去水分，也可获得相同的曲线。这些结果可用下面的平衡式来表示。

$$MgSO_4 + H_2O \Longrightarrow MgSO_4 \cdot H_2O \qquad 0.13kPa$$
$$MgSO_4 \cdot H_2O + H_2O \Longrightarrow MgSO_4 \cdot 2H_2O \qquad 0.27kPa$$
$$MgSO_4 \cdot 2H_2O + 2H_2O \Longrightarrow MgSO_4 \cdot 4H_2O \qquad 0.67kPa$$
$$MgSO_4 \cdot 4H_2O + H_2O \Longrightarrow MgSO_4 \cdot 5H_2O \qquad 1.2kPa$$
$$MgSO_4 \cdot 5H_2O + H_2O \Longrightarrow MgSO_4 \cdot 6H_2O \qquad 1.33kPa$$
$$MgSO_4 \cdot 6H_2O + H_2O \Longrightarrow MgSO_4 \cdot 7H_2O \qquad 1.5kPa$$

由上式可知，所谓 0.13kPa 的压力是指在 25℃ 时硫酸镁一水合物和无水硫酸镁存在平衡时的压力，它与两者的相对量没有关系，当温度在 50℃ 时，上述体系的平衡水蒸气压力就要上升。

从上面所述可以看出应用这类干燥剂的一些特点。例如用无水硫酸镁来干燥含水的有机液体时，无论加入多少量的无水硫酸镁，在 25℃ 时所能达到最低的蒸气压力为 0.13kPa，也就是说全部除去水分是不可能的。如加入的量过多，将会使有机液体的吸附损失增多，如加入的量不足，不能达到一水合物，则其蒸气压力就要比 0.13kPa 高，这说明了在萃取时为什么一定要将水层尽可能分离除净，在蒸馏时为什么会有沸点前的馏分。通常这类干燥剂成为水合物需要一定的平衡时间，这就是液体有机物进行干燥时为什么要放置较久的道理。干燥剂吸收水分是可逆的，温度升高时蒸汽亦升高。因此为了缩短生成水合物的平衡时间，干燥时常在水浴上加热，然后再在尽量低的温度下放置，以提高干燥效率。这就是为什么液体有机物在进行蒸馏以前，必须将这类干燥剂滤去的原因。

（2）干燥剂的选择

液体有机化合物的干燥，通常是用干燥剂直接与其接触，因而所用的干燥剂必须不与该物质发生化学反应或催化作用，不溶解于该液体中。例如酸性物质不能用碱性干燥剂；碱性物质则不能用酸性干燥剂。有的干燥剂能与某些被干燥的物质生成配合物，如氯化钙易与醇类、胺类形成配合物。因而不能用来干燥这些液体。强碱性干燥剂如氧化钙、氢氧化钠能催化某些醛类或酮类发生缩合、自动氧化等反应。也能使酯类或酰胺类发生水解反应。氢氧化钾（钠）还能显著地溶解于低级醇中。

在使用干燥剂时，还要考虑干燥剂的吸水容量和干燥效能。吸水容量是指单位质量的干燥剂所吸收的水量；干燥效能是指达到平衡时液体干燥的程度。对于形成水合物的无机盐干燥剂，常用吸水后结晶水的蒸气压来表示。例如，硫酸钠形成 10 个结晶水的水合物，其吸水容量为 1.25。氯化钙最多能形成 6 个结晶水的水合物，其吸水容量为 0.97。两者在 25℃ 时水蒸气压分别为 0.26kPa 及 0.040kPa。因此，硫酸钠的吸水量较大，但干燥效能弱；而氯化钙的吸水量较小，但干燥效能强。所以在干燥含水量较多而又不易干燥的（含有亲水性基团）化合物时，常先用吸水量较大的干燥剂，除去大部分水分，然后再用干燥性能强的干燥剂干燥。通常第二类干燥剂的干燥效能较第一类为高，但吸水量较小，所以都是用第一类干燥剂干燥后，再用第二类干燥剂除去残留的微量水分。而且只是在需要彻底干燥的情况下才使用第二类干燥剂。

此外选择干燥剂还要考虑干燥速度和价格，常用的干燥剂的性能见表 2-12。

表 2-12　常用干燥剂的性能与应用范围

干燥剂	吸水作用	吸水容量	干燥效能	干燥速度	应用范围
氯化钙	形成 $CaCl_2 \cdot nH_2O$（$n=1,2,4,6$）	0.97，按 $CaCl_2 \cdot 6H_2O$ 计	中等	较快，但吸水后表面为薄层液体所盖，故放置时间要长些为宜	能与醇、酚、胺、酰胺及某些醛、酮形成配合物，因而不能用来干燥这些化合物。工业品中可能含氢氧化钙和碱性氧化钙
硫酸镁	形成 $MgSO_4 \cdot nH_2O$（$n=1,2,3,4,5,6,7$）	1.05，按 $MgSO_4 \cdot 7H_2O$ 计	较弱	较快	中性，应用范围广，可代替氯化钙并可用以干燥酯、醛、酮、腈、酰胺等不能用氯化钙干燥的化合物
硫酸钠	$Na_2SO_4 \cdot 10H_2O$	1.25	弱	缓慢	中性，一般用于有机液体的初步干燥
硫酸钙	$2CaSO_4 \cdot 2H_2O$	0.06	强	快	中性，常与硫酸镁（钠）配合，作最后干燥之用
碳酸钾	$K_2CO_3 \cdot 0.5H_2O$	0.2	较弱	慢	弱碱性，用于干燥醇、酮、酯、胺及杂环等碱性化合物，不适于酸、酚及其他酸性化合物
氢氧化钾（钠）	溶于水	—	中等	快	弱碱性，用于干燥胺、杂环等碱性化合物，不能用于干燥醇、酯、醛、酮、酸酚等
金属钠	$Na+H_2O \longrightarrow NaOH+1/2H_2$	—	强	快	限于干燥醚、烃类中痕量水分。用时切成小块或压成钠丝
氧化钙	$CaO+H_2O \longrightarrow Ca(OH)_2$	—	强	较快	适于干燥低级醇类
五氧化二磷	$P_2O_5+3H_2O \longrightarrow 2H_3PO_4$	—	强	快，但吸水后表面为粘浆液覆盖，操作不便	适于干燥醚、烃、卤代烃、腈等中的痕量水分，不适用于醇、酸、胺、酮等
分子筛	物理吸附	约 0.25	强	快	适用于各类有机化合物的干燥

（3）干燥剂的用量

以最常用的乙醚和苯两种溶剂作为例子。水在乙醚中的溶解度室温时为 $1\% \sim 1.5\%$，如用无水氯化钙来干燥 100mL 含水乙醚时，假定无水氯化钙全部转变为六水合物，这时的吸水容量是 0.97，即 1g 无水氯化钙大约可吸去 0.97g 水，因此无水氯化钙的理论用量至少要 1g。但实际上则较 1g 为多，这是因为萃取时，在乙醚层中的水分不可能完全分净，其中还有悬浮的微细水滴。另外达到高水合物需要的时间很长，往往不能达到其应有吸水容量。因而干燥剂的实际用量是大大过量的。例如，100mL 含水乙醚常需用 7~10g 无水氯化钙。水在苯中的溶解度极小（约 0.05%），理论上讲只要很小量的干燥剂。由于上面的一些原因，实际用量还是比较多的。但可少于干燥乙醚时的用量，干燥其他的液体有机物时，可从溶解度手册查出水在其中的溶解度（若不能查到水的溶解度，则可从它在水中的溶解度来推测，难溶于水者，水在它里面的溶解度也不会大），或根据它的结构（在极性有机物中水的溶解度较大，有机分子中若含有能与氧原子配位的基团时，水的溶解度亦大）来估计干燥剂的用量。一般对于含亲水性基团的（如醇、醚、胺等）化合物，所用的干燥剂要过量多些。由于干燥剂也能吸附一部分液体，所以干燥剂的用量应控制得严些。必要时，宁可先加入一些干燥剂干燥，过滤后再用干燥效能较强的干燥剂。一般干燥剂的用量为每 10mL 液体需

0.5～1g，但由于液体中的水分含量不等，干燥剂的质量、颗粒大小和干燥时的温度等不同以及干燥剂也能吸一些副产物（如氯化钙吸收醇）等诸多原因，因此很难规定具体的数量，上述数据仅供参考。操作者应细心地积累这方面的经验，在实际操作中，干燥一定时间后，观察干燥剂的形态，若它的大部分棱角还清楚可辨，这表明干燥剂的量已足够了。

（4）实验操作

在干燥前应将被干燥液体中的水分尽可能分离干净。宁可损失一些有机物，不应有任何可见的水层。将该液体置于锥形瓶中，用药勺取适量的干燥剂直接放入液体中（干燥剂颗粒大小要适宜，太大时因表面积小吸水很慢，且干燥剂内部不起作用；太小时则表面积太大不易过滤，吸附有机物甚多），用软木塞塞紧，振摇片刻。如果发现干燥剂附着瓶壁，互相黏结，通常是表示干燥剂不够，应继续添加；如果在有机液体中存在较多的水分，这时常有可能出现少量的水层（例如在用氧化钙干燥时），必须将水层分去或用吸管将水层吸去，再加入一些新的干燥剂，放置一段时间（至少 30min，最好放置过夜），并时时加以振摇。有时在干燥前，液体呈浑浊，经干燥后变为澄清，这并不一定说明它已不含水分，澄清与否和水在该化合物中的溶解度有关。然后将已干燥的液体通过置有折叠滤纸的漏斗直接滤入烧瓶中进行蒸馏。对于某些干燥剂，如金属钠、石灰、五氧化二磷等，由于它们和水反应后生成比较稳定的产物，有时可不必过滤而直接进行蒸馏。

利用分馏或二元、三元共沸物来除去水分，属于物理方法。对于不与水生成共沸混合物的液体有机物，例如甲醇和水的混合物，由于沸点相差较大，用精密分馏柱即可完全分开。有时利用某些有机物能够与水形成共沸混合物的特性，向待干燥的有机物中加入另一有机物，利用此有机物与水形成最低共沸点的性质，在蒸馏时逐渐将水带出，从而达到干燥的目的。例如，工业上制备无水乙醇的方法之一就是将苯加到 95％乙醇中进行共沸蒸馏。近年来在工业生产中多应用离子交换树脂脱水来制备无水乙醇。

2.5.1.2 固体有机化合物的干燥

此处主要介绍干燥器及干燥有机物时应注意的事项。

（1）干燥器（见图 2-45）

盖与缸身之间的平面经过磨砂，在磨砂处涂以润滑脂，使之密闭。缸中有多孔瓷板，瓷板下面放置干燥剂，上面放置盛有待干燥样品的表面皿等。

图 2-45　普通干燥器

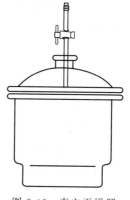

图 2-46　真空干燥器

（2）真空干燥器（见图 2-46）

它的干燥效率较普通干燥器好。真空干燥器上有玻璃活塞，用于抽真空，活塞下端呈弯钩状，口向上，防止在通向大气时，因空气流入太快将固体冲散。最好另用一表面皿覆盖盛有样品的表面皿。在抽气过程中，干燥器外围最好能以金属丝（或用布）围住，以保证安全。

使用的干燥剂应按样品所含的溶剂来选择。例如，五氧化二磷可吸水；生石灰可吸水或酸；无水氯化钙可吸水或醇；氢氧化钠吸收水和酸；石蜡片可吸收乙醚、氯仿、四氯化碳和苯等。有时在干燥器中同时放置两种干燥剂，如在底部放浓硫酸（在 1L 浓硫酸中溶有 18g 硫酸钡的溶液，放在干燥器底部，如已吸收了大量水分，则硫酸钡就沉淀出来，表明已不再适用于干燥而需重新更换）。另用浅的器皿盛氢氧化钠放在瓷板上，这样来吸收水和酸，效率更高。

（3）真空恒温干燥器（见图 2-47）

此设备适用于少量物质的干燥（若所需干燥物质的数量较大时，可用真空恒温干燥箱），在 2 中放置五氧化二磷。将待干燥的样品置于 3 中，烧瓶 A 中放置有机液体，其沸点需与欲干燥温度接近，通过活塞 1 将仪器抽真空，加热回流烧瓶 A 中的液体，利用蒸汽加热外套 4，从而使样品在恒定温度下得到干燥。

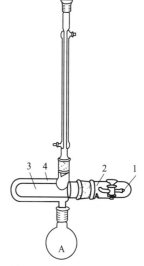

图 2-47　真空恒温干燥器

2.5.2　固液分离

常用的溶液与沉淀的固液分离方法有倾析法、过滤法和离心分离法等。

2.5.2.1　倾析法

该方法用于分离相对密度较大或结晶颗粒较大的沉淀，静置后能快速沉降至容器的底部，便于分离和洗涤。

倾析法的操作与转移溶液的操作是同步进行的。待沉淀沉降后，小心地将沉淀上层清液慢慢倾入另一容器中，倾倒时用一洁净的玻棒在容器上引流。如需洗涤沉淀时，只需向含沉淀的容器中加入少量洗涤液（如蒸馏水），将沉淀和洗涤液充分搅拌均匀，待沉淀沉降到容器的底部后，再用倾析法倾去溶液，如此反复操作 2～3 次，即可将沉淀洗净。

2.5.2.2　过滤

当沉淀和溶液的混合物通过过滤器（如滤纸）时，沉淀留在滤纸上，称为滤饼，而溶液通过过滤器进入容器中，此时的溶液称为滤液，这是一种固液分离最常用的操作方法。如果溶液中的固体是杂质或不需要的产品，可通过过滤的方法将固体（杂质）与液体分开而弃去或回收，若溶液中的固体是所需要的产品，则需采用过滤的方法将固体与液体分开而取出。常用的过滤方法有常压过滤、减压过滤和热过滤三种。

（1）常压过滤

常压过滤是在常压下用普通漏斗过滤，它最常用、最简便，因此又称为普通过滤，该方法适用于过滤胶状沉淀或细小的晶体沉淀，但其缺点是过滤速度较慢。所用的仪器主要是过滤器（漏斗和滤纸组成）和漏斗架（也可用铁架台和铁圈代替）。过滤之前，按沉淀物的多少选择合适的漏斗并根据漏斗的大小选择合适的滤纸。滤纸分为定性滤纸和定量滤纸两种，按滤纸空隙的大小可分为"快速"、"中速"及"慢速"三种。

① 滤纸的折叠与安放　用洁净的手将圆形滤纸对折，然后再对折，展开后成 60°角的圆锥形，一边为一层，另一边为三层（见图 2-48）。将折好的滤纸放入漏斗中，滤纸应与漏斗

密合。可将滤纸三层外面的两层撕下一角（保存于干燥的表面皿中，备用），然后用食指按在漏斗内壁上，使漏斗与滤纸紧贴。滤纸应在漏斗边缘下 1cm 左右。放置好滤纸后，用手按三层滤纸的一边，从洗瓶中吹出少量蒸馏水润湿滤纸并用玻璃棒轻压滤纸，赶出气泡，使滤纸锥体上部与漏斗壁刚好贴合。加蒸馏水至滤纸边缘，漏斗颈内应全部充满水并形成水柱。形成水柱的漏斗，可借水柱的重力抽吸漏斗内的液体，使过滤速度加快。若漏斗颈内没有形成水柱，可用手指堵住漏斗下口，将滤纸的一边稍掀起，用洗瓶向滤纸与漏斗之间的空隙里加水，使漏斗颈和锥体的大部分被水充满，之后压紧滤纸边，松开堵住下口的手指，即可形成水柱。

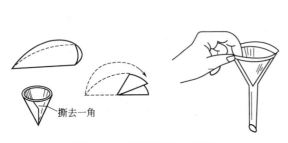

图 2-48　滤纸的折叠与安放

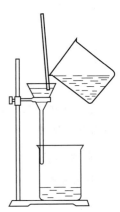

图 2-49　过滤操作

② 安放漏斗　将洁净的漏斗放在漏斗架上，下面放一洁净的烧杯承接滤液，应使漏斗颈口斜面长的一边紧贴烧杯内壁，这样滤液可以顺杯壁流下，以加快过滤速度，也可避免溶液溅出。注意漏斗的放置高度应以其颈的出口不触及烧杯中的滤液为宜。

③ 过滤　过滤一般分为三个阶段：第一阶段用倾析法尽可能地过滤清液，第二阶段将沉淀转移到漏斗上，第三阶段清洗烧杯和洗涤漏斗上的沉淀。

待沉淀沉降后，先将上层清液转入漏斗中，沉淀尽可能留在烧杯中。待倾出上层清液后，再往烧杯中加洗涤液，用玻棒充分搅拌后再静置，待沉降后再倾出上层清液。这样既可充分洗涤沉淀，又不至于使沉淀堵塞滤纸，从而可加快过滤速度，其操作如图 2-49 所示。

右手持玻璃棒，将玻棒垂直立于滤纸三层部分的上方，注意不要接触滤纸，这样玻棒不会破坏滤纸。左手拿烧杯，让杯嘴贴着玻棒，慢慢倾斜烧杯，尽量不要使沉淀浮起，将上层清液沿玻棒慢慢转入漏斗中；在倾入溶液的同时，应将玻棒慢慢往上提，避免玻棒触及液面。当漏斗中液面离滤纸边缘 0.5cm 时应停止倾入溶液，待漏斗中的溶液液面下降后，再转入溶液。停止转入溶液时，烧杯不能立即离开玻棒，应将烧杯嘴沿玻棒向上提 1～2cm，并慢慢扶正烧杯，然后离开玻棒。这样可使烧杯嘴上的液滴顺玻棒流入漏斗中。烧杯离开玻棒后，再将玻棒放入烧杯中，但玻棒不应放在烧杯嘴处，也不可将玻棒随意放在桌面上或其他地方，避免粘在玻棒上的少量沉淀丢失或污染。

必须指出：过滤开始后，应随时检查滤液是否透明，如不透明，说明有穿滤。这时必须换一洁净的烧杯承接滤液，在原漏斗上将穿滤的滤液进行第二次过滤，若发现滤纸穿孔，则应更换滤纸重新过滤，而第一次用过的滤纸应保留，在未过滤的溶液中将该滤纸涮洗干净。

④ 沉淀的处理

a. 初步洗涤　洗涤沉淀的目的是将沉淀表面所吸附的杂质和残留的母液除去。方法如下：用洗瓶（或滴管）沿烧杯壁四周加入 10～15mL 洗涤液，并用玻棒搅动沉淀使之充分洗涤，待沉淀下沉后，将上层清液用倾析法过滤。洗涤应以"少量多次"的原则，这样既可将沉淀洗净，又尽可能地降低了沉淀的溶解损失，一般晶形沉淀洗涤 2～3 次即可，胶状沉淀需洗5～6次。洗液一般用蒸馏水，对易溶于水的沉淀物，可用其他溶剂（如乙醇、乙醚等）洗涤。必须注意：过滤与洗涤是同时进行的，不能间断，否则沉淀干涸了就无法洗净。

洗涤液的选用，应根据沉淀的性质而定：晶形沉淀，可用冷的稀沉淀剂洗涤，因为这时存在同离子效应，可尽可能地减少沉淀的溶解，但是若沉淀剂为不易挥发的物质，则只有用水或其他溶剂来洗涤；非晶形沉淀，需用热的电解质溶液作为洗涤液，以防止产生溶胶现象，大多数采用易挥发的铵盐溶液作为洗涤液；溶解度较大的沉淀，采用沉淀剂和有机溶剂来洗涤，以降低沉淀的溶解度；沉淀的溶解度很小又不易形成胶体溶液，可用蒸馏水洗涤。

沉淀剂的用量：通常情况下，为了使沉淀完全，只需加比理论计算量稍多 2～3 滴的沉淀剂就可以了。如试剂过量太多，因为在有些情况下，过多的沉淀剂会引起配合物的生成等副作用，反而会加大沉淀的溶解度。

b. 沉淀的转移　沉淀经过初步洗涤后即可转移至滤纸上，在盛有沉淀的烧杯中加入少量洗涤液（加入洗涤液的量应是漏斗中滤纸一次能容纳的量），用玻棒搅起沉淀，再按上述方法立即将悬浮液转移至滤纸上。这样大部分沉淀可从烧杯中转移到滤纸上。该步操作必须细心，不能损失一滴悬浮液。然后用少量洗涤液将玻棒和烧杯壁上的沉淀冲洗到烧杯中，再搅起沉淀并转移到滤纸上。如此重复几次后，沉淀可基本上全部转移到滤纸上。最后烧杯中还有少量沉淀，可按下述方法转移：将烧杯倾斜放在漏斗上方，烧杯嘴向着漏斗，将玻棒架在烧杯口上，下端向着滤纸的三层部分，从洗瓶中挤出少量蒸馏水，旋转冲洗烧杯内壁，沉淀即可被涮出并转至滤纸上。待全部沉淀转移后，将前面折叠滤纸时撕下的纸角，用蒸馏水湿润，先擦洗玻棒上的沉淀，再用玻棒压住此纸块沿烧杯壁自上而下旋转着将沉淀擦"活"，最后将滤纸块捞出放入漏斗中心的滤纸上，与主要沉淀合并。再用洗瓶按图 2-50 的方法吹洗烧杯，将擦"活"的沉淀微粒冲洗到漏斗中。

沉淀全部转移至滤纸上后，应作最后的洗涤，以除去沉淀表面吸附的杂质和残留的母液。洗涤方法是：从洗瓶中挤出洗涤液至充满洗瓶的导出管，再将洗瓶拿在漏斗上方，挤出洗涤液浇在滤纸的三层部分的上沿稍下的地方。之后再按螺旋形向下移动 [见图 2-51(a)]，并借此将沉淀集中到滤纸圆锥体的下部。

图 2-50　冲洗沉淀的方法

(a)　　　　(b)

图 2-51　沉淀在漏斗上的洗涤

洗涤前必须在前一次洗涤液完全滤出后，再进行下一次洗涤。洗涤液的使用应本着"少量多次"的原则，即总体积相同的洗涤液应尽可能分多次洗涤，每次用量要少。沉淀经数次洗涤后，用一洁净的试管或表面皿直接取 $1\sim 2mL$ 滤液，用灵敏而又迅速显示结果的定性反应检查滤液中是否还存在母液成分。

（2）减压过滤

减压过滤（或称抽滤或真空过滤）能加速过滤速度，而且沉淀抽吸得比较干燥。但该方法不适合过滤颗粒太小的沉淀和胶体沉淀，因为颗粒太小的沉淀易在滤纸上形成一层致密的沉淀而堵塞滤孔，使滤液不易透过并减慢抽滤速度；胶体沉淀在快速过滤时易穿透滤纸，因而也达不到过滤的目的。

减压过滤的原理是利用真空泵产生的负压带走瓶内的空气，使抽滤瓶内的压力减小。由于布氏漏斗的液面上与抽滤瓶内形成压力差，从而加快过滤速度。

实验室使用的抽滤泵为循环水式多用真空泵（见图 2-53）。在进行减压过滤时，先将减压过滤装置中的安全瓶出口与真空泵抽气管接口之一用橡皮管连接，接通电源后，指示灯亮，电机转动并带动循环水使抽滤瓶内压力逐渐降低，以达到减压过滤的目的。抽滤完毕，通常先拔开吸滤瓶与安全瓶（见图 2-52）相连的橡皮管，也可以拔开布氏漏斗塞子，再关电源开关。否则循环水将倒灌。有安全瓶就可以防止吸滤瓶内滤液受污染；若没有安全瓶，循环水倒灌会污染吸滤瓶内的滤液。减压过滤的操作步骤如下：

图 2-52　减压过滤装置

1—布氏漏斗；2—吸滤瓶；3—安全瓶

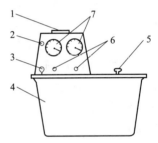

图 2-53　循环水式多用真空泵

1—电动机；2—指示灯；3—开关；4—循环水箱；
5—水箱盖；6—抽气口；7—压力表

① 滤纸的准备　将布氏漏斗倒立在滤纸上并用力压，使之出现一痕迹，用剪刀沿痕迹内缘剪下，使滤纸能全部覆盖布氏漏斗底部，滤纸的大小以能完全覆盖布氏漏斗的孔而边缘不翘起为宜。

② 铺滤纸　布氏漏斗的圆柱形底部是带有许多小孔的瓷板，以便使滤液穿过滤纸从小孔流出，抽滤时此瓷板支撑着滤纸和截留在滤纸上的固体。将剪好的滤纸平放于布氏漏斗中并加少量蒸馏水湿润，再将吸滤装置连接好。漏斗插入抽滤瓶中，橡皮塞插入抽滤瓶内的部分不超过整个塞子高度的 $1/2$，其下端的斜面应对着抽滤瓶侧面的支管。打开真空水泵电源，滤纸即紧贴于漏斗底部。

③ 过滤　摇动盛沉淀物的容器使沉淀物与溶剂混匀，先将容器中的少许溶液沿玻棒转入漏斗中，每次转入的量不能超过漏斗容量的 $2/3$，然后打开真空水泵，之后再将剩余的沉淀转入布氏漏斗中，直至沉淀被抽吸得比较干净为止。注意抽滤瓶中的液体不能超过吸气口。

④ 沉淀洗涤　洗涤沉淀时，应先拔掉橡皮管并关好真空水泵，加入洗涤液至全部湿润

沉淀。然后接好橡皮塞，开启真空水泵，将沉淀中的水分吸干，最后拔掉橡皮管并关闭真空水泵。

⑤ 取出沉淀和滤液　将漏斗取下倒放于滤纸上或容器中，在漏斗的边缘轻轻敲打或用洗耳球从漏斗出口处往里吹气，滤纸和沉淀即可脱离漏斗。滤液应从抽滤瓶的上口倒入洁净的容器中，绝对不能从侧面的支管倒出，以免滤液被污染。

若过滤的溶液有强酸性或强氧化性，为了避免溶液与滤纸作用，应采用玻璃砂芯漏斗（见图 2-54）。由于碱易与玻璃作用，因此玻璃砂芯漏斗不宜过滤强碱性溶液。过滤时不能引入杂质，也不能用瓶盖挤压沉淀，其余操作步骤同上述的操作步骤。

（3）热过滤

如果溶液的溶质在温度降低时易结晶析出，而又不希望它在过滤过程中留在滤纸上，这就需要采取热过滤。常压热过滤漏斗是由铜质夹套和普通玻璃漏斗组成的（见图 2-55）。热过滤的操作如下：

图 2-54　玻璃砂芯漏斗

热过滤漏斗是一种夹套式漏斗，其组成是在金属铜套内放置一短颈且粗的玻璃漏斗而形成的。使用时在夹套内加入热水（通常为沸水，加水不能过满，以免加热至沸后溢出），加热侧管。在玻璃漏斗中放入折叠滤纸，用少量热水湿润，立即将热溶液分批转入漏斗中，但溶液不能太满，也不要等滤完后再转入溶液，未转入的溶液和保温漏斗应用小火加热，保持微沸。

图 2-55　常压热过滤漏斗

图 2-56　电动离心机

若操作顺利，只会有少量结晶在滤纸上析出，可用少量热溶剂洗下，也可弃之，以免得不偿失。若结晶较多，可将滤纸取出，用刮刀刮回原来的容器中并重新进行热过滤。过滤完毕，将溶液加盖放置使其自然冷却。进行热过滤操作时，要准备充分，动作迅速。

热过滤的特点及注意事项如下。

① 采用保温热过滤漏斗套，漏斗套的夹层中装有热水，必要时还可用灯具加热，使用时注意夹套内水不要加得太满，以免水沸腾后溢出；也不可太少，必须确保加热支管中充满水，否则在加热支管无水的情况下加热，会使保温漏斗损坏。

② 采用短颈漏斗，避免滤液在漏斗颈中冷却析出晶体造成阻塞。使用时将短颈漏斗按普通过滤要求将滤纸装好，然后放在铁圈上（若漏斗小时可放泥三角），如过滤时间较短，也可以事先将玻璃漏斗在水浴上用蒸汽加热或放入沸水中加热后立即使用。

2.5.2.3　离心分离

当被分离的沉淀的量很少时，可用离心分离法。该法分离速度快，有利于迅速判断沉淀是否完全。实验室常用的电动离心机见图 2-56。

（1）离心操作

电动离心机转动速度很快，要特别注意安全。使用离心机时，应在离心管套管底部垫点棉花。为了使离心机旋转时保持平衡，几支离心管要放在对称的位置上，如果只有一份试样，则在对称的位置放另一支离心管，管内装等量的水。各离心管的规格应相同，加入离心管内液体的量不得超过其体积的一半，各管溶液的高度应相同。放好离心管后，把盖旋紧。开始时应把变速旋钮旋到最低挡，以后逐渐加速；离心约 1min 后，将旋钮反时针旋到停止位置，任离心机自行停止，绝不可用外力强制它停止运动。

电动离心机如有噪声或机身振动时，应立即切断电源，查明和排除故障。

（2）分离溶液和沉淀

离心沉降后，可用吸出法分离溶液和沉淀。先用手挤压滴管上的橡皮帽，排除滴管中的空气，然后轻轻伸入离心管清液中（为什么?），慢慢减小对橡皮帽的挤压力，清液就被吸入滴管。随着离心管中溶液液面的下降，滴管应逐渐下移。滴管末端接近沉淀时，操作要特别小心，勿使它接触沉淀。最后取出滴管，将清液放入接收容器内。

（3）沉淀的洗涤

要得到纯净的沉淀，必须经过洗涤：往盛沉淀的离心管中加入适量的蒸馏水或其他洗涤液，用细搅棒充分搅拌后，进行离心沉降，用滴管吸出洗涤液，如此重复操作，直至洗净。

2.5.3　提取

2.5.3.1　提取原理

提取是将溶解或悬浮于某一相（固相或液相）的物质转入另一液相的操作。萃取就是一种形式的提取，它是利用物质在两种不混溶（或微溶）的溶剂中溶解度或分配比的不同来达到分离、提取或纯化目的的一种提取操作。溶解的物质在两个互不相溶的液相之间的分配比例服从于能斯特分配定律（Nernst's partition law）：

$$c_A/c_B = K$$

式中，K 称为分配系数；c_A、c_B 是分配平衡时物质在 A、B 两相中的浓度。能斯特分配定律只是在低浓度（理想条件）下以及溶解物质在两相中的存在形式相同时有效，当物质在一相中的溶解度远远大于在另一相中的溶解度时，K 值远远偏离 1，此时物质的提取操作很容易。如果只考虑一种物质在水和有机溶剂两液相中的分配情况，在液相 A 和 B 中的浓度分别为 c_A 和 c_B；在一定的温度下，K 是一常数，称为"分配系数"，它近似地等于该物质在 A 和 B 两相中的溶解度之比。

假如某物质 C 在 V(mL) 水 A 中溶解 m_0(g)，每次用 S mL 与水不混溶的有机溶剂 B 重复萃取，第一次萃取后留在水 A 中 C 物质的质量为 m_1(g)，第二次萃取后留在水 A 中 C 物质的质量为 m_2(g)，根据能斯特分配定律，则：

$$\frac{m_1/V}{(m_0-m_1)/S} = K$$

整理得：

$$m_1 = \frac{KV}{KV+S} m_0$$

同理：

$$\frac{m_2/V}{(m_1-m_2)/S}=K$$

得:

$$m_2=\frac{KV}{KV+S}\,m_1=\left(\frac{KV}{KV+S}\right)^2 m_0$$

经过 n 次提取后，在水 A 中的剩余量为:

$$m_n=\left(\frac{KV}{KV+S}\right)^n m_0$$

当物质 C 在有机溶剂中的溶解度远远大于在水中的溶解度时，$\dfrac{KV}{KV+S}$ 恒小于 1，所以，提取的次数 n 越多，在水 A 中的剩余量越小，所以当用一定量的有机溶剂进行萃取时，把有机溶剂分成几份分别萃取的效果比一次萃取要好。

在实际的萃取中，一般有两种或两种以上物质存在。假如只有两种物质，在理想状况下，分别具有分配系数 K_1 和 K_2 的两种物质在两个液相中的分配情况互不影响，倘若它们的分配系数之差足够大，便能通过简单的提取而将其分离，分离的难易程度决定于分离系数 β:

$$\beta=K_1/K_2$$

只有 $\beta>100$ 时，才能通过简单的提取将两种物质较完全地分开。为了分离 $\beta<100$ 的混合物，必须用多次分配法。无论是什么分配过程，物质的交换只发生在两相界面上。所以在提取过程中必须尽可能地增大两相之间的界面，液体萃取时应振荡两相液体，固体在萃取之前应充分研碎。

2.5.3.2　固体的提取

固体物质中某组分的一次简单提取，是将固体物质与溶剂置于烧瓶中浸取或加热回流，趁热过滤或倾析，这时，固体中的组分进入溶液中，溶液中某组分的含量取决于该组分在溶剂中的溶解度。固体物质中某组分通常要进行多次简单提取。为使提取完全，上述操作一般要多次重复。提取装置由烧瓶、提取管和回流冷凝管组成。烧瓶中的溶剂被部分蒸发，冷凝后滴到置于提取器内的被提固体上，然后再流回烧瓶，这样待分离组分浓度便越来越高。

提取最好用自动装置进行。自动装置提取器比较典型的是索氏提取器。索氏提取器又称脂肪提取器（如图 2-57所示），工作原理是利用溶剂回流及虹吸原理，使固体物质连续不断地被纯溶剂萃取，既可以节约溶剂，萃取效率又高。

萃取前先将固体物质研碎，以增加固液接触面积。然后将固体物质放在滤纸包内，置于提取器中，提取器的下端与盛有浸出溶剂的圆底烧瓶相连，上面接回流冷凝管，注意滤纸筒既要紧贴器壁，又要方便取放。被提取物高度不能超过虹吸管，否则被提取物不能被溶剂充分浸泡，影响提取效果。被提取物也不能漏出滤纸筒，以免堵塞虹吸管。如果试样较轻，可以用脱脂棉压住试样。

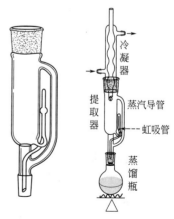

图 2-57　索氏提取器

在提取用的烧瓶中加入提取溶剂和沸石以防止暴沸。加热圆底烧瓶，使溶剂沸腾，蒸气通过连接管上升，进入到冷凝管中，被冷凝后滴入提取器中，溶剂和固体接触进行萃取，当提取器中溶剂液面达到虹吸管的最高处时，含有萃取物的溶剂虹吸回到烧瓶，因而萃取出一部分物质。然后圆底烧瓶中的浸出溶剂继续蒸发、冷凝、浸出、回流，使固体物质不断被纯的浸出溶剂萃取，并且将萃取出的物质富集在烧瓶中。液-固萃取是利用溶剂对固体混合物中所需成分的溶解度大，对杂质的溶解度小来达到提取分离的目的。

2.5.3.3 液体的提取

从溶液（通常是水溶液）中提取物质是化学实验中一种很重要的基本操作。间歇提取也称为"萃取"，连续提取又叫做"渗滤"。

水溶液（在少数情况下是悬浮液）以相当于其体积 1/5 或 1/3 的提取剂于分液漏斗中进行提取。如果提取剂易燃，必须首先将附近的明火全部熄灭。整个液体在分液漏斗中所占的容积不应超过 2/3。塞好后，一手压住顶部的塞子，一手按旋塞，小心地振荡。然后将漏斗的出口管向上，小心地打开旋塞，释放过量的有机溶剂的蒸气压力。振荡和释放压力必须交替地反复进行，直到压力保持不变为止。然后将漏斗猛烈地振摇 2min。

分液是把两种互不相溶、密度也不相同的液体分离开的方法。经过振荡后溶液在放置时分成两相，下面的相通过分液漏斗的旋塞放出，上面的相从顶部口中倾出。

如果物质在水中的溶解度较大，为了提高有机溶剂的提取效率，可预先用硫酸铵或食盐使水相饱和。很多系统有形成乳状液的倾向，此时不能振摇分液漏斗，只能轻轻地回荡。对于已形成的乳状液，可加入少量消沫剂或戊醇使其破坏，也可用饱和食盐水，或者将整个溶液过滤一遍，最可靠的方法则是较长时间的放置。

有时由于混有与两相都能互溶的媒介（如低级醇或二氧环己烷），致使不能分层，此时可加入更多的水和有机相，从而降低媒介物的相对数量，也可以加盐类或饱和盐溶液。

选择的萃取剂应符合下列要求：① 和原溶液中的溶剂互不相溶；②对溶质的溶解度要远大于原溶剂，并且溶剂易挥发；③选择溶剂时，除要求对被提物的溶解度大、与被提液的互溶度小以外，还要求它对杂质溶解度小、有适宜的密度和沸点、性质稳定、毒性小。

被提取的物质量在特定情况下取决于分配定律以及所用萃取剂的数量，因此，提取通常需重复。在水中微溶的物质应提取三四次，在水中易溶的物质更需重复多次才能完全提取。

溶解于提取液中的杂质通常也必须除去。为此可加以洗涤提取，也就是用稀的碱或酸的水溶液对得到的提取液进行洗涤。常用的这类溶液有：5％的氢氧化钠水溶液、5％或 10％的碳酸钠、稀盐酸溶液、稀硫酸及浓硫酸等。洗涤后再用水提取几次，最后，将提取液加以干燥。

2.5.3.4 超临界流体萃取

超临界流体（supercritical fluid，SF 或 SCF）是指温度高于临界温度（T_c）和压力高于临界压力（p_c）状态下的高密度流体。超临界流体具有气体和液体的双重特性，其黏度与气体相似，但扩散系数比液体大得多，其密度和液体相近。超临界流体对物质进行溶解和分离的过程就叫超临界流体萃取（supercritical fluid extraction，SFE）。

超临界 CO_2 流体萃取（SFE）分离过程的原理是利用超临界流体的溶解能力与其密度的关系，即利用压力和温度对超临界流体溶解能力的影响而进行的。CO_2 的临界温度（T_c）和临界压力（p_c）分别为 31.05℃ 和 7.38MPa，当处于这个临界点以上时，此时的 CO_2 同时具有气体和液体的双重特性。它的黏度与气体相近，密度与液体相近，而其扩散系数却比液体大得多。它是一个优良的溶剂，能通过分子间的相互作用和扩散作用将许多物质溶解。

同时，在稍高于临界点的区域内，压力稍有变化，即引起其密度的很大变化，从而引起溶解度的较大变化。在超临界状态下，将超临界流体与待分离的物质接触，使其有选择性地把极性大小、沸点高低和分子量大小的成分依次萃取出来。当然，对应各压力范围所得到的萃取物不可能是单一的，但可以控制条件得到最佳比例的混合成分，然后借助减压、控温的方法使超临界流体变成普通气体，被萃取物质则完全或基本析出，从而达到分离提纯的目的，所以超临界 CO_2 流体萃取过程是由萃取和分离过程组合而成的。

超临界 CO_2 流体萃取技术具有许多独特的优点。

① 萃取能力强，提取率高。用超临界 CO_2 提取物质，在最佳工艺条件下，能达到几乎完全提取，从而大大提高产品收率。同时，随着超临界 CO_2 萃取技术的不断进步，如全氟聚醚碳酸铵（PFPE）的加入，把超临界 CO_2 萃取扩展到水溶液体系，使得难以提取的强极性化合物如蛋白质等的超临界 CO_2 提取已成为可能。

② 萃取能力的大小取决于流体的密度，最终取决于温度和压力，改变其中之一或同时改变，都可改变溶解度，可以有选择地进行混合物中多种物质的分离。

③ 超临界 CO_2 临界温度低，操作温度低，能较完好地保存物质的有效成分不被破坏，不发生次生化。因此，特别适合那些对热敏感、容易氧化分解破坏的成分的提取。

④ 提取时间快、生产周期短。超临界 CO_2 提取（动态）循环一开始，分离便开始进行。一般提取 10min 便有成分分离析出，2～4h 左右便可完全提取。同时，它不需浓缩步骤，即使加入夹带剂，也可通过分离功能除去或只是简单浓缩。

⑤ 超临界流体萃取应用于分析或与 GC、IR、MS、LC 等联用成为一种高效的分析手段。

⑥ 超临界 CO_2 萃取工艺流程简单，操作方便，节省劳动力和大量有机溶剂，减小"三废"污染，这无疑为物质的分离提供了一种高新的提取、分离、制备及浓缩新方法。

超临界 CO_2 萃取的特点决定了其应用范围十分广泛，如在医药工业中，可用于中草药有效成分的提取，热敏性生物制品药物的精制及脂质类混合物的分离；在食品工业中，啤酒花的提取、色素的提取等；在香料工业中，天然及合成香料的精制；化学工业中，混合物的分离等。

超临界 CO_2 萃取通常用超临界 CO_2 萃取仪完成。

2.5.4　蒸馏

2.5.4.1　常压蒸馏（见本系列丛书第二分册实验 1.5）

2.5.4.2　减压蒸馏（见本系列丛书第二分册实验 1.6）

减压蒸馏是分离和提纯有机化合物的一种重要方法。它特别适用于那些在常压蒸馏时未达沸点即已受热分解、氧化或聚合的物质。

2.5.4.3　水蒸气蒸馏（见本系列丛书第二分册实验 1.7）

2.5.4.4　分子蒸馏

分子蒸馏技术是运用不同物质分子运动自由程的差别而实现物质分离的，因而能够实现远离沸点下的操作。分子蒸馏在高真空下运行，具备蒸馏压力低、受热时间短、分离程度高等特点，能大大降低高沸点物料的分离成本，极好地保护热敏性物质的品质。该项技术已广泛应用于高纯物质的提取，特别适用于天然物质的提取与分离。

（1）分子蒸馏的基本原理

根据分子运动理论，液体混合物的分子受热后运动会加剧，当接受到足够能量时，就会从液面逸出而成为气相分子。随着液面上方气相分子的增加，有一部分气体就会返回液体。在外界条件保持恒定的情况下，最终会达到分子运动的动态平衡。

根据分子平均自由程公式可知，不同种类的分子，由于其分子有效直径不同，故其平均自由程也不同，即不同种类分子，从统计学观点看，其逸出液面后不与其他分子碰撞的飞行距离是不相同的。分子蒸馏的分离作用就是利用液体分子受热会从液面逸出，而不同种类分子逸出后其平均自由程不同这一性质来实现的。

分子蒸馏技术的核心是分子蒸馏装置。液体混合物为达到分离的目的，首先进行加热，能量足够的分子逸出液面，轻分子的平均自由程大，重分子的平均自由程小，若在离液面小于轻分子的平均自由程而大于重分子平均自由程处设置一捕集器，使得轻分子不断被捕集，从而破坏了轻分子的动平衡而使混合液中的轻分子不断逸出，而重分子因达不到捕集器很快趋于动态平衡，不再从混合液中逸出，这样，液体混合物便达到了分离的目的。

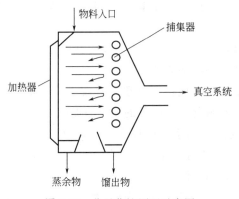

图 2-58　分子蒸馏原理示意图

分子蒸馏装置在结构设计中，必须充分考虑液面内的传质效率及加热面与捕集面的间距。图 2-58 为分子蒸馏的原理图，其主要结构由加热器、捕集器、高真空系统组成。

（2）分子蒸馏技术的特点

分子蒸馏在原理上根本区别于常规蒸馏，因而它具备着许多常规蒸馏无法比拟的优点。

① 操作温度低　常规蒸馏是靠不同物质的沸点差进行分离的，而分子蒸馏是靠不同物质分子运动自由程的差别进行操作的。

② 蒸馏压力低　由于分子蒸馏装置独特的结构形式，其内部压力极小，可以获得很高的真空度。同时，由分子运动自由程公式可知，要想获得足够大的平均自由程，可以通过降低蒸馏压来获得，一般为 10^{-1} Pa 数量级。

尽管常规真空蒸馏也可采用较高的真空度，但由于其结构上的制约（特别是板式塔或填料塔），其阻力较分子蒸馏装置大得多，因而真空度上不去，加之在沸点以上操作，所以其操作温度比分子蒸馏高得多。如某液体混合物在真空蒸馏时的操作温度为 260℃，而分子蒸馏仅为 150℃。

③ 受热时间短　分子蒸馏是基于不同物质分子运动自由程的差别而实行分离的，因而受加热面与冷凝面的间距要小于轻分子的运动自由程（即距离很短），这样由液面逸出的轻分子几乎未碰撞就到达冷凝面，所以受热时间很短。另外，若采用较先进的分子蒸馏结构，使混合液的液面达到薄膜状，这时液面与加热面的面积几乎相等，那么，此时的蒸馏时间则更短。假定真空蒸馏受热时间为 1h，则分子蒸馏仅用十几秒。

④ 分离程度高　分子蒸馏常常用来分离常规蒸馏不易分开的物质，然而就两种方法均能分离的物质而言，分子蒸馏的分离程度更高。

2.5.5　简单分馏

具体原理及操作见本系列丛书第二分册实验 1.8。

2.5.6　色谱

色谱法又称层析法，色谱法根据被分离物质的物理、化学及生物学特性的不同，使它们在某种基质中移动速度不同而进行分离和分析的方法。例如，利用物质的溶解度、吸附能力、立体化学特性及分子的大小、带电情况及离子交换、亲和力的大小及特异的生物学反应等方面的差异，使其在流动相与固定相之间的分配系数不同，达到彼此分离的目的。

色谱法的最大特点是分离效率高，它既可以用于少量物质的分析鉴定，又可用于大量物质的分离纯化制备。因此，作为一种重要的分析分离手段与方法，色谱法不仅在化学科学研究和实验中应用，还广泛地应用于生命和生物科学研究与工业生产上。

2.5.6.1　色谱法的分类

（1）根据固定相的形式分类

根据固定相的形式，色谱法可以分为纸色谱、薄层色谱和柱色谱。纸色谱是指以滤纸作为固定相基质的色谱。薄层色谱是将固定相在玻璃或塑料等光滑表面铺成一薄层，在薄层上进行色谱分离。柱色谱则是将固定相填装在管中形成柱形，在柱中进行色谱分离。纸色谱和薄层色谱主要适用于小分子物质的快速检测分析和少量分离制备。通常为一次性使用，而柱色谱是常用的色谱分离形式，适用于样品分析、分离。化学中常用的吸附色谱、凝胶色谱、离子交换色谱、亲和色谱、高效液相色谱等都采用柱色谱形式。

（2）根据流动相的形式分类

根据流动相的形式，色谱可以分为液相色谱和气相色谱。气相色谱是指流动相为气体的色谱，而液相色谱指流动相为液体的色谱。

（3）根据分离原理分类

根据分离的原理不同，色谱主要可以分为吸附色谱、分配色谱、凝胶过滤色谱、离子交换色谱、亲和色谱等。

吸附色谱是以吸附剂为固定相，根据待分离物与吸附剂之间吸附力的不同而达到分离的一种色谱技术。常用的吸附剂有氧化铝、硅胶、聚酸酯等有吸附活性的物质。

分配色谱是根据在一个有两相同时存在的溶剂系统中，不同物质的分配系数不同而达到分离目的的一种色谱技术。其中一相为液体，涂布或键合在固体载体上，称固定相；另一相为液体或气体，称流动相。常用的载体有硅胶、硅藻土、硅镁型吸附剂与纤维素粉等。

凝胶过滤色谱是以具有网状结构的凝胶颗粒作为固定相，利用被分离物质分子量大小的不同和在填料中渗透程度的不同，使物质进行分离的一种色谱技术。常用的填料有分子筛、葡聚糖凝胶、微孔硅胶或玻璃珠等，可根据载体和试样的性质，选用水或有机溶剂为流动相。

离子交换色谱是以离子交换剂为固定相，根据物质的带电性质不同而进行分离的一种色谱技术。常用的固定相为不同离子强度的阳、阴离子交换树脂，流动相一般为水或含有有机溶剂的缓冲液。

亲和色谱是根据生物大分子和配体之间的特异性亲和力（如酶和抑制剂、抗体和抗原、激素和受体等），将某种配体连接在载体上作为固定相，对能与配体特异性结合的生物大分子进行分离的一种色谱技术。亲和色谱是分离生物大分子最有效的技术，具有很高分辨率。

下面主要介绍薄层色谱和柱色谱。

2.5.6.2 薄层色谱

薄层色谱（thin layer chromatography，TLC），是一种微量、快速而简单的色谱法。它兼具柱色谱和纸色谱的优点。一方面适用于少量样品几到几十微克，甚至 $0.01\mu g$ 的分离；另一方面若在制作薄层板时，把吸附层加厚，将样品点成一条线，则可分离多达 500mg 的样品。因此又可用来精制样品。此法特别适用于挥发性较小或在较高温度易发生变化而不能使用气相色谱分析的物质。

薄层色谱常用的有吸附色谱和分配色谱两类。一般能用硅胶或氧化铝薄层色谱分开的物质，也能用硅胶或氧化铝柱色谱柱分开；凡能用硅藻土和纤维素作支持剂的分配柱色谱能分开的物质，也可分别用硅藻土和纤维素薄层色谱展开，因此薄层色谱常用作柱色谱的先导。

薄层色谱是在洗涤干净的玻板（10cm×3cm）上均匀地涂一层吸附剂或支持剂，待干燥、活化后将样品溶液用管口平整的毛细管滴加于离薄层板一端1cm处的起点线上，晾干或吹干后置薄层板于盛有展开剂的展开槽内，浸入深度为0.5cm，待展开剂前沿离顶端1cm附近时，将色谱板取出，干燥后喷以显色剂，或在紫外灯下显色。记录原点至主斑点中心及展开剂前沿的距离，计算比移值（R_f）：

$$R_f = \frac{溶质的最高浓度中心至原点中心的距离}{溶剂前沿至原点中心的距离}$$

（1）薄层色谱用的吸附剂和支持剂

薄层吸附色谱的吸附剂最常用的是氧化铝和硅胶，分配色谱的支持剂为硅藻土和纤维素。

硅胶是无定形多孔性物质，略具酸性，适用于酸性物质的分离和分析。薄层色谱用的硅胶分为"硅胶 H"——不含黏合剂；"硅胶 G"——含煅石膏黏合剂；"硅胶 HF_{254}"——含荧光物质，可用于波长 254nm 紫外光下观察荧光；"硅胶 GF_{254}"——既含煅石膏又含荧光剂等类型。

与硅胶相似，氧化铝也因含黏合剂或荧光剂而分为氧化铝 G、氧化铝 GF_{254} 及氧化铝 HF_{254}。

黏合剂除上述的煅石膏（$2CaSO_4 \cdot H_2O$）外，还可用淀粉、羧甲基纤维素钠。通常将薄层板按加黏合剂和不加黏合剂分为两种，加黏合剂的薄层板称为硬板，不加黏合剂的称为软板。

薄层吸附色谱和柱吸附色谱一样，化合物的吸附能力与它们的极性成正比，具有较大极性的化合物吸附性较强，因而 R_f 值较小。因此利用化合物极性的不同，用硅胶或氧化铝薄层色谱可将一些结构相近或顺、反异构体分开。

（2）薄层板的制备

薄层板制备的好坏直接影响色谱的结果。薄层应尽量均匀而且厚度（0.25～1mm）要固定。否则，在展开时溶剂前沿不齐，色谱结果也不易重复。

薄层板分为干板和湿板。湿板的制法有以下两种。

① 平铺法　用商品或自制的薄层涂布器进行制板，它适用于科研工作中数量较大要求较高的需要。如无涂布器，可将调好的吸附剂平铺在玻璃板上，也可得到厚度均匀的薄层板。

② 浸渍法　把两块干净玻璃片背靠背紧贴，浸入调制好的吸附剂中，取出后分开，晾干。

适合于教学实验的是一种简易平铺法。取 3g 硅胶 G 与 6～7mL 0.5％～1％的羧甲基纤维素的水溶液，在烧杯中调成糊状物，铺在清洁干燥的载玻片上，用手轻轻在玻璃板上来回摇振，使表面均匀平滑，室温晾干后进行活化。3g硅胶大约可铺7.5cm×2.5cm载玻片5～6块。

（3）薄层板的活化

把涂好的薄层板置于室温晾干后，放在烘箱中加热活化，活化条件根据需要而定。硅胶板一般在烘箱中慢慢升温，维持105～110℃活化30min。氧化铝板在200℃烘4h可得活性2级的薄层，150～160℃烘4h可得活性3～4级的薄层。薄层板的活性与含水量有关，其活性随含水量的增加而下降。

氧化铝板活性的测定：将偶氮苯30mg、对甲氧基偶氮苯、苏丹黄、苏丹红和对氨基偶氮苯各20mg，溶于50mL无水四氯化碳中，取0.02mL此溶液滴加于氧化铝薄层板上，用无水四氯化碳展开，测定各染料的位置，算出比移值，根据表2-13中所列的各染料的比移值确定其活性。

表 2-13　常见染料的比移值

偶氮染料 ＼ 活性级别	勃劳克曼活性级的 R_f 值			
	I	II	III	V
偶氮苯	0.59	0.74	0.85	0.95
对甲氧基偶氮苯	0.16	0.49	0.69	0.89
苏丹黄	0.01	0.25	0.57	0.78
苏丹红	0.00	0.10	0.33	0.56
对氨基偶氮苯	0.00	0.03	0.08	0.19

硅胶板活性的测定：取对二甲氨基偶氮苯、靛酚蓝和苏丹红三种染料各10mg，溶于1mL氯仿中，将此混合液点于薄层上，用正己烷-乙酸乙酯（体积比9∶1）展开。若能将三种染料分开，并且按比移值对二甲氨基偶氮苯＞靛酚蓝＞苏丹红，则与二级氧化铝的活性相当。

（4）点样

通常将样品溶于低沸点溶剂（丙酮、甲醇、氯仿、苯、乙醚和四氯化碳）中配成1%溶液，用内径小于1mm、管口平整的毛细管点样。点样前，先用铅笔在薄层板上距一端1cm处轻轻划一横线作为起始线，然后用毛细管吸取样品，在起始线上小心点样，斑点直径一般不超过2mm；因溶液太稀，一次点样往往不够，如需重复点样，则应待前次点样的溶剂挥发后方可重点，以防样点过大，造成拖尾、扩散等现象，影响分离效果。若在同一板上点几个样，样点间距应为1～1.5cm。点样结束待样点干燥后，方可进行展开。点样要轻，不可刺破薄层。

在薄层色谱中，样品的用量对物质的分离效果有很大影响，所需样品的量与显色剂的灵敏度、吸附剂的种类、薄层厚度均有关系。样品太少时，斑点不清楚，难以观察，但是样品量太多时往往出现斑点太大或拖尾现象，以致不容易分开。

（5）展开

薄层色谱展开剂的选择和柱色谱一样，主要根据样品的极性、溶解度和吸附剂的活性等因素来考虑。溶剂的极性越大，对化合物的洗脱力也越大，也就是说 R_f 值也越大（如果样品在溶剂中有一定溶解度）。薄层色谱用的展开剂绝大多数是有机溶剂，各种溶剂极性参见柱色谱部分。薄层色谱的展开，需要在密闭容器中进行。为使溶剂蒸汽迅速达到平衡，可在展开槽内衬一滤纸。常用的展开槽有长方形盒式和广口瓶盒式两种，展开方式有下列几种。

① 上升法　用于含黏合剂的色谱板，将色谱板垂直于盛有展开剂的溶剂中。

② 倾斜上行法　色谱板倾斜 15°，适用于无黏合剂的软板。含有黏合剂的色谱板可以倾斜 45°～60°。

③ 下降法　展开剂放在圆底烧瓶中，用滤纸或纱布等将展开剂吸收到薄层板的上端，使展开剂沿板下行，这种连续展开的方法适用于 R_f 值小的化合物。

④ 双向色谱法　使用方形玻璃板铺制薄层，样品点在角上，先向一个方向展开。然后转动 90° 角的位置，再换另一种展开剂展开。这样，成分复杂的混合物可以得到较好的分离效果。

（6）显色

凡可用于纸色谱的显色剂都可用于薄层色谱。薄层色谱还可使用腐蚀性的显色剂，如浓硫酸、浓盐酸和浓磷酸等。含有荧光剂（硫化锌铬、硅酸锌、荧光黄）的薄层板在紫外光下观察，展开后的有机化合物在亮的荧光背景上呈暗色斑点。另外也可用卤素斑点试验法来使薄层色谱斑点显色，这种方法是将几粒碘置于密闭容器中，待容器充满碘的蒸气后，将展开后的色谱板放入，碘与展开后的有机化合物可逆地结合，在几秒到数十秒内化合物斑点的位置呈黄棕色。但是当色谱板上仍含有溶剂时，由于碘蒸气亦能与溶剂结合，致使色谱板显淡棕色，而展开后的有机化合物则呈现较暗的斑点。

2.5.6.3　柱色谱

柱色谱（柱上层析）常用的有吸附柱色谱和分配柱色谱两种。前者常用氧化铝和硅胶作固定相。在分配柱色谱中以硅胶、硅藻土和纤维素作为支持剂，以吸收较大量的液体作固定相，而支持剂本身不起分离作用。

吸附柱色谱通常在玻璃管中填入表面积很大、经过活化的多孔性或粉状固体吸附剂。当待分离的混合物溶液流过吸附柱时，各种成分同时被吸附在柱的上端。当洗脱剂流下时，由于不同化合物吸附能力不同，往下洗脱的速度也不同，于是形成了不同层次，即溶质在柱中自上而下按对吸附剂亲和力的大小分别形成若干色带，再用溶剂洗脱时，已经分开的溶质可以从柱上分别洗出收集；或者将柱吸干，挤出后按色带分割开，再用溶剂将各色带中的溶质萃取出来。对于柱上不显色的化合物分离时，可用紫外光照射后所呈现的荧光来检测，或在用溶剂洗脱时，分别收集洗脱液，逐个加以检定。

（1）吸附剂

常用的吸附剂有氧化铝、硅胶、氧化镁、碳酸钙和活性炭等。吸附剂一般要经过纯化和活性处理，颗粒大小应该均匀。对吸附剂来说粒子小，表面积大，吸附能力就高，但是颗粒小时，溶剂的流速就太慢，因此应根据实际分离需要而定。供柱色谱使用的氧化铝有酸性、中性和碱性 3 种。酸性氧化铝是用 1‰ 盐酸浸泡后，用蒸馏水洗至氧化铝的悬浮液 pH 值为 4，用于分离酸性物质；中型氧化铝的 pH 值约为 7.5，用于分离中型物质；碱性氧化铝的 pH 值约为 10，用于胺或其他碱性化合物的分离。

大多数吸附剂都能强烈地吸水，而且水分子易被其他化合物置换，因此使吸附剂的活性降低，通常用加热方法使吸附剂活化。氧化铝随着表面含水量的不同而分成各种活性等级。活性等级的测定一般采用勃劳克曼（Brockmann）标准测定法，根据氧化铝对有机染料吸附能力大小分成五个等级，测定方法如下（取六种有机染料）：

甲：偶氮苯。

乙：对甲氧基偶氮苯。

丙：苏丹黄，它的系统命名为 1-苯基偶氮-2-萘酚。

丁：苏丹红Ⅳ，它的系统命名是 1-[4-(邻甲苯基偶氮)-邻甲苯基偶氮]-2-萘酚。

苏丹黄　　　　　　　　　苏丹红Ⅳ

戊：对氨基偶氮苯。

己：对羟基偶氮苯。

在上述六种染料中分别取相邻两个各 20mg 溶于 10mL 的无水苯中，再用无水石油醚稀释至 50mL，配成五种溶液：溶液 a，含甲＋乙两个组分，溶液 b，含乙＋丙两个组分，溶液 c，含丙＋丁两个组分，溶液 d，含丁＋戊两个组分，溶液 e，含戊＋己两个组分。

在内径 1.5cm 的色谱柱底部放入一团脱脂棉花，将吸附剂氧化铝装填至 5cm 高，氧化铝上面用圆形滤纸覆盖，倒入染料溶液 10mL，待溶液液面流至滤纸时加入 20mL 苯和石油醚混合物（体积比 1∶4）洗脱。洗脱完毕后，根据各染料的位置，由表 2-14 查出相应氧化铝活性级别。Ⅰ级活性最高，即吸附力最强；Ⅴ级吸附能力最弱。

表 2-14　氧化铝的活性等级

等　级	Ⅰ	Ⅱ		Ⅲ		Ⅳ		Ⅴ	
溶液号数	a	a	b	b	c	c	d	d	e
色谱柱中染料位置 上层 下层	乙 甲	乙	丙 乙	丙	丁 丙	丁	戊 丁	戊	己 戊
洗脱出的溶液		甲		乙		丙		丁	
氧化铝的含水量	0%	3%		6%		10%		15%	

（2）溶质的结构与吸附性能的关系

化合物的吸附性与它们的极性成正比，化合物分子中含有极性较大的基团时，吸附性也较强，氧化铝对各种化合物的吸附性按以下次序递减：

酸和碱＞醇、胺、硫醇＞酯、醛、酮＞芳香族化合物＞卤代物、醚＞烯＞饱和烃

例如邻和对硝基苯胺混合物的分离，就是根据它们的极性不同；邻硝基苯胺的偶极矩为 4.45D，而对位异构体则为 7.1D，因此邻位异构体首先被洗脱下来。

（3）溶剂

溶剂的选择是重要的一环，通常是根据被分离物中各种成分的极性、溶解度和吸附剂的活性等来考虑。先将要分离的样品溶于一定体积的溶剂中，选用的溶剂极性应低，体积要小。如有的样品在极性低的溶剂中溶解度很小，则可加入少量极性较大的溶剂，使溶剂体积不致太大。色层的展开首先使用极性较小的溶剂，使容易脱附的组分分离。然后加入不同比例的极性溶剂配成的洗脱剂，将极性较大的化合物自色谱柱中洗脱下来。常用洗脱剂的极性按如下次序递增：

正己烷和石油醚＜环己烷＜四氯化碳＜三氯乙烯＜二硫化碳＜甲苯＜苯＜二氯甲烷＜氯仿＜乙醚＜乙酸乙酯＜丙酮＜丙醇＜乙醇＜甲醇＜水＜吡啶＜乙酸

所用溶剂必须纯粹和干燥，否则会影响吸附剂的活性和分离效果。吸附柱色谱的分离效果不仅依赖于吸附剂和洗脱剂的选择，而且与制成的色谱柱有关；要求柱中的吸附剂用量为被分离样品的 30～40 倍，若需要时可增至 100 倍。柱高和直径之比一般是 75∶1，装柱可采用湿法和干法两种，干法装柱是将干吸附剂倒入柱中，并轻轻敲打柱身使填装均匀，然后加入少量溶剂；湿法是将备用的溶剂装入管内至柱高的 3/4 左右，再将氧化铝和溶剂调成稀糊状慢慢装入柱中，并打开下面的活塞，控制流速使吸附剂均匀下降，同时用小木棒或套有橡皮管的玻棒轻轻敲打柱身，使装填紧密，当装入量约为柱高的 3/4 时，再在上面加一层 0.5cm 左右的石英砂或脱脂棉，以保证氧化铝上端平整，不受流入溶剂干扰。无论采用哪种方法装柱，都不要使吸附剂有裂缝或气泡，否则影响分离效果，一般来说湿法装柱较干法紧密均匀。

2.5.7　离子交换色谱法

离子交换色谱（IEC）是以离子交换剂为固定相，依据流动相中的组分离子与交换剂上的平衡离子进行可逆交换时的结合力大小的差别而进行分离的一种色谱分离方法。离子交换色谱法广泛应用于离子型化合物及各种生化物质如氨基酸、蛋白质、糖类、核苷酸等的分离和纯化。

2.5.7.1　离子交换色谱基本原理

各种离子与离子交换剂上的电荷基团的结合是由静电力产生的，这是一个可逆过程。结合的强度与很多因素有关，包括离子交换剂的性质、离子本身的性质、离子强度、pH 值、温度、溶剂组成等。离子交换色谱就是利用各种离子本身与离子交换剂结合力的差异，通过改变离子强度、pH 值等条件改变各种离子与离子交换剂的结合力而达到分离的目的。离子交换剂的电离基团对不同的离子有不同的结合力，一般来讲，离子价数越高，结合力越大；价数相同时，原子序数越高，结合力越大。如阳离子交换剂对离子的结合力顺序为：$Li^+ < Na^+ < K^+ < Rb^+ < Cs^+$；$Na^+ < Ca^{2+} < Al^{3+} < Tl^{4+}$。

蛋白质等生物大分子通常呈两性，它们与离子交换剂的结合与它们的性质及 pH 值有较大关系。以阳离子交换剂分离蛋白质为例，在一定的 pH 值条件下，等电点 $pI < pH$ 的蛋白质带负电，不能与阳离子交换剂结合；等电点 $pI > pH$ 的蛋白带正电，能与阳离子交换剂结合，一般 pI 越大的蛋白质与离子交换剂结合力越强。由于生物样品的复杂性以及其他因素影响，一般生物大分子与离子交换剂的结合情况较难估计，往往要通过实验进行摸索。

离子交换剂的大分子聚合物基质可以由多种材料制成。聚苯乙烯离子交换剂机械强度大、流速快，但它与水的亲和力较小，具有较强的疏水性，容易引起蛋白质变性，故一般用于分离小分子物质，如无机离子、氨基酸、核苷酸等。以纤维素、球状纤维素、葡聚糖、琼脂糖为基质的离子交换剂都与水有较强的亲和力，适合于分离蛋白质等大分子物质。

离子交换剂的种类很多，要取得较好的效果就必须选择合适的离子交换剂。首先考虑离子交换剂电荷基团的选择，这取决于被分离的物质在其稳定的 pH 值下所带的电荷，如果带正电，则选择阳离子交换剂；如果带负电，则选择阴离子交换剂。例如，待分离的蛋白质等电点为 4，稳定的 pH 值范围为 6～9，由于这时蛋白质带负电，故应选择阴离子交换剂进行分离。强酸型或强碱型离子交换剂适用的 pH 值范围广，常用于分离一些小分子物质或在极端 pH 值下的分离。弱酸型或弱碱型离子交换剂不易使蛋白质失活，故一般分离蛋白质等大分子物质常用弱酸型或弱碱型离子交换剂。

另外，离子交换剂颗粒大小也会影响分离的效果。离子交换色谱的分辨率和流速也都与所用离子交换剂的颗粒大小有关。一般来说，颗粒越小，分辨率越高，但平衡离子的时间长，流速慢；颗粒大则相反。所以，大颗粒的离子交换剂适用于对分辨率要求不高的大规模制备性分离，而小颗粒的离子交换剂适用于需要高分辨率的分析或分离。

2.5.7.2　离子交换色谱操作

（1）离子交换剂预处理和装柱

离子交换纤维素目前种类较多，其中以 DEAE-纤维素（二乙基氨基纤维素）和 CMC 纤维素（羧甲基纤维素）最常用，它们在分离蛋白质等生物大分子物质时具有十分明显的优越性。

对于离子交换纤维素，要用流水洗去少量碎的不易沉淀的颗粒，以保证有较好的均匀度。溶胀的交换剂使用前要用稀酸或稀碱处理，使之成为带 H^+ 或 OH^- 的交换剂型。阴离子交换剂常用"碱—酸—碱"处理，使最终转化为 OH^- 型或盐型交换剂；对于阳离子交换剂则用"酸—碱—酸"处理，使最终转化为 H^+ 型交换剂。洗涤好的纤维素使用前必须平衡至所需的 pH 值和离子强度。已平衡的交换剂在装柱前还要减压除气泡。为了避免颗粒大小不等的交换剂在自然沉降时分层，要适当地加压装柱，同时使柱压紧，减少死体积，有利于分辨率的提高。柱子装好后再用起始缓冲液淋洗，直至达到充分平衡后方可使用。离子交换色谱要根据分离的样品量选择合适的色谱柱，离子交换用的色谱柱一般粗而短，直径和柱长比一般为（1:10）～（1:50）之间。色谱柱安装要垂直，装柱时要均匀平整，不能有气泡。

（2）加样与洗脱

① 加样　离子交换色谱所用的样品应与起始缓冲液有相同的 pH 值和离子强度，所选定的 pH 值应落在交换剂与被结合物有相反电荷的范围，同时离子强度应低，可用透析、凝胶过滤或稀释法达到此目的。样品中的不溶物应在透析后或凝胶过滤前，以离心法除去。为了达到满意的分离效果，上样量要适当，不要超过柱的负荷能力。柱的负荷能力可用交换容量来推算，通常上样量为交换剂交换总量的 1%～5%。

② 洗脱　已结合样品的离子交换剂，可通过改变溶液的 pH 值或改变离子强度的方法将结合物洗脱，也可同时改变 pH 值与离子强度。为了使复杂的组分分离完全，往往需要逐步改变 pH 值或离子强度，其中最简单的方法是阶段洗脱法，即分次将不同 pH 值与离子强度的溶液加入，使不同成分逐步洗脱。由于这种洗脱方法的水与离子强度的变化太大，使许多洗脱体积相近的成分同时洗脱，纯度较差，不适宜精细的分离。洗脱剂应满足以下要求：洗脱液体积应足够大，一般要几十倍于床体积，从而使分离的各峰不至于太拥挤；梯度的上限要足够高，使紧密吸附的物质能被洗脱下来；梯度不要上升太快，要恰好使移动的区带在快到柱末端时达到解吸状态，目的物的过早解吸，会引起区带扩散，而过晚解吸会使峰形过宽。

③ 洗脱组分的分析　按一定体积（5～10mL/管）收集的洗脱液可逐管进行测定，得到图谱。依实验目的的不同，可采用适宜的检测方法（生物活性测定等）确定图谱中目的物的位置，并回收目的物。

④ 离子交换剂的再生与保存　离子交换剂可在柱上再生。如离子交换纤维素可用 $2mol \cdot L^{-1}$ 的 NaCl 溶液淋洗柱，若有强吸附物则可用 $0.1mol \cdot L^{-1}$ NaOH 溶液淋洗柱，脂溶

性物质可用非离子型去污剂洗柱后再生，也可用乙醇洗涤，其顺序为：$0.5mol \cdot L^{-1}$ NaOH 溶液、乙醇、水、20% NaOH 溶液。保存离子交换剂时要加防腐剂，阴离子交换剂可用 0.002%氯己定（洗必泰），阳离子交换剂可用 0.005%乙基硫柳汞处理。

2.5.7.3 离子交换色谱的应用

离子交换色谱技术已广泛应用于各学科领域，在化学与生物化学中的应用如下。

（1）水处理

离子交换色谱是一种简单而有效的去除水中杂质及各种离子的方法，聚苯乙烯树脂广泛地应用于高纯水的制备、硬水软化以及污水处理等方面，可以大量、快速地制备高纯水。一般是将水依次通过 H^+ 型强阳离子交换剂，去除各种阳离子及与阳离子交换剂吸附的杂质；再通过 OH^- 型强阴离子交换剂，去除各种阴离子及与阴离子交换剂吸附的杂质，即可得到高纯水。离子交换剂使用一段时间后可以通过再生处理重复使用。

（2）分离纯化小分子物质

离子交换色谱也广泛地应用于无机离子、有机分子、核苷酸、氨基酸、抗生素等小分子物质的分离纯化。例如，对氨基酸的分析，使用强酸型阳离子聚苯乙烯树脂将氨基酸混合液在 pH2～3 上柱。这时氨基酸都结合在树脂上，再逐步提高洗脱液的离子强度和 pH 值，各种氨基酸将以不同的速度被洗脱下来，可以进行分离鉴定。

（3）分离纯化生物大分子物质

离子交换色谱是分离纯化蛋白质等生物大分子的一种重要手段。由于生物样品中蛋白质的复杂性，只经过一次离子交换一般很难达到高纯度，往往要与其他分离方法配合使用。使用离子交换色谱分出样品要充分利用其带电性质，只要选择合适的条件，通过离子交换色谱可以得到较满意的分离效果。

2.5.8 结晶与重结晶

2.5.8.1 结晶

结晶是根据混合物中各组分在一种溶剂中的溶解度不同，通过蒸发减少溶剂使溶液浓度增加，或改变溶液温度，使溶解度较小的物质析出晶体而分离的方法。

在化合物的制备中，经常要使用到蒸发（浓缩）和结晶的操作。

（1）蒸发（浓缩）

当溶液很稀而所制备的化合物溶解度又较大时，为了能从中析出该物质的晶体，必须通过加热使溶液不断浓缩，蒸发到一定程度时冷却，就可析出晶体。当物质的溶解度较大时，必须蒸发到溶液表面出现晶膜时才停止。蒸发是在蒸发皿（只限于水溶液，有机溶液必须用蒸馏方法）中进行的，蒸发皿的面积较大，有利于快速蒸发。蒸发皿中所放液体的量不能超过其容量的 2/3，可以随水分的蒸发逐渐添加待浓缩的溶液。若无机物对热稳定，可以用煤气灯直接加热，否则必须用水浴间接加热。

（2）结晶

当溶液蒸发到一定浓度后冷却，就会从中析出溶质的晶体。析出晶体的颗粒大小与结晶条件有关，如果溶液的浓度较高，溶质在水中的溶解度随温度下降而下降，冷却得越快，则析出的晶体就越细小，否则就得到较大颗粒的结晶。搅拌溶液和静置溶液，可以得到不同的效果，前者有利于细小晶体的生成，后者有利于大晶体的生成。若溶液容易发生过饱和现象，可以用搅拌、摩擦器壁或投入几粒小晶体（晶种）等办法。

2.5.8.2　重结晶

如果第一次结晶所得物质的纯度不符合要求，可进行重结晶。重结晶是提纯固体物质常用的重要方法之一，通常用于溶解度随温度显著变化的化合物，对于溶解度受温度影响很小的化合物不适用。

（1）重结晶溶剂的选择

有待重结晶的物质在冷溶剂中应该微溶，在加热时则应该大量溶解，而杂质应该有尽可能大的溶解度。如果不了解究竟该用何种溶剂以及该用的溶剂量，则首先应在试管中少量地进行预试验。溶剂的选择一般按照"相似相溶"的经验法则；溶剂不应使溶质发生化学变化。常用的重结晶溶剂选择可参考表 2-15。

表 2-15　常用的重结晶溶剂

溶　剂	沸点/℃	相对密度 d_4^{20}	与水的混溶性[①]	易燃性[②]
水	100	1.0		0
甲醇	65.0	0.79	∞	2
95%乙醇	78.0	0.80	∞	4
冰醋酸	117.9	1.05	∞	1
丙酮	56.2	0.79	∞	5
乙醚	34.5	0.71	8.0	10
石油醚	30～60	0.64	0	8
石油醚	60～90	0.72	0	8
乙酸乙酯	77.1	0.90	9.0	4
苯	80.1	0.88	0	8
氯仿	61.7	1.48	0	0
四氯化碳	76.5	1.59	0	0
二氯甲烷	41.0	1.30	0	0

① 表示在水中的近似溶解度（g/100mL，25℃时）。

② 估计的相对易燃性，即 0～10 级。

当没有合适的单一溶剂时，可以使用混合溶剂进行重结晶。最佳混合溶剂的选择必须通过预试验来确定。如果杂质在一种溶剂中只是微溶，从而首先结晶析出，或者基本上不进入溶液，该溶剂有时也能成功地用于重结晶。但在这种情况下，一般要经过好几次重复结晶，才能得到足够纯的产品，不但操作比较麻烦，重结晶的损失也较大。

（2）重结晶方法

重结晶时，先将试样尽可能粉碎后再放入烧瓶中，然后，加入比预定数量略少的溶剂，加热搅拌进行溶解，如果溶剂不够，可逐渐少量补充。此时所用溶剂的量必须足以将物质全部溶解，因为在通常情况下，溶解度曲线在接近溶剂的沸点时迅速升高，而在重结晶中总应将溶剂加热到沸点。小心地通过冷凝管补加溶剂，直至在沸腾时固体物质全部溶解为止。如果所用的溶剂易于着火，则在操作过程中必须将附近的火焰全部熄灭。

为了定量地评价重结晶操作，以及为了便于重复，固体和溶剂都应予以称量。混合溶剂时，最好将物质溶于少量溶解度较高的溶剂中，然后趁热慢慢地分小份加入溶解度较低的那种溶剂，直到在它触及溶液的部位有沉淀生成，但立即又溶解为止。如果溶液的总体积太小，可多加些溶解度大的溶剂，然后重复上述操作。要避免使用过多的溶剂。有时也可用相反的程序，将物质悬浮于溶解度低的溶剂中，然后加入溶解度高的溶剂，直至溶解后再滴入少许前一种溶剂或加以冷却。

重结晶时，如待结晶样品有色素，必要时可在物质溶解之后加入粉末状活性炭脱色（用量相当于粗品质量的 $1/50 \sim 1/20$）或硅藻土等使溶液澄清。在加入脱色剂之前应先将溶液稍为冷却，因为活性炭内含有大量空气，会使过热溶液暴沸。加入脱色剂之后，将混合物再煮沸片刻后趁热过滤。然后再加热滤液，将热溶液静置，让其慢慢冷却，逐步析出结晶。溶液达到了过饱和状态仍难以析出结晶时，可于溶液中加入少量该物质的晶种，或用玻璃棒轻轻摩擦玻壁，促使结晶析出。

如果急剧冷却饱和溶液或者用玻璃棒搅动，结晶可以迅速析出。但这样得到结晶将混入杂质而使纯度降低。在室温下难于析出的结晶，可将容器紧密塞住，或放入冰箱内长时间静置即可析出结晶。如果溶剂易于着火，在操作过程中必须将塞子塞紧，否则冰箱内长时间静置会充满溶剂蒸气，易引发爆炸事故。

析出的结晶可用抽滤法与母液分离，然后将结晶干燥。

（3）提高结晶回收率

无论结晶还是重结晶，母液中均有未回收的物质，为了提高结晶回收率，可把母液进行浓缩，再结晶。对于溶解度随温度变化不大或易于分解物质的结晶，浓缩的方法为：在常温下制成饱和溶液，过滤后自然蒸发使之结晶，也可以在低温下减压蒸馏，浓缩结晶。

（4）低熔点油状物质的重结晶

有机化合物，特别是低熔点的物质，不仅会形成过饱和溶液，也极易形成过冷液体，往往在其熔点以下以油状物的形态从其溶液中分离出来，出现云浊或乳光。随后便形成可见的小油滴。油状液通常是杂质的优良溶剂，即使最后还能固化，也仍然包含着杂质。为此，溶解时不应加热到物质的熔点以上（至少应比熔点低 $10℃$），并应配制成更稀的溶液，这样的溶液就必须冷至更低的温度才成为过饱和液。产物因过饱和而析出的温度越低，它成为晶体的可能性也就越大。要使低熔点的有机化合物成为晶体析出，可加入晶体、激烈搅拌或摩擦器壁。

如果油状物已析出，可将该油状物冷冻固化后重新结晶，或加入少量适当的溶剂猛烈研磨分出沉降的油，再冷冻固化加入新鲜的溶剂（或另一种溶剂），重复研磨，直到获得固体为止。

容易形成油状物的低熔点物质在非极性溶剂中常有很高的溶解度，因此重结晶时要严格控制非极性溶剂的溶剂量。对低熔点油状物质的重结晶，应优先选择混合溶剂。

2.5.9　升华

（见本系列丛书第二分册实验 1.9）。

2.6　分析试样的预处理

2.6.1　试样的制备

（1）矿物岩石类试样的制备

对于较硬的大颗粒试样，采用颚式碎样机；硬度中等或较软的试样，可用锤击式粉碎机作初步粉碎后，再用球磨机进一步碾细。如用手工方法进行破碎，常用的工具为冲击钵（钢制）和玛瑙研钵。玛瑙是一种矿物，化学性质稳定且硬度较大，广泛用来研磨各种试样。破碎常结合过筛、混匀和缩分等步骤交替进行，直至得到所需粒度和质量的分析试样。应将不能通过筛孔的颗粒反复破碎直至能全部通过为止，因其往往具有不同的化学组成，弃之将会影响试样的代表性。

制样用的球磨机由电机、球磨罐支架、球磨罐及不同规格（不同直径）的小球及控制设备组成。为了防止粉碎设备的磨损对试样造成污染，常采用玛瑙罐及玛瑙球进行研磨。将预先破碎至一定大小的试样（粒径为 1~2mm）放入球磨罐中，用磨机支架将罐固定住，然后启动磨机使球磨罐迅速转动。在此过程中，依靠试样与玛瑙球之间的摩擦作用将试样粉碎至200 目，一次可处理 500~1000g 试样，时间需 5~10min。球磨机可带有几个容积不同的罐，以便于粉碎不同质量的试样。

（2）植物试样的制备

植物试样采样量，一般来说，干品需要 1kg 左右，新鲜试样则以不少于 5kg 为原则。不同种类的试样采用不同方法进行缩分，如块根状、茎和瓜果等，逐个切成 4 块或 8 块，各取其中一块；粮食类颗粒状试样则充分混匀后按四分法缩分，这样得到的试样称为平均试样。

① 新鲜试样的制备　如欲测定植物中易变化的组分，如酚、腈、亚硝酸、硝态氮和氨态氮等，以及多汁的果蔬试样，应采用新鲜试样。将平均试样先后用清水（3~4 次）和去离子水（2 次）冲洗净，用干净纱布轻轻擦干或晾干。然后移取 100g 切碎混合均匀后的试样，放入电动食品切碎机的大杯中，加入等量的蒸馏水，运转 1min 左右，使成匀浆状，较硬试样需适当加长切碎的时间。含水少的试样可按样重的 2 倍加入蒸馏水，含水量高的试样亦可不加水。对于含纤维较多的试样不宜采用上述方法处理的，可用不锈钢剪刀将其剪碎后再混合均匀。

② 一般植物试样的制备　首先除掉采回试样外表的沾污物（干擦或水洗），清洗要迅速，避免损失某些易溶组分（元素）。为了防止试样霉烂，尽快将外表已处理干净的试样摊开晾干，或置于 40~60℃ 的鼓风干燥箱中除去水分。此时温度不能过高，否则可能造成某些易损失元素如汞的损失。烘干后的试样（如大块的事先剪碎）用电动粉碎机、球磨机或玛瑙研钵等粉碎或研磨后（有谷壳的试样要预先脱壳），使通过 40 目尼龙筛（或根据实际需要而定）并混合均匀，然后贮存于带磨口塞的玻璃广口瓶中，贴上标签，于冰箱中冷冻（-30~-15℃）保存备用。

（3）水样的制备

为了避免采集的水样在放置期间可能发生的变化，应尽快进行分析，以保证分析结果的准确度。各种水样的最长存放时间一般为：清洁水<72h，轻度污染水<48h，严重污染水<12h。采回的水样如不能及时进行分析，则需采取相应的保护措施。如欲测定水中重金属离子的含量，可加入适量稀 HNO_3，以防止其产生沉淀或被容器壁所吸附；测定水样的化学耗氧量时，加入稀 H_2SO_4 可抑制细菌的分解作用；测定水样中的氰化物和硫化物等阴离子时，则需加入 NaOH 使水样呈碱性，以防止待测组分挥发损失；有时还需冷冻、加防腐剂或置暗处保存等。

2.6.2 试样的分解

由于大多数定量分析方法都需要使用液体试样，因此试样分解是分析化学中不可缺少的操作步骤，而且是影响测定准确度的决定性因素之一。在测定有机、无机试样中元素的含量时，经常采用下述试样的分解方法。

① 无机试样的分解一般采用溶解法和熔融法。常用溶剂有水、酸和碱溶液等。熔融法又分为酸熔法或碱熔法，可根据试样和待测组分的性质、测定方法等选择使用。

② 有机试样的分样通常采用干式灰化法或湿式消化法。前者又可分为马弗炉高温分解酸浸取法、氧瓶燃烧法和采用射频放电的低温灰化法。对于易形成挥发性化合物的被测组分则采用蒸馏法分解为宜。

③ 微波消解技术是一项重要的消解技术，具有高效、节能、低空白、无污染和无损失等优点，可用于批量试样的快速处理。在微波消解装置中，起加热作用的微波仪器由微波发生器（磁控管，常用频率为 2450MHz）、导管、微波腔、波形搅拌器、循环装置和转台 6 个主要部分组成。消解容器罐是高强度、耐腐蚀、不沾污也不吸收试样、能透射微波的聚四氟乙烯罐。试样和适量溶剂（酸）置于可密闭消解容器罐中，经微波直接加热后在罐内迅速形成高温高压而消解。消解罐内的压力可予以控制，相应的过压保护功能可以保证使用高效而安全。由于采用了密闭的消解罐，不但避免试样中（或在消解过程中形成的）挥发性组分的损失，保证测定结果的准确性，同时还避免了挥发物对环境的污染，又杜绝实验室环境对试样的污染。此外因消解时使用的试剂量少，可以大大减少试剂中杂质元素引起的干扰，从而降低了制样中产生的空白值。采用该技术分解合金、岩石、矿物、生物、植物、食品和药物等试样，并结合原子吸收光谱法、等离子体光谱法和原子荧光光谱法等仪器分析方法进行痕量物质和超痕量物质的分析，将使定量分析化学进入更加高效的时代。

2.6.3　待测组分的分离

常用的分离方法有沉淀分离法、溶剂萃取分离法、离子交换分离法和各种色谱法等，可根据试样的组成和待测组分的性质和测定的要求等，结合实际情况进行选择。

2.7　滴定分析技术

滴定分析法又叫容量分析法。这种方法是将一种已知准确浓度的试剂溶液（标准溶液），滴加到被测物质的溶液中，直到所加的试剂与被测物质按化学计量定量反应为止，然后根据试剂溶液的浓度和用量，计算被测物质的含量。

这种已知准确浓度的试剂溶液叫做"滴定剂"。将滴定剂从滴定管加到被测物质溶液中的过程叫"滴定"。当加入的标准溶液与被测物质定量反应完全时，反应达到了"化学计量点"。"化学计量点"一般依据指示剂的变色来确定。在滴定过程中，指示剂正好发生颜色变化的转变点叫做"滴定终点"。滴定终点与化学计量点不一定恰好符合，由此造成的分析误差叫做"终点误差"。

滴定分析通常用于测定常量组分，即被测组分的含量一般在 1% 以上，有时也可以测定微量组分。滴定分析法比较准确，在一般情况下，测定的相对误差为 0.2% 左右。

滴定分析简便、快速，可用于测定很多元素，且有足够的准确度。因此，它在生产实践和科学实验中具有很大的实用价值。

根据反应的不同，滴定分析法又可以分为酸碱滴定法、配位滴定法、氧化还原滴定法和沉淀滴定法等。这几种方法各有其优点和局限性。同一物质可以用几种不同的方法进行测定，因此，在确定分析方法时，应根据"多快好省"的原则，考虑到被测物质的性质、含量、试样的组成和对分析结果准确度的要求等，选用适当的方法。

适合滴定分析法的化学反应，应该具备以下几个条件：①反应必须定量地完成，即反应按一定的反应方程式进行，没有副反应，而且进行完全（通常要求达到 99.9% 左右）；②反应能迅速完成；③有比较准确的方法确定反应的化学计量点。

2.7.1　容量瓶、移液管、移液枪

在滴定分析中，常需要已知精确浓度的溶液（标准溶液），配制标准溶液时，容量瓶是常用的仪器，其使用方法参见 2.4.4 节；移液管用来移取精确体积的溶液，其使用方法参见 2.4.2 节。

2.7.2　滴定管

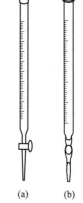

滴定管是可放出不固定量液体的量出式玻璃量器，主要用于滴定分析中对滴定剂体积的测量。它的管身是用细长而且内径均匀的玻璃管制成，上面刻有均匀的分度线。目前，多数具塞滴定管都是非标准活塞，即活塞不可互换，一旦活塞被打碎，则整支滴定管就报废了。

滴定管分为酸式滴定管和碱式滴定管两种。常量分析的滴定管容积有 25mL 和 50mL，最小刻度为 0.1mL，读数可估计到 0.01mL。另外，还有容积为 10mL、5mL、2mL、1mL 的半微量或微量滴定管。

图 2-59　滴定管

（1）酸式滴定管

酸式滴定管下端有玻璃活塞开关，其外形如图 2-59(a) 所示，用来装酸性溶液和氧化性溶液，不宜盛碱性溶液，因为碱性溶液能腐蚀玻璃，使活塞难于转动。

使用前的准备工作：酸式滴定管使用前应检查活塞转动是否灵活，然后检查是否漏水。试漏的方法是先将活塞关闭，在滴定管内充满水，将滴定管夹在滴定管夹上，放置 2min，观察管口及活塞两端是否有水渗出；将活塞转动 180°，再放置 2min，看是否有水渗出。若前后两次均无水渗出，活塞转动也灵活，即可使用，否则应将活塞取出，重新涂凡士林后再使用。

涂凡士林的方法是将活塞取出，用滤纸将活塞及活塞槽内的水擦干净。用手指蘸少许凡士林在活塞的两头（见图 2-60），涂上薄薄一层，在离活塞孔的两旁少涂一些，以免凡士林堵住活塞孔；或者分别在活塞粗的一端和塞槽细的一端内壁涂一薄层凡士林，将活塞直插入活塞槽中（见图 2-61），按紧，并向同一方向转动活塞，直至活塞中油膜均匀透明。如发现转动不灵活或活塞上出现纹路，表示凡士林涂得不够；若有凡士林从活塞缝内挤出，或活塞孔被堵，表示凡士林涂得太多。遇到这些情况，都必须把塞槽和活塞擦干净后，重新涂凡士林。涂好凡士林后，用橡皮圈将活塞缠好，以防活塞脱落打碎。

图 2-60　活塞涂凡士林

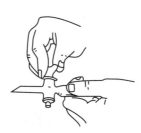

图 2-61　插入活塞

最后是洗涤滴定管，灌满铬酸洗液夹在滴定台上，几分钟以后将洗液倒回原瓶，先用自来水将洗液冲掉，再用蒸馏水洗三次，洗净的滴定管倒夹在滴定台上备用。

（2）碱式滴定管

碱式滴定管的下端连接一橡皮管，管内有玻璃珠以控制溶液的流出，橡皮管下端再连一尖嘴玻璃管，如图 2-59(b) 所示，它可以盛碱性溶液。凡是能与橡皮管起反应的氧化性溶液，如 $KMnO_4$、I_2、$AgNO_3$ 等，不能装在碱式滴定管中。

使用前的准备工作：首先应选择大小合适的玻璃珠和乳胶管并检查滴定管是否漏水，液滴是否能够灵活控制。如果乳胶管已经老化，应更换新的，但不可将玻璃珠和尖嘴管丢弃。然后进行洗涤，将玻璃珠向上推至与管身下端相触（以阻止洗液与乳胶管接触），然后加满铬酸洗液浸泡几分钟，将洗液倒回原瓶，再依次用自来水和蒸馏水洗净，倒夹在滴定台上备用。

（3）操作溶液（即标准溶液或待标定溶液，亦称滴定剂）的装入

为了避免装入后的操作溶液被稀释，应用此种溶液 5～10mL 荡洗滴定管 2～3 次。操作时，两手平端滴定管，慢慢转动，使操作溶液流遍全管，并使溶液从滴定管下端流净，以除去管内残留水分。在装入操作溶液时，应直接倒入，不得借用任何别的器皿（如漏斗、烧杯、滴管等），以免操作溶液浓度改变或造成污染。装好操作溶液后，注意检查滴定管尖嘴内有无气泡，否则在滴定过程中，气泡将逸出，影响溶液体积的准确测量。对于酸式滴定管可迅速转动活塞，使溶液很快冲出，将气泡带走；对于碱式滴定管；可把橡皮管向上弯曲，挤动玻璃珠，使溶液从尖嘴处喷出，即可排除气泡（见图 2-62）。排除气泡后，装入操作溶液，使之在"0"刻度以上，再调节液面在 0.00mL 刻度处，备用。如液面不在 0.00mL 处，则应记下初读数。

图 2-62　排除气泡

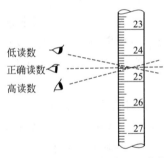

图 2-63　无色及浅色溶液的读数

（4）滴定管的读数

由于滴定管读数不准确而引起的误差，常常是滴定分析误差的主要来源之一，因此在滴定前应进行读数练习。

滴定管应垂直地夹在滴定管架上，由于表面张力的作用，滴定管内的液面呈弯月形。无色溶液的弯月面比较清晰，而有色溶液的弯月面清晰度较差。因此，两种情况的读数方法稍有不同，为了正确读数，应遵守下列原则。

① 注入溶液或放出溶液后，需等 1～2min，使附着在内壁上的溶液流下来以后才能读数。

② 对于无色及浅色溶液读数时，读取与弯月面相切的刻度（见图 2-63）。对于深色溶液，如 $KMnO_4$、I_2 溶液等，读取视线与液面两侧的最高点呈水平处的刻度（见图 2-64）。

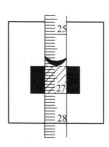

图 2-64　深色溶液的读数　　　图 2-65　"蓝带"滴定管的读数　　　图 2-66　衬读数卡

③ 使用"蓝带"滴定管时，溶液体积的读数与上述方法不同。在这种滴定管中，液面呈现三角交叉点，读取交叉点与刻度相交之点的读数（见图 2-65）。

④ 每次平行滴定前都应将液面调节在刻度 0.00mL 或接近"0"稍下的位置，这样可固定在某一段体积范围内滴定，以减少体积误差。

⑤ 读数必须读到小数点后第二位，即准确到 0.01mL。

⑥ 为了读数准确，可采用读数卡，这种方法有助于初学者练习读数。读数卡可用黑纸或涂有墨的长方形（约 $3 \times 1.5 cm^2$）的白纸制成。读数时，将读数卡放在滴定管背后，使黑色部分在弯月面下的 1mm 处，此时即可看到弯月面的反射层为黑色，然后读与此黑色弯月面相切的刻度（见图 2-66）。

2.7.3　滴定操作

滴定最好在锥形瓶中进行，必要时也可以在烧杯中进行。酸式滴定管的操作如图 2-67 所示。用左手控制滴定管的活塞，大拇指在前，食指和中指在后，手指略微弯曲，轻轻向内扣住活塞，转动活塞时，要注意勿使手心顶着活塞，以防活塞被顶出，造成漏水。右手握持锥形瓶，边滴边摇动，使瓶内溶液混合均匀，反应及时进行完全。摇动时应作同一方向的圆周运动。刚开始滴定，溶液滴出的速度可以稍快些，但也不能使溶液成流水状放出。临近终点时，滴定速度要减慢，应一滴或半滴地加入，滴一滴，摇几下，并以洗瓶吹入少量蒸馏水洗锥形瓶内壁，使附着的溶液全部流下。然后，再半滴、半滴地加入，直到滴定至准确到达终点为止。半滴的滴法是：将滴定管活塞稍稍转动，使有半滴溶液悬于管口，将锥形瓶内壁与管口相接触，使液滴流出，并以蒸馏水冲下。

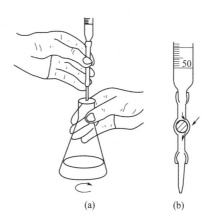

(a)　　　　(b)

图 2-67　酸式滴定管的操作　　　　　图 2-68　碱式滴定管的操作

使用碱式滴定管时，左手拇指在前，食指在后，捏住橡皮管中的玻璃珠所在部位稍向上处，捏挤橡皮管［见图 2-68(a)］，使橡皮和玻璃珠之间形成一条缝隙［见图 2-68(b)］，溶液即可流出。但注意不能捏玻璃珠下方的橡皮管，否则空气进入形成气泡。

2.8　重量分析技术

重量分析的基本操作包括：试样的分解、沉淀的生成、沉淀的过滤、洗涤、烘干或灼烧、称量等手续。对于每一步手续都应细心地操作，不使沉淀丢失或带入其他杂质，才能保证分析结果的准确度。

2.8.1　试样的分解

图 2-69　吹洗表面皿

对于液体试样，一般可量取一定体积，置于洁净的烧杯中进行分析。如果被测组分浓度太稀，或固体试样用酸溶解后需蒸发时，可在烧杯口上放一玻璃三角或在烧杯沿上挂三个玻璃钩，再盖上表面皿（凸面向下），小火进行蒸发，勿使剧烈沸腾，以免溅失。蒸发完毕，用洗瓶吹洗表面皿的凸面，冲洗水应沿杯壁流入杯内（见图 2-69）。

固体试样的分解可分为水溶、酸溶、碱溶和熔融等方法。能溶于水的试样，称取一定量的试样，置于大小适宜的烧杯中，将适量体积的蒸馏水，沿着下端紧靠杯壁的玻棒加入杯中，再用玻棒搅拌使试样溶解。溶解后将玻棒放在烧杯嘴处（注意：在沉淀全部转移到滤纸上以前，不允许将玻棒取出。平行作几份试样不能共用一根玻棒）。盖上比烧杯稍大些的表面皿。

溶于酸或碱溶液的试样，若在溶解时无气体产生，可按用水溶解的方法处理。如果溶解时有气体产生，应先加少量水润湿试样，盖上表面皿，由烧杯嘴处滴加溶剂，等剧烈作用后，用手自上面拿住表面皿和烧杯轻轻摇动，使试样完全溶解。再用洗瓶吹洗表面皿的凸面和烧杯壁，洗水应流入烧杯中（冲洗时注意勿使溶液溅出烧杯）。

如果试样不能用溶解法分解，则采用熔融法分解。根据所用熔剂的性质和被测组分的要求（例如测定铁时不能采用铁坩埚），选用适宜的坩埚，洗净烘干。放入一部分熔剂和称取的试样，混匀，再将剩余的熔剂盖在试样上面，盖上坩埚盖，在电炉或高温炉中熔融。若用铂坩埚或银坩埚，最好将其放在瓷坩埚中，再一起放入高温炉内，高温熔融之后，冷却至室温，放于烧杯中，加适量的水或稀酸浸提（如有气体产生，应盖上表面皿，待剧烈作用之后，再冲洗表面皿），浸提完毕，用玻棒或洁净坩埚钳取起坩埚，用洗瓶吹洗坩埚内外壁，洗水流入烧杯中，然后冲洗杯壁，盖上表面皿。

2.8.2　沉淀的进行

在进行沉淀时，对于不同类型的沉淀，应采用不同的操作方法。

（1）晶形沉淀

将试样分解制成溶液，在适宜的条件下，加入适当的沉淀剂以进行沉淀，加沉淀剂时，右手持玻棒搅拌；左手拿滴管滴加沉淀剂溶液，滴管口要接近液面，以免溶液溅出。在尽可能充分的搅拌下，勿使玻棒碰烧杯壁或烧杯底，以免划损烧杯使沉淀附着在烧杯上。

如果在热溶液中沉淀时，应在水浴或电热板上进行。沉淀剂加完之后，还应检查沉淀是否完全。检查的方法是：将溶液静置，待沉淀下沉后，于上层清液中加一滴沉淀剂，观察滴落处是否出现浑浊现象，如果不出现浑浊即表示已沉淀完全；如果有浑浊出现应再补加沉淀剂，如此检查直至沉淀完全为止。然后盖上表面皿，必要时放置陈化。

（2）无定形沉淀

此类沉淀，应当在较浓的溶液中，加入较浓的沉淀剂，在充分搅拌下（搅拌时尽量勿使玻棒碰烧杯壁），较快地加入沉淀剂，以进行沉淀。沉淀完全后，立即用热的蒸馏水冲稀，以减少杂质的吸附。不必陈化，待沉淀下沉后，即进行过滤和洗涤。必要时进行再沉淀。

2.8.3 沉淀的过滤

过滤沉淀是使沉淀和母液分离的过程。在实验室中，对于需要灼烧的沉淀常用滤纸过滤；对于过滤后只需烘干即可进行称量的沉淀，则可采用微孔玻璃漏斗或微孔玻璃坩埚过滤。现分别介绍如下。

（1）用滤纸过滤

① 滤纸的选择　在重量分析中过滤沉淀，应当采用定量滤纸，这种滤纸经过盐酸及氢氟酸处理，每张滤纸灼烧后的灰分在 0.1mg 以下，小于天平的称量误差（0.2mg），故其质量可以忽略不计，因此，又称无灰滤纸。

定量滤纸一般为圆形，按其孔隙大小分为快速、中速和慢速三种。使用时根据沉淀的不同类型选用适当的滤纸。对于无定形沉淀，如 $Fe(OH)_3$、$Al(OH)_3$ 等，这种沉淀往往不易过滤，应当选用孔隙大的快速滤纸，以免过滤太慢；粗大的晶形沉淀，如 $MgNH_4PO_4$ 等，可用较紧密的中快速滤纸；而对于较细的晶形沉淀，如 $BaSO_4$ 等，因易穿透滤纸，所以应选用最紧密的慢速滤纸。

滤纸按直径大小分为 7cm、9cm、11cm、12.5cm、15cm 等，选择滤纸的大小应根据沉淀量的大小来定。沉淀的体积不可超过滤纸容积的一半。通常晶形沉淀常用直径 7～9cm 的滤纸；疏松的无定形沉淀可用直径 11cm 的滤纸。此外滤纸的大小还应和漏斗相适应。一般滤纸应比漏斗边缘低 0.5～1cm。

② 漏斗　用于重量分析的漏斗应该是长颈的，一般颈长 15～20cm，漏斗的锥体角度应为 60°。颈的直径要小些，通常为 3～5mm，若太粗则不易保留水柱。出口处磨成 45°角，如图 2-70 所示。

③ 滤纸的折叠　参见 2.5.2 节。

④ 过滤　参见 2.5.2 节。

⑤ 沉淀的洗涤　当沉淀转移时，经初步洗涤，已基本纯净了，若还未纯净或沉淀附在滤纸上部，则用洗瓶吹出水流，冲洗滤纸边沿稍下部位，按螺旋形向下移动，使沉淀集中于滤纸底部，直到沉淀洗净为止。沉淀洗净与否，应根据具体情况进行检查。例如，用

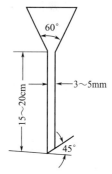

图 2-70　漏斗

H_2SO_4 沉淀 $BaCl_2$ 中的 Ba^{2+} 时，应洗到滤液中不含 Cl^- 为止。可用洁净的表面皿接取少量滤液，加 HNO_3 酸化后，用 $AgNO_3$ 溶液检查，若无白色沉淀，说明沉淀洗涤干净，否则还需再洗涤。

洗涤的目的是为了洗去沉淀表面所吸附的杂质和残留的母液，获得纯净的沉淀。但洗涤又不可避免地要造成部分沉淀溶解。因此，洗涤沉淀时应采用适当洗涤方法以提高洗涤效率，又要选择合适的洗涤液尽可能地减少沉淀的溶解损失。

为了提高洗涤效率，同体积的洗涤液应尽可能分多次洗涤，每次使用少量洗涤液，而且

每次加入洗涤液前，应使前次洗涤液流尽，通常称为"少量多次"的洗涤原则。此原则可通过下列计算说明其优越性。

设沉淀上残留的溶液体积为 V_0，其中含杂质 m_0，则杂质的浓度 c_0 为：

$$c_0 = m_0/V_0 \qquad a = c_0 V_0$$

若每次加入洗涤液的体积为 V，则第一次残留溶液的浓度 c_1 为：

$$c_1(V_0 + V) = c_0 V_0$$

$$c_1 = \frac{V_0}{V_0 + V} c_0$$

如果第一次残留溶液的体积亦为 V_0，则残留杂质的量 m_1 为

$$m_1 = V_0 c_1 = \frac{V_0}{V_0 + V} c_0 V_0 = \frac{V_0}{V_0 + V} m_0$$

同样洗涤第二次后残留杂质的浓度 c_2 和残留杂质的量 m_2 为

$$c_2 = \frac{V_0}{V_1 + V} c_1 = \left(\frac{V_0}{V_0 + V}\right)^2 c_0$$

$$m_2 = \left(\frac{V_0}{V_0 + V}\right)^2 m_0$$

洗涤 n 次后残留杂质的浓度 c_n 和残留杂质的量 m_n 为

$$c_n = \left(\frac{V_0}{V_0 + V}\right)^n$$

$$m_n = V_0 c_n = \left(\frac{V_0}{V_0 + V}\right)^n m_0$$

例：已知沉淀中含杂质 0.10g，用 36mL 洗涤液，按下述三种情况进行洗涤，计算残留杂质各为多少？

A　若残留溶液为 1.0mL，将 36mL 洗涤液一次加入，洗后仍留 1.0mL 溶液，则残留杂质的量为：

$$m_1 = \left(\frac{1.0}{1+36}\right) \times 0.10 = 2.7 \times 10^{-3} (\text{g})$$

B　若每次残留溶液为 1.0mL，将 36mL 洗涤液分 4 次洗涤，则残留杂质的量为：

$$m_4 = \left(\frac{1.0}{1.0+9.0}\right)^4 \times 0.10 = 1.0 \times 10^{-5} (\text{g})$$

C　仍按 4 次洗涤，但每次残留液为 2mL，则残留杂质的量为：

$$m_4 = \left(\frac{2.0}{2.0+9.0}\right)^4 \times 0.10 = 1.1 \times 10^{-4} (\text{g})$$

由此可见，采用"少量多次"的洗涤原则，应使残留液尽量沥干的倾析法洗涤沉淀，则洗涤效果最好。

洗涤液的选择应根据沉淀的性质来确定。例如：

① 晶形沉淀一般用冷的沉淀剂稀溶液作洗涤液，以减少沉淀溶解的损失（同离子效应）。如果沉淀剂是不挥发性物质，就不能用沉淀剂溶液作洗液。

② 溶解度很小，但又不易生成胶体的沉淀，可用蒸馏水作洗液进行洗涤。

③ 胶状沉淀用热的含有少量电解质（如铵盐）的水溶液作洗液，以防胶溶。

④ 易水解的沉淀用有机溶剂作洗液，如洗涤氟硅酸钾沉淀，用冷的含有 5% 氟化钾的

1∶1乙醇溶液作洗液，以防止沉淀水解并降低其溶解度。

（2）用微孔玻璃漏斗（或坩埚）过滤

有些沉淀只需烘干后即可称量，特别是使用有机沉淀剂所得的沉淀，不能在高温下灼烧，还有些沉淀不能与滤纸一起烘烤（如 AgCl），对这类沉淀应采用微孔玻璃漏斗（或微孔玻璃坩埚）进行过滤。

微孔玻璃坩埚和漏斗如图 2-71（a）、（b）所示，此种过滤器皿的滤板是用玻璃粉末在高温下熔结而成的。按照微孔的大小分为六级，"1"号的孔径最大，"6"号的孔径最小，根据沉淀颗粒的大小可适当选用。

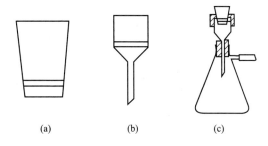

图 2-71　微孔玻璃器皿和抽滤瓶

在定量分析中，一般用 4～5 号（相当于慢速滤纸）过滤细晶形沉淀，用 3 号（相当于中速滤纸）过滤一般晶形沉淀。过滤前先用稀盐酸或稀硝酸处理，再用水洗净，并在相当于烘干沉淀的温度下烘至恒重，以备使用。过滤时，将微孔玻璃器皿安置在具有橡皮垫圈或孔塞的抽滤瓶上，如图 2-71（c）所示，用抽水泵进行减压过滤。过滤结束时，先去掉滤瓶上的橡皮管，然后关闭水泵，以免水泵中的水倒吸入抽滤瓶中。

微孔玻璃滤器不能过滤强碱性溶液，因为强碱性溶液能损坏玻璃微孔。

转移沉淀和洗涤沉淀的方法与用滤纸过滤法相同。

2.8.4　沉淀的烘干和灼烧

用微孔玻璃坩埚过滤的沉淀，只需烘干除去沉淀中的水分和可挥发性物质，即可使沉淀成为称量形式。把微孔玻璃坩埚中的沉淀洗净后，放入烘箱中，根据沉淀的性质在适当的温度下烘干，取出稍冷后，放入干燥器中冷却至室温，进行称量。再放入烘箱中烘干，冷却，称量。如此反复操作，直至恒重（前后两次质量之差不超过 0.2mg）。

用滤纸过滤的沉淀，通常在坩埚中烘干、炭化、灼烧之后，进行称量。各步骤如下。

（1）坩埚的准备

应用最多的为瓷坩埚，使用时先将坩埚洗净、晾干，用蓝墨水或硫酸亚铁溶液在坩埚和盖上写明编号，在灼烧沉淀的温度下，于高温炉中灼烧至恒重。也可将坩埚放置在泥三角上，用煤气灯的氧化焰进行灼烧至恒重。

（2）沉淀的包法

晶形沉淀一般体积较小，可按下述方法进行，如图 2-72 所示。

图 2-72　晶形沉淀的包法

① 用清洁的药铲或尖头玻棒将滤纸的三层部分掀起，再用手将沉淀的滤纸取出；

② 将滤纸打开成半圆形，自右端 1/3 半径处向左折起；

③ 自上边向下折，再自右向左卷成小卷；

④ 将滤纸小卷层数较多的一面向上，放入已恒重的坩埚中。

对于胶状沉淀，一般体积较大，不宜用上述方法包卷。可用扁头玻棒将滤纸边挑起，向中间折叠，将沉淀全部盖住，如图 2-73 所示。然后，再转移到已恒重的坩埚中，仍使三层滤纸部分向上。

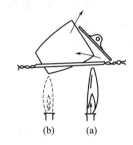

图 2-73　胶状沉淀包法　　　　图 2-74　沉淀的烘干（a）与滤纸的炭化（b）

（3）沉淀的烘干与滤纸的炭化

将放有沉淀的坩埚如图 2-74 的放法放置好，再将酒精灯的火焰先放在（a）处，利用热空气流把滤纸和沉淀烘干。然后移到（b）处加热，使滤纸炭化，炭化时如果着火，可用坩埚盖盖住，使火焰熄灭，切不可吹灭，以免沉淀飞溅。继续加热至全部灰化，使碳元素全部变成二氧化碳而除去。

（4）沉淀的灼烧

灰化后，将坩埚直立，盖好盖子，移入高温炉中灼烧至恒重。若以煤气灯灼烧，则将坩埚直立于泥三角上，盖好坩埚盖，在氧化焰上灼烧后，取下稍冷，移入干燥器中冷却，恒重后称其质量。

2.9　常用试纸的使用

在实验室中经常使用某些试纸来定性检验一些溶液的性质或某些物质的存在。试纸的特点是：制作简易，使用方便，反应快速。各种试纸都应当密封保存，防止被实验室中的气体或其他物质污染而变质失效。

2.9.1　试纸的种类

试纸的种类繁多，常用的试纸有以下几种。

（1）石蕊试纸

用于检验溶液的酸碱性。有红色石蕊试纸和蓝色石蕊试纸两种。

（2）pH 试纸

用于检验溶液的 pH 值，有广泛 pH 试纸和精密 pH 试纸。广泛试纸测试 pH 范围较宽，pH 值为 1～14，但所测结果较粗略，精密 pH 试纸可测试较小范围的 pH 值，如 0.5～5.0、5.4～7.0、6.9～8.4、8.2～10.0、9.5～13.0 等，测得的 pH 值较精密。

（3）自制专用试纸

淀粉碘化钾试纸（白色）：将 3g 淀粉与 25mL 水搅匀，放入 25mL 沸水中，再加入 2g KI 和 18 无水 Na_2CO_3，用水稀释至 500mL，将滤纸浸入取出后放在无氧化性气体处晾干。

醋酸铅试纸：把滤纸投入 3％醋酸铅溶液中，取出后在没有 H_2S 气体处晾干。

酚酞试纸：溶解 18 酚酞于 100mL 95％乙醇中，摇荡溶液，同时加入 100mL 水，将滤纸放入溶液，取出后置于无氨蒸气处晾干。

2.9.2　试纸的使用方法

① 用试纸试验溶液的酸碱性时，将剪成小块的试纸放在表面皿或白色点滴板上，用玻璃棒蘸取待测溶液，接触试纸中部试纸即被溶液湿润而变色，将其与所附的标准色板比较，便可以粗略确定溶液的 pH 值。不能将试纸浸泡在待测溶液中，以免造成误差或污染溶液。

② 用试纸检查挥发性物质及气体时，先将试纸用蒸馏水润湿，粘在玻璃棒上，悬空放在气体出口处，观察试纸颜色变化。

③ 试纸要密闭保存，应该用镊子取用试纸。

参 考 文 献

[1]　殷学峰. 新编大学化学实验. 北京：高等教育出版社，2002.
[2]　王秋长，赵鸿喜，张守民，李一峻. 基础化学实验. 北京：科学出版社，2003.
[3]　徐伟亮. 基础化学实验. 北京：科学出版社，2005.

第3章 测量与控制技术

3.1 温度的测量与控制

温度是用来描述体系冷热程度的物理量，是一切物质固有的性质，准确地测量一个体系的温度，是科研和生产实践中一项十分重要的技术。

3.1.1 温标

温度的表示法称为温标。确立一种温标要包括选择测量仪器、确定固定点和划分温度值三个方面，常用的主要有以下几种温标。

（1）摄氏温标

摄氏温标是将压力为 101.325kPa 时水的冰点（水被空气饱和）定为 0℃，沸点定为 100℃。在两个点之间分为 100 等份，每一等份为 1℃。符号为 t，单位为℃。它是非国际单位制。

（2）热力学温标

热力学温标也叫做开尔文温标或绝对温标，是由开尔文根据卡诺循环提出的，是与测温物质本质无关的、理想的、科学的温标。规定热力学温度单位开尔文是水三相点热力学温度的 1/273.16，符号为 T，单位符号是 K，因而水的三相点即以 273.16K 表示。热力学温标与摄氏温标的刻度间隔是一样的，它们之间的换算式为：

$$T = 273.15 + t \tag{3-1}$$

（3）华氏温标

华氏温标是以 101.325kPa 下水的冰点为 32 华氏度，沸点为 212 华氏度为两定点，两点之间分为 180 等份来确定的。符号是 t_F，单位为 F，它是非国际单位。华氏温标与摄氏温标的换算关系为：

$$t_F = 32 + 1.8t \tag{3-2}$$

（4）国际实用温标

原则上任何物质随温度发生连续而单调变化的属性，都可以作为测温性质而用来测量温度。但实验证明，取不同物质的不同物理属性作为温度性质所定的温标是不完全一致的，因而它们的温度性质随温度的变化并非严格线性。国际实用温标于 1927 年开始采用后，规定一些基本定点和参考点，定点之间的温度可用内插法求得（如水的三相点温度为 273.16K，水的沸点为 373.16K）。一些物质的国际实用温标的指定值见表 3-1 和表 3-2。

表 3-1 国际实用温标定点

定　　点	国际实用温标指定值		定　　点	国际实用温标指定值	
	T_{68}/K	t_{68}/℃		T_{68}/K	t_{68}/℃
平衡氢三相点	13.8	−259.34	氖沸点	27.102	−246.048
平衡氢沸点	20.28	−252.87	氧三相点	54.361	−218.789

续表

定　点	国际实用温标指定值		定　点	国际实用温标指定值	
	T_{68}/K	$t_{68}/℃$		T_{68}/K	$t_{68}/℃$
氩三相点	83.798	−189.352	锌凝固点	692.73	419.58
水三相点	273.16	0.01	银凝固点	1235.08	961.93
水沸点	373.15	100.00	金凝固点	1337.58	1064.43
锡凝固点	505.1181	231.9681			

表 3-2　第二类参考点（部分）

定　点	国际实用温标指定值		定　点	国际实用温标指定值	
	T_{68}/K	$t_{68}/℃$		T_{68}/K	$t_{68}/℃$
平衡氢沸点	20.28	−252.87	铋凝固点	544.592	271.442
氖三相点	63.146	−210.004	铅凝固点	600.652	327.502
氖沸点	77.344	−195.806	汞沸点	629.81	356.66
二氧化碳升华点	194.674	−78.476	硫沸点	717.824	444.674
汞凝固点	243.314	−38.836	铂凝固点	2042	1769
冰点	273.15	0.00	钨熔点	3695	3422
铟凝固点	429.784	156.634			

3.1.2　水银-玻璃温度计

水银-玻璃温度计由于它构造简单，使用方便，虽然水银体积随温度的变化不是严格单调的，但仍接近于线性关系，因此它是实验室中最普通、最常用的温度计之一。按其用途、量程和精度可分为普通水银温度计、精密水银温度计和高温水银温度计等。有许多因素会引起温度计的读数误差，主要因素如下。

① 由于毛细管的直径上下不均匀一致，定点刻度不准，定点之间的等分刻度不相等而引起的误差。

② 温度计的玻璃球受到暂时加热后，由于玻璃收缩很慢不能立即回到原来的体积，即滞后现象；又由于玻璃是一种过冷液体，玻璃球的体积也会随时间迁移有所改变。这两种因素均会引起温度计零点的改变。

③ 全浸式水银温度计，在使用时，通常是水银柱有部分未浸没在介质中，此时外露部分与浸入部分所受的温度不相同，也会引起误差，故需进行露茎校正。

④ 压力对温度计的读数也有影响；另外水银和玻璃的膨胀系数的非严格线性关系、毛细管效应等均会引起误差。

通常除对温度计进行示值校正（与标准温度计进行比较）外，还必须进行露茎校正，校正方法如下：

令测量温度计的示值为 $t_{观}$，辅助温度计的示值为 $t_{环}$［即测量温度计外露部分水银柱周围的平均温度，其水银球置于测量温度计露茎的中部（见图 3-1）］，β_{Hg} 和 β_G 分别代表水银和玻璃的体胀系数，设在温度为 $t_{环}(t_{环}<t_{观})$ 时，测量温度为 $t_{观}$ 的介质中，则它们的体积膨胀值分别为：

$$\Delta V_{Hg}=V_{Hg}\beta_{Hg}(t_{观}-t_{环}) \tag{3-3}$$

$$\Delta V_G=V_G\beta_G(t_{观}-t_{环}) \tag{3-4}$$

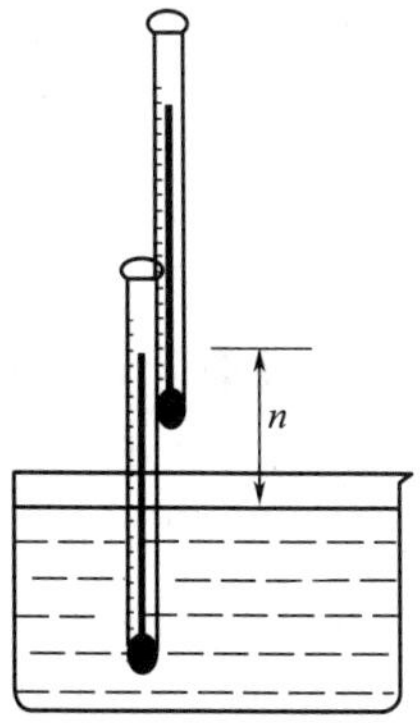

图 3-1　露茎校正图

由于膨胀前，水银柱和玻璃毛细管的体积 V_{Hg}、V_G 相等，可用 V 表示，但两者都膨胀了，因此水银体积的表观膨胀值应为：

$$\Delta V = \Delta V_{Hg} - \Delta V_G = V(\beta_{Hg} - \beta_G)(t_{观} - t_{环}) \tag{3-5}$$

又由于毛细管的截面积几乎不变，因此可以用温度计的度数作为长度单位，则上式为：

$$\Delta t = n(\beta_{Hg} - \beta_G)(t_{观} - t_{环}) = 0.00016n(t_{观} - t_{环}) \tag{3-6}$$

式中，n 为露出被测介质之外以温度计度数表示的水银柱的长度即露茎高度；Δt 为露茎校正值，因此有：

$$t_{真实} = t_{观} + \Delta t \tag{3-7}$$

3.1.3　贝克曼温度计

贝克曼温度计是一种精密度较高、量程较窄的示差温度计，它能精确地测得体系的温度变化值。温差测定范围一般为 ±5℃，温度计刻度的最小分度为 0.01℃，可以估读至

图 3-2　贝克曼温度计

1—温度标尺（头标尺）；
2—水银贮槽；3—温差
标尺（下标尺）；4—玻璃毛
细管；5—水银球

0.001℃。当贝克曼温度计水银球中的水银与水银贮槽 2 中水银连通的情况下，能大致指示出体系温度的近似值。贝克曼温度计如图 3-2 所示，下端有水银球，上端有水银贮槽，水银球和水银贮槽之间由一细而均匀的毛细管连通，由于水银球内汞量是可调的，所以不能测得体系的真实温度，而只能测得温度的变化值。下标尺 3 是精密读数值。下标尺 3 从刻度 5℃ 到头标尺顶端的温度差一般为 3℃ 左右。

贝克曼温度计在使用前需仔细调节，调节方法较多，现介绍两种常用的调节方法。

（1）双恒温调节法

此法调节速度快，但需两个恒温槽，一般很少采用，操作步骤如下。

① 首先确定所使用的温度范围。例如，在测量水溶液的冰点降低时，希望能读出 −4～1℃ 之间温度的读数，而测量水溶液的沸点升高时，希望能读 99～104℃ 之间的温度读数。

② 根据使用范围，估计当水银柱升至弯头 A 点处的温度值。一般的贝克曼温度计，水银柱由刻度最高处 H 上升至毛细管末端 A 一般为 3℃ 左右。例如，测定水的冰点降低时，最高温度读数拟调节至 1℃，那么 A 点温度相当于 4℃。

③ 将贝克曼温度计浸在温度较高的恒温浴中。使毛细管内的水银上升到 A 点，然后从水浴中取出温度计，将其倒置，即可使它与贮槽中的水银相连接。

④ 另用一恒温浴，将其调至 A 点所需的温度（如测定水的冰点降低时，A 点温度为 4℃，则此恒温浴的温度为 4℃），把贝克曼温度计置于该恒温浴中，恒温 2min 以上。

⑤ 取出温度计，以右手紧握它的中部，使它近垂直，用左手轻击右小臂，水银柱即可在 A 点处断开；或右手握住温度计上顶端，左手轻轻拍右手背，水银柱也可在 A 点处断开。温度计从恒温浴中取出后，由于温度的差异，水银体积会迅速变化，因此这一调整步骤速度要快，但不必慌忙，以免造成失误，打坏温度计。

⑥ 将调节好的温度计置于欲测温度的恒温浴中，观察读数值，看是否符合要求，若偏差过大，则应按上述步骤重新调节。

（2）标尺读数法（经验法）

① 将贝克曼温度计倒置，水银球中水银沿毛细管徐徐注入贮汞槽，使水银球中水银与贮汞槽中水银相连接。将贝克曼温度计水银球小心放入被测体系，待贝克曼温度计与被测体系达热平衡后，从头标尺估读出被测体系的温度 t_G。根据 t_G 和被测量体系初始要求水银面在贝克曼温度计下标尺上的温度 t_H，应用下式求得当贝克曼温度计贮汞槽中的水银与其水银球中的水银连接时头标尺的温度 t_R：

$$t_R = t_G + (5 - t_H) + 3 = t_G + 8 - t_H \tag{3-8}$$

② 根据式(3-8)的计算结果，重新调节贝克曼温度计。其调节方法为：将贝克曼温度计倒置，水银球中水银沿毛细管徐徐注入贮汞槽，使水银球中水银与贮汞槽中水银相连接。待头标尺中的水银面略高于式(3-8)的计算值，将贝克曼温度计正置。利用汞的重力作用将贮汞槽中的水银流进水银球。当头标尺处的水银面到达所需温度时，轻击，使贮槽中水银与毛细管中的水银断开。将贝克曼温度计置于待测体系，检查贝克曼温度计下标尺的读数是否满足要求。若一次调节不能满足要求，可用同样方法反复调节，直至满足要求为止。

3.1.4　热电偶温度计

两种金属导体构成一个闭合线路，如果连接点温度不同，回路里将产生一个与温度差有关的电势，称为温差电势，这样的一对导体称为热电偶。因此，可用热电偶的温差电势测定温度，热电偶温度计也是一种测量高温的示差温度计。

根据电化学理论可知，当两种不同的物质（如金属）相互接触时，在接触界面上就会发生电子交换，交换的结果是，电子逸出功较小的那种金属 M_1 的电子更易跑到电子逸出功较大的那种金属 M_2 上，即在单位时间内越过界面进入 M_2 的电子数多于由 M_2 进入 M_1 的电子数。净结果是 M_2 得到了多余的电子而带负电；相应地，M_1 则得到了与 M_2 上过剩电子数相当的空穴而带相同数目的正电荷，从而在界面上形成了一个界面电场。该界面电场将随剩余电子数的增加而增加。界面电场的形成，将降低电子自 M_1 进入 M_2 的速率，而加速电子从 M_2 进入 M_1 的速率，以致在一定的条件下，电子从 M_1 进入 M_2 的速率与从 M_2 进入 M_1 的速率相等，即达到动态平衡，则 M_2 上的过剩电子数以及 M_1 上的空穴数将不再增加，界面电场也就达到稳定值。这种由两种不同的物质相互接触而在界面上产生的电势就称为界面电势或界面接触电势。

界面接触电势的大小与金属的电子逸出功密切相关。两种金属的电子逸出功相差越大，其界面接触电势就越大，反之亦然。

另一方面，由于金属电子逸出功的大小与温度有关，所以温度不同，界面接触电势也就不同。金属热电偶温度计就是基于这一原理来制成的。将两种不同的金属有机地焊接在一起就形成了一个测温热电偶温度计，图 3-3(a) 是一种典型的单端热电偶温度计，测量时，将焊接点 3 置于待测系统中，从毫伏表读数可推知系统的温度值。仔细分析一下图 3-3(a) 的测量回路不难发现：在单端热电偶测量回路中，热电偶与导线通过两个接点相连，在该接点处亦会产生界面电势，故毫伏表实际读数应为各界面电势的代数和。这就给实验带来了一定的误差，而且随着接点温度的变化，这种误

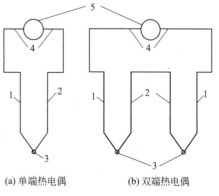

(a) 单端热电偶　　　　(b) 双端热电偶

图 3-3　热电偶温度计

1—镍铬丝；2—考铜丝；3—焊接点；

4—铜导线；5—毫伏计

差亦会发生变化。所以单端热电偶只在测量精度要求不太高的情况下使用，实验室中用的马弗炉就常选用单端热电偶作测温温度计。

　　在精确测量中必须选用如图 3-3（b）所示的双端热电偶温度计。在双端热电偶温度计中，导线与同种金属相连，若两个连接点的温度相同（这一条件一般情况下是可以满足的，因为通常情况下，是将两个连接点置于同一环境中），则在测量回路中两个与导线相连的连接点所产生的界面电势应当大小相等，方向相反，以致在回路中相互抵消。因此，测量回路中的界面电势仅仅是两个焊接点的界面电势的代数和。实际使用时，总是将其中一端（称冷端）置于冰水浴中，另一端（称热端）置于待测系统中，并使热端与高阻毫伏表的正接线柱相连，冷端与负接线柱相连。当毫伏表读数为正时，说明系统温度高于 0℃。反之，若毫伏表读数为负，说明系统温度低于 0℃。由于在两个焊接点中有一端（冷端）温度已经固定，则热电偶的实际热电势仅仅是热端温度的函数，这就为精确测量温度提供了保证。

　　实际使用的热电偶，由于诸多方面的原因，其热电势与温度的关系可能与这些标准值有一定的差别。因此在精确测量中，通常需要对热电偶进行标定。标定的方法是用热电偶去测量一些纯物质的相变点，以相变点的温度对热电势作图即可得该热电偶的工作曲线（或校正曲线）。通过工作曲线，可查得在不同热电势时所对应的实际温度值。

3.1.5　铂电阻温度计

　　因为铂容易提纯，并且性能稳定，具有很高的电阻温度系数，所以铂电阻与专用精密电桥或电位计组成的铂电阻温度计有着极高的精确度。铂电阻温度计感温元件是由纯铂丝用双绕法绕成的线圈，线圈末端各接一小段较粗的铂丝，以免使铂丝线圈被沾污和产生珀耳帖热效应，铂线圈在绕制前均要小心退火，使其各部分性质状态稳定。

　　铂电阻的阻值与温度间有明确的函数关系，一般由厂家提供或自己标定。在测量过程中如用电桥法已准确测得铂电阻温度计的电阻，即可根据阻值与温度的关系标出体系的实际温度。

3.1.6　热敏电阻温度计

　　许多金属氧化物半导体其电阻值随温度的变化而发生显著的变化，它是一个对温度变化极其敏感的元件，它对温度的灵敏度要比铂电阻、热电偶等其他感温元件高得多。它能直接将温度的变化转换成电性能（如电阻、电压或电流）的变化，测量其电性能的变化便可测出温度的变化，所以将这类金属氧化物半导体称为热敏电阻温度计。这类温度计的缺点是重现性差并且测量范围较窄。一般实验室的常温测量大多采用热敏电阻温度计。

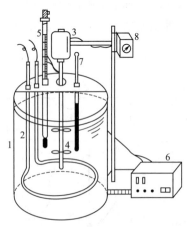

图 3-4　恒温槽装置简图

1—浴槽；2—加热器；3—电机；
4—搅拌器；5—温度调节器；
6—温度控制器；7—精密
温度计；8—调速变压器

　　半导体温度计的制作是将金属氧化物半导体熔成球状或其他形状，外面覆以玻璃，在半导体熔物上装上两根金属引出线，并用玻璃管保护起来。

3.1.7　恒温槽

　　（1）液浴恒温槽　恒温槽装置简图见图 3-4。

　　① 浴槽　浴槽包括容器和液体介质。实验时为了便于观察被恒温体系内部发生的变化情况，如液面波动、颜色改变等，因此恒温槽一般均采用玻璃制成，尺寸大小可根据不同要求而选定。如果要求设定的温度与室温相差不

太大，通常可用 0.30m 的圆形玻璃缸作容器。若设定的温度较高（或较低），则应对整个槽体保温，以减小传热速率，提高恒温精度。恒温水浴以蒸馏水为工作介质。如对装置稍作改动并选用其他合适液体作为工作介质，则上述恒温浴可在较大的温度范围内使用。一般恒温槽的使用温度为 20～50℃，通常都用水作为恒温介质。若需要更高恒温温度，当要求温度不超过 90℃时，可在水面上加少许白油（一种石油馏分）以防止水的蒸发；90℃以上则可用甘油、白油或其他高沸点物质作为恒温介质，更高温度的恒温槽则可采用空气浴、盐浴、金属浴等。而对于低温的获得，主要靠一定配比的组分组成冷冻剂，并使其在低温建立相平衡。

② 加热器　常用的是电加热器，其选择原则是热容量小、导热性能好、功率适当。根据所需恒温温度，恒温槽的大小及允许的波动温度范围可以选择加热器类型和功率。如体积 20L、恒温 25℃的大型恒温槽一般需要功率为 250W 的加热器。从能量平衡角度加以考虑，一般讲升温时可用较大功率的电加热器，当接近所需恒温温度时可根据恒温槽的大小和所需恒温温度的高低改用小功率加热器（如 100W 灯泡）或用调压变压器降低输入加热器的电压，来提高恒温精度。

③ 温度调节器（又称水银接触温度计、水银导电表等）　常用电接点水银温度计（即水银导电表），它相当于一个自动开关，用于控制浴槽达到所要求的温度。控制精度一般为 ±0.1℃。其结构见图 3-5。它的下半部与普通温度计相仿，但有一根铂丝 6（下铂丝引出线）与毛细管中的水银相接触；上半部在毛细管中也有一根铂丝 5（上铂丝引出线），借助顶部磁钢 2 旋转可控制其高低位置。定温指示标杆 4 配合上部温度刻度板 8，用于粗略调节所要求控制的温度值。当浴槽内温度低于指定温度时，上铂丝与汞柱（下铂丝）不接触；当

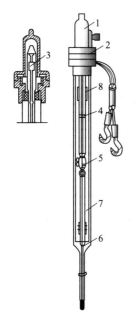

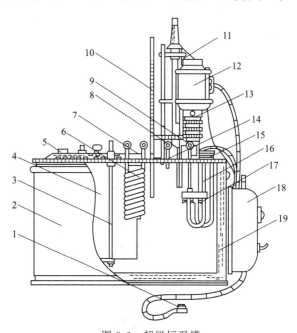

图 3-5　温度调节器
1—调节帽；2—磁钢；3—调温转动铁芯；4—定温指示标杆；5—上铂丝引出线；6—下铂丝引出线；7—下部温度刻度板；8—上部温度刻度板

图 3-6　超级恒温槽
1—电源插头；2—外壳；3—恒温筒支架；4—恒温筒；5—恒温筒加水口；6—冷凝管；7—恒温筒盖子；8—水泵进水口；9—水泵出水口；10—温度计；11—电接点温度计；12—电机；13—水泵；14—加水口；15—加热元件盒；16—两组加热元件；17—搅拌叶；18—电子继电器；19—保温层

浴槽内温度升到下部温度刻度板 7 指定温度时，汞柱与上铂丝接通。原则上依靠这种"断"与"通"，即可直接用于控制电加热器的加热与否。但由于水银接点温度计的温度标尺刻度不够准确，需另用一支 1/10℃温度计来准确测量恒温槽的温度。

④ 温度控制器（继电器）常由继电器和控制电路组成，是控温的执行机构。一般都用晶体管继电器（过去是电子管继电器）。它接受温度调节器的信号，通过电子线路，控制继电器电磁线圈中的电流，使其触点断开或接触，控制加热器和指示灯的工作。必须注意，晶体管继电器不能在高温下工作，因此不能用于烘箱等高温场合。现在也有用热敏电阻作为温度传感元件的温度控制器。

⑤ 测温元件一般均采用 1/10℃玻璃温度计，也可采用热敏电阻测温并配合相应的仪表显示体系温度，如用贝克曼温度计，也可以测量体系温度的变化值（ΔT）。

（2）超级恒温槽

除上述的一般液浴恒温槽外，实验室中还常用"超级恒温槽"恒温（见图 3-6）。其原理和普通恒温槽相同，所不同之处是它附有循环水泵，能将恒温槽中的恒温介质循环输送给所需恒温体系（如折光仪棱镜），使之恒温。

3.2　气体压力的测量

压力是描述体系状态的一个重要参数，它对物质的相变和化学反应中传热、传质、吸附以及溶解和扩散等都有较显著的影响。均匀垂直作用于单位面积上的力，物理学上称为压强，物理化学上习惯称为压力，其单位为帕斯卡（Pascal），简称帕（Pa）。一个国际标准大气压定义为：

1 标准大气压 $=1.00\times10^5$ 帕（1 帕 $=1\mathrm{N\cdot m^{-2}}$）

压力的大小常用压力计来测量，常用的气压计有下面几种。

3.2.1　福廷式（Fortin）气压计

大气压力通常用福廷式气压计来测量，构造如图 3-7 所示。它的主要部件是一根一端封闭并其中盛满水银、然后倒置在水银槽中的长 90cm 的玻璃管，此管的上端为真空。汞槽底部有一羚羊皮袋，它附有螺旋丝，可借以调节其中汞面的高度。玻璃管周围有标有刻度的黄铜管标尺，水银槽上部倒置的象牙针的尖端是黄铜标尺刻度的零点。标尺上还附有一游标尺，游标尺上刻度是小数读数数值。

使用方法：调整气压计与地面垂直后，旋转底部汞槽液面调整螺丝，升高水银面，使水银面与象牙针尖端恰好接触。调节游标螺旋，先让游标尺前后边缘略高于汞面，然后缓慢下降直到眼睛水平观察时，游标前后边缘与汞凸面的最高处三点处于同

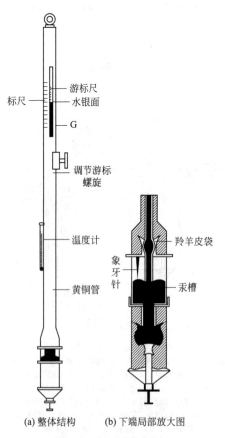

　标尺　　　游标尺
　　　　　　水银面
　　　　　　G

　　　　　　调节游标
　　　　　　螺旋

　　　　　　　　　　羚羊皮袋
　温度计
　　　　　象牙
　　　　　针　　　　汞槽
　黄铜管

(a) 整体结构　　(b) 下端局部放大图

图 3-7　福廷式气压计

一水平面上。按游标的零点对准的下面一个刻度读出气压计的整数部分，再按游标与读数标尺重合的最好的一条线，从游标上读出刻度的小数部分。记下气压计读数后，将汞槽液面调整整螺丝调下，使汞槽内汞面与象牙针尖端脱离。

气压计的读数与温度及纬度和海拔高度有关，一个标准大气压是指在温度为 0℃、纬度为 45°的海平面上的真空气体里，使汞上升 760mm 柱高所需的压强，所以必须将测得的大气压数值进行校正。

① 仪器误差的校正　按制造厂所附的仪器误差校正卡进行校正。

② 温度校正　设 α 和 β 分别为汞的体膨胀系数和黄铜的线膨胀系数，h_t 和 h_0 分别为 t℃和 0℃时气压计的读数，则 h_t 和 h_0 有下列关系：

$$h_0 = h_t \left(1 - \frac{\alpha - \beta}{1 + \alpha t} t \right)$$
$$= h_t \left(1 - \frac{0.1819 \times 10^{-3} - 18.4 \times 10^{-6}}{1 + 0.1819 \times 10^{-3} t} t \right)$$
$$\approx h_t (1 - 0.163 \times 10^{-3} t)$$

则　　　　　　　　　　$\Delta h_t = 0.163 \times 10^{-3} t \times h_t$

当温度高于 0℃时，应将读数值减去温度校正值；当温度低于 0℃时，则应加上温度校正值。

③ 重力加速度的校正　由于重力加速度是纬度和海拔高度的函数，因此，水银的重量及水银柱高度也是纬度和高度的函数。纬度校正值为：

$$\Delta h_L = h_0 \times 2.6 \times 10^{-3} \cos(2L)$$

海拔高度校正值为：

$$\Delta h_H = h_0 \times 3.14 \times 10^{-7} H$$

注意：当纬度小于 45°或海拔大于 0 应减去校正值，否则应加上校正值。式中，L 和 H 分别是测量地点的纬度和海拔高度。

④ 其他因素的校正　如水银蒸气压、毛细管效应校正等，在一般实验中都不予考虑。

3.2.2　U 形压力计

用一根两端开口的垂直 U 形玻璃管，管中盛以过量的工作液体，并在两支管后面垂直地放置一个刻度标尺即可构成一个 U 形压力计。它是一种液柱式压力计。这种压力计构造简单，制作容易，价格低廉，使用方便，能测出很小的压力差。缺点是量程较窄，示值与工作液体有关，读数不甚方便。若将两个支管口分别接入不同的被测体系，则可测得两个不同体系的压力差，若一侧接入被测体系，另一侧与大气相通，则可测得体系的压力与真空度。

对 U 形压力计工作液体的一般要求是：不易挥发，密度适中，热胀系数小，不与被测体系中的介质发生化学反应或互溶等，如水、汞、甘油等。它的校正方法与福廷式气压计的校正方法基本相同。

3.2.3　弹簧压力计

弹簧压力计是利用各种金属弹性元件受压变形的原理制成的。它的主要元件是一根截面为椭圆形的弧形金属弹簧管。当弹簧管内的压力等于管外的大气压时，表上的指针在零位读数上。当弹簧管内的气压或液体压力大于管外的大气压时，弹簧管受压，使管内椭圆形截面扩张而趋于圆形，从而使弧形管伸张而带动连杆。由于这一变形很小，所以用扇形齿轮和小齿轮加以放大，以便使指针在表面上有足够的幅度，指示相应的压力读数，这个读数就是被测介质的表压。

如果被测气体的压力低于大气压，则可用弹簧真空计，它的构造与弹簧压力计相同。当弹簧管内的气体压力低于管外大气压时，弹簧管向内弯曲，表面上指针从零位读数向相反方向转动，所指出的读数为真空度。

3.3 真空技术

3.3.1 真空的获得

为了获得真空，就必须设法将气体分子从容器中抽出，凡是能从容器中抽出气体，使气体压力降低的装置均称为真空泵。真空度习惯上常用"Torr"作为单位：

$$1\text{Torr}=133.322\text{Pa}\approx1\text{mmHg}$$

$$0.1\text{MPa}=750.06\text{mmHg}=1\text{ 工程大气压}$$

下面主要介绍一般实验室用得最多的几种真空泵。

（1）水流泵

水流泵应用的是柏努利原理，水经过收缩的喷口以高速喷出，其周围区域的压力较低，由系统中进入的气体分子便被高速喷出的水流带走。它的构造如图 3-8 所示。水泵所能达到的最低压力为当时室温下的水蒸气压。例如在水温为 6～8℃时，水蒸气压力为 0.93～1.07kPa，所以用它一般可获得粗真空。尽管其效率低，但由于简便，实验室在抽滤或其他粗真空度要求时却经常使用。

（2）油封机械真空泵

油封机械真空泵工作原理见图 3-9。此泵由一个定子和一个偏心转子构成，转子的径向槽中有两块刮板旋片 2，因刮板随转子一起旋转，故常称旋片。旋片为矩形钢板，可在槽内滑动，以弹簧 4 顶向定子壁 A，以保证旋片的整个端面始终和定子壁保持良好接触。定子 B 为钢筒，两端用合适的平板封闭，定子上钻有进气口 5 和排气口 6，进气口通过装有滤尘器的管道与真空系统相连。排气口装有一个阀门。整个装置浸没在既起润滑与冷却作用，又起密封作用的油中。

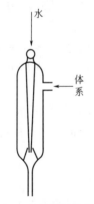

图 3-8 水流泵的构造

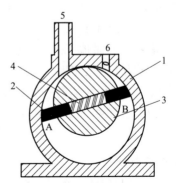

图 3-9 油封机械真空泵工作原理

1—定子；2—旋片；3—转子；

4—弹簧；5—进气口；6—出气口

泵的抽气原理是基于气体的压缩和膨胀。当抽除含有冷凝蒸气的气体时，蒸气被压缩，压力增大，蒸气就会凝结。凝成的液体与泵油混合，并随油在泵中循环，把一些污染的液体带到低压区，液体在低压区蒸发，从而限制了泵可达到的真空度（一般可达到 $10^{-3} \sim 1$ Torr 的低真空度），实验室可用它获得低真空，也作为获得高真空的前级泵。

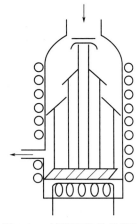

图 3-10　扩散泵结构示意图

使用这类机械真空泵时，需注意以下几点。

① 不能直接用来抽出冷凝性气体如水蒸气，挥发性气体如乙醚或腐蚀性气体如氯化氢等。若要应用，则应在泵的进气口前端加接干燥瓶、吸收瓶或冷阱。常用的干燥剂有氯化钙或五氧化二磷等，吸收剂常用固体氢氧化钠等，冷阱常用的制冷剂为固体二氧化碳（$-78℃$）或液氮（$-196℃$）。

② 用泵之前应该检查电机的额定电压和接线方法，运转方向和泵油量是否适量。运转时电机温升一般不可超过 65℃，不应有异常声音。开泵或停泵前，应使泵先与大气相通，以避免带负载启动或泵油冲入真空系统。

（3）扩散泵

扩散泵是获得高真空的抽气设备（$10^{-8} \sim 10^{-3}$ Torr 的高真空），按泵的工作介质可分为汞扩散泵和油扩散泵。图 3-10 是扩散泵结构示意图。泵油受热沸腾，蒸气沿导流管上升，并通过导流管顶部的伞形喷嘴改变方向高速喷出，在伞形喷嘴处形成低压。被抽气体的分子从泵口到低压区，与蒸气分子碰撞，并被蒸气分子带下，蒸气经冷凝变为液体，流入油釜循环使用，而被带到泵下方的被抽气体分子，经泵口而由前级泵抽出。为了防止泵油的返流和返迁移，在泵口及伞形喷嘴之间加一挡板，并在泵与真空系统之间加接一冷阱。

在使用扩散泵时，必须注意以下几点。

①工作液最好用硅油，硅油分子量大，蒸气压低，有利于提高真空度。汞有毒，最好不用。

② 由于扩散泵的有效工作范围为 $10^{-8} \sim 10^{-1}$ Torr，所以在使用扩散泵时，必须要用前级泵，将压力降到 10^{-1} Torr 以下，并且前级泵的抽气速度必须大于扩散泵。

③ 泵的冷却和加热器加热对泵的工作效率也很重要，应防止泵油返流现象。加热、冷却必须缓慢进行，防止扩散泵爆裂。

除上面介绍的三种类型泵外，还有获得超高真空的离子泵等，由于它们在实验室不常用，读者可参阅其他参考书。

3.3.2　真空的测量

前面已介绍过，用真空压力表可测得低真空的压力，对于真空度较高的体系，必须要用其他真空计来测量其真空度。

（1）麦氏（Mcleod）真空规

麦氏真空规又称为压缩真空计，是在 $10^{-6} \sim 1$ Torr 的范围内测量绝对压力的仪器，到现在它仍是校准其他真空规的标准规，其构造如图 3-11 所示。

麦氏真空规是根据波义耳定律来测量真空度的。它首先是让被测真空系统的残留气体进

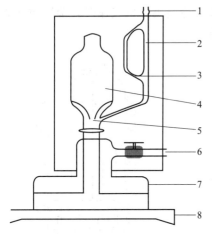

图 3-11　麦氏真空规结构示意图

1—毛细管（接真空系统）；2,3—毛细管；

4—玻璃泡；5—毛细管；6—活塞（接

空气泵）；7—汞容器；8—底座

入规内，然后加以压缩，比较压缩前后的体积和压力变化，就可算出其真空度。麦氏真空规有台式和转式两种。对于台式麦氏规，测量时先开启旋塞，使顶部毛细管与真空系统相通，并同时将下面活塞旋向泵的方向，对汞容器抽真空，当汞面降至切口以下时，毛细管与玻璃泡等真空系统连通，压力与真空系统相等，待压力平衡后，将下面活塞通向大气，使汞从汞容器上升，当汞面上升至切口时，毛细管和玻璃泡将形成一个密闭系统，其压力等于真空系统的压力。若令汞面不断上升，气体不断被压缩，当达到平衡时，就产生了一个汞面差，这汞面差可从毛细管的读数标尺直接读出。由于毛细管的体积可知，可算出被测真空系统的压力。

（2）热偶-电离真空规（复合真空计）

复合真空计采用晶体管、电子管线路，由热偶规真空规（也称热偶规，见图 3-12）和电离真空规（见图 3-13）复合而成。图 3-14 是复合真空计的面板图。

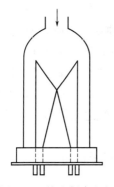

图 3-12　热电偶真空规

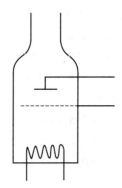

图 3-13　电离真空规

热电偶真空规由加热丝和电偶丝组成，电偶丝的热电势由加热丝的温度决定。当热偶规与真空系统相连时，如果维持加热丝电流恒定，则电偶丝的热电势将由其周围的气体压力决定，当压力低于某一定值时，气体热导率与压力成正比，从而可找出热电势与压力的关系，直接用表头指示真空度。

电离真空规为一只特殊的三极真空管，收集极的电极相对于阴极为 $-30V$，而栅极上正电位为 $200V$，若使阴极发射的电子流和栅极的电位稳定，则阴极发射的电子在栅极作用下高速运动并与气体分子相碰，使气体分子电离成离子。正离子将被负电位的收集极吸收而形成离子流，经放大器放大后由微电流计指示，形成的离子流与电离规中的气体的压力成正比，因此可从离子电流的大小，即可直接读出真空度。

复合真空计的使用方法如下。

① 连接好热偶规、电离规和仪器的电缆，插头不可接错，插错将烧坏规管。如使用电离规需将 K_6 放在"断"的位置。接通电源预热 10min。

② 如使用热偶规，需将 K_6 放在"加热"位置，旋电流调节旋钮使加热电流为启封电

流。再将 K_6 拨在"测量"位置，从表上即可读取真空度。

③ 如使用电离规，先把 K_4 放在"发射"位置，放在"测量"位置，接通规管灯丝 K_2，使发射电流为 5mA（表上有红线）。电流调好后，利用 K_4 和零点调节，调节电表零点；利用 K_5 和校准调节（K_4 置于测量位置），调节电表为满刻度后，将 K_5 置于适当量程即可测得系统的真空度。

④ 测量过程中整个系统电源电压必须恒定。当真空度低于 10^{-3} Torr 时，不能使用电离规。如电离规暂时不用，只需断开 K_2 即可。

3.3.3　真空系统的检漏

新安装的真空装置在使用前应检查系统是否漏气，检漏的方法很多，如火花法、热偶规法、电离规法、荧光法、质谱仪法、磁谱仪法等。物理化学实验室中常采用火花检漏法、热偶规法和电离规法，后两种是测量系统的真空度的大小，前面已叙述过。火花检漏是来检查低真空系统漏气的一种方法。它使用的仪器是高频火花发生器。检漏时，启动真空泵，数秒后，启动火花发生器，将火花调节正常，将放电簧对着玻璃系统表面不断移动。若没有漏气，高频火花束是散开的，并在玻璃表面上不规则地跳动；若玻璃壁上有漏气孔，则由于大气穿过漏孔，其导电率比玻璃高得多，而使火花束集中并通过漏孔而进入系统，产生一明亮光点，这个光点就是漏孔。根

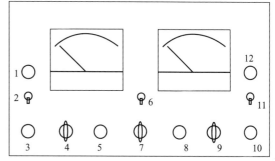

图 3-14　复合真空计面板

1—电源指示；2—电源开关；3—电流调节；4—加热、测量旋钮；5—发射调节；6—去气、测量开关；7—发射、测量旋钮；8—零点调节；9—标准、测量倍率旋钮；10—标准调节；11—灯丝开关；12—灯丝指示

据高频火花的颜色，还能粗略地判断系统的真空度。压力在 $10^{-3} \sim 10$ Torr 时，火花在系统内起红色辉光放电；压力在 10Torr 以上或 10^{-3} Torr 以下时，系统内不产生辉光放电，仅在玻璃壁上产生淡蓝色的荧光。高频火花检漏仅适用于玻璃等绝缘材料的检漏。

3.4　真空系统的安全操作

爆炸事故在真空技术中是很少见的，但是在某些情况下，如在（或接近）高化学计量浓度下使用硅烷（SiH_4）这种可自燃的气体，或使用 O_2、H_2 混合气体的情况下仍应注意该类情况的发生。这些混合气体对容积式机械真空泵、分子筛吸附泵和低温吸附泵等靠容积压缩排气和靠吸附储存气体的真空泵来说，存在的危险性是十分明显的。必须注意，在普通的油封式机械真空泵中，如果没有采取保护措施或适当的操作工艺，使用这些气体的潜在危险性就会更大。发生事故的原因主要由于泵腔的压缩升温，使危险气体密度和温度升高超过允许值，从而发生爆炸。SiH_4 类气体，如果在普通机械泵油中的溶解度足够高，在泵的油箱中即能达到发生爆炸的浓度。预防的方法是在被抽气体进入机械真空泵前使气体完全降温，比如使用一个简单的热交换器即可。预防氢气爆炸的措施是：在氢气进入压缩抽气系统前使其降温，并将氢气的浓度（可以采

用掺入惰性气体的方法）降低到危险浓度以下。其次应保证真空系统中的水冷却系统正常工作（压力、流量），而且不产生泄漏。所有的冷却回路必须能承受正常的工作水压所产生的压力（应具有适当的安全系数）。在真空系统的工作中，系统内所有装置的冷却回路的冷却剂入口和出口必须保证畅通而无阻塞，这个问题应该采用对冷却剂流量（而不是对压力）进行监控的联锁装置来解决。系统中的所有玻璃部位，包括玻璃观察窗，可采用粗网格钟罩式的防爆屏障，以保护其不受撞击。

参　考　文　献

［1］　刁国旺，阚锦晴，刘天晴等. 物理化学实验. 北京：兵器工业出版社，1993.

［2］　张成孝. 化学测量实验. 北京：科学出版社，2002.

第 4 章　实验数据的处理与结果评价

4.1　数据处理

4.1.1　有效数字及计算

实验中能通过测量得到的数字叫有效数字，它包括测量中的全部准确数字和一位估计数字。

4.1.1.1　有效数字位数的确定

① 除 "0" 以外的数字都为有效数字。

② "0" 在两非零数字之间是有效数字（如 1.008 具有四位有效数字）；在小数点后第一位不是 "0" 的数字后面的 "0" 为有效数字（如 0.040 具有二位有效数字）。

③ 如有整数，则小数点后的 "0" 为有效数字（如 10.040 具有五位有效数字）。

④ 3600、4000 等这样的数字有效数字位数含糊不清，要表示有效数字位数，应写成幂的形式（如 3.600×10^3 具有四位有效数字，而 3.6000×10^3 具有五位有效数字）。

⑤ pH、pM、pK、lg$c$ 中有效数字位数只能算小数点后的位数。

⑥ 计算过程中使用到的常数，不受其位数影响，需要几位就可看成几位。

4.1.1.2　有效数字修约规则

在处理数据过程中，涉及的各测量值的有效数字位数可能不同，因此，需要按一定规则舍去多余数字。它所遵循的规则为 "四舍六入五成双"。

"五成双" 是舍入位之后的尾数逢五的话看前一位，奇进偶不进，就像 1.25，因为 2 是偶数，所以是 1.2。又像 1.35，因为 3 是奇数，所以是 1.4。这个是数据统计需要的。

从统计学的角度，"四舍六入五成双" 比 "四舍五入" 要科学，它使舍入后的结果有的变大，有的变小，更平均。而不是像 "四舍五入" 那样逢五就入，导致结果偏向大数。

例如：1.15＋1.25＋1.35＋1.45，若按四舍五入取一位小数计算，则为

$$1.2＋1.3＋1.4＋1.5＝5.4$$

按 "四舍六入五成双" 计算，1.2＋1.2＋1.4＋1.4＝5.2，舍入后的结果更能反映实际结果。

4.1.1.3　有效数字运算规则

① 用 "四舍六入五成双" 法则，舍去不必要的数字。

② 在加减运算时，各数值小数点后面所取的位数与其最少者相同。

③ 在乘除运算中，所得的有效数字应以各值中有效数字最低者为标准。

④ 所有的计算式中，常数、π、$\sqrt{2}$、e、$\frac{1}{2}$ 等一些取自于手册中的常数，其有效数字可认为是无限的。

⑤ 在对数计算中，所取对数的位数（除首数外）应与真数相同。对数的尾数有几位，

则反对数也应有几位有效数字。

⑥ 计算平均值时，若有四个或四个以上数据平均，则平均值可多保留一位。

4.1.2 记录及计算分析结果的基本原则

① 记录数据时，只应保留一位可疑数据。

运算过程中遵循有效数字修约规则。

② 对高组分含量（＞10％）分析结果要求有四位有效数字；1％～10％保留三位；＜1％保留两位。

③ 对误差、偏差的计算结果通常保留 1～2 位有效数字。

④ 对标准溶液浓度，保留四位有效数字；对滴定度一般保留三位有效数字。

⑤ 计算过程中不应出现（如 pH＝4 等）有效数字位数不清的结果。

4.1.3 可疑值的取舍

在一系列物理量的测定和数据处理中，测量值的取弃必须根据误差理论来决定。

（1）$4\bar{d}$ 法

根据正态分布规律，偏差超过 3σ（σ 为总体的标准偏差）的个别测定值的概率小于 0.3％，故当测量次数不太多时，这一个别测定值通常可以舍去。根据误差理论，当 $d=0.80\sigma$，则有 $3\sigma=4\bar{d}$，即偏差超过 $4\bar{d}$ 的个别测定值可以舍去。

用 $4\bar{d}$ 法判断可疑值的取舍时，首先求出可疑值除外的其余数据的平均值 $\bar{x}$，平均误差 $\bar{d}$，然后将可疑值与平均值比较，如绝对值大于 $4\bar{d}$，则可疑值舍去，否则保留，即当 $|x_i-\bar{x}|>4\bar{d}$ 时，x_i 可舍去。

（2）格鲁布斯（Grubbs）法

有一组测量数据，按大小顺序排列，x_1、x_2、$\cdots$、x_{n-1}、x_n，此时 x_1 或 x_n 为可疑值，则

$$T=\frac{|x_i-\bar{x}|}{\sigma} \quad (i=1 \text{ 或 } n) \tag{4-1}$$

查 $T_{\alpha,n}$ 表（α 为显著性水平，n 为测量次数），如果 $T\geqslant T_{\alpha,n}$（见表 4-1），则可疑值应舍去，否则应保留。此方法较准确，但计算手续较麻烦。

表 4-1　$T_{\alpha,n}$ 值表

n	显著性水平 α			n	显著性水平 α		
	0.05	0.025	0.01		0.05	0.025	0.01
3	1.15	1.15	1.15	10	2.18	2.29	2.41
4	1.46	1.48	1.49	11	2.23	2.36	2.48
5	1.67	1.71	1.75	12	2.29	2.41	2.55
6	1.82	1.89	1.94	13	2.33	2.46	2.61
7	1.94	2.02	2.10	14	2.37	2.51	2.66
8	2.03	2.13	2.22	15	2.41	2.55	2.71
9	2.11	2.21	2.32	20	2.56	2.71	2.88

（3）Q 检验法

一组数据从小到大排列 x_1、x_2、$\cdots$、x_{n-1}、x_n，则

$$Q=\frac{x_n-x_{n-1}}{x_n-x_1} \quad \text{或} \quad Q=\frac{x_2-x_1}{x_n-x_1}$$

式中分子为可疑值与其相邻的一个数值的差值，分母为整个数据的极差。统计学家已经计算出不同置信度时的 Q 值（见表 4-2）。当计算 Q 值大于表中 Q 值时，该可疑值应舍去，否则应予以保留。

表 4-2　Q 值表

测定次数 n	2	3	4	5	6	7	8	9	10
$Q_{0.90}$	…	0.94	0.76	0.64	0.56	0.51	0.47	0.44	0.41
$Q_{0.95}$	…	1.53	1.05	0.86	0.76	0.69	0.64	0.60	0.58

注意：如可疑值在两个或两个以上，在同一侧时，如 x_1、x_2，则先检验内侧的 x_2，如 x_2 应舍去，则 x_1 必然要舍去，如 x_2 不舍去，再检验 x_1；如在两侧可分别检验。第一个数据舍去了，第二个数据检验时，测定次数应少 1。直至检验至无可疑值。

4.1.4　常用仪器估计精度

化学实验中，常按所用仪器的规格，估计出测量值的可靠程度。下面是仪器类化学实验中常用仪器的估计精度。

（1）容量仪器

容量瓶和其他容量仪器的估计精度分别见表 4-3 和表 4-4。

表 4-3　容量瓶的估计精度（20℃）/mL

规　格	等　级		规　格	等　级	
	一等	二等		一等	二等
1	±0.30	±0.60	100	±0.10	±0.20
500	±0.15	±0.30	50	±0.05	±0.10
250	±0.10	±0.20	25	±0.03	±0.06

表 4-4　其他容量仪器的估计精度（20℃）/mL

规　格	等　级		规　格	等　级	
	一等	二等		一等	二等
50	±0.05	±0.12	5	±0.01	±0.03
25	±0.04	±0.10	2	±0.006	±0.05
10	±0.02	±0.04	1	±0.003	±0.010

（2）其他测量仪器的估计精度

① 分析天平：一等 0.0001g，二等 0.0004g。

② 物理天平：0.001g。

③ 温度计：一般取其最小分度值的 1/10 或 1/5 作为其精度。

④ 电表：一般来说，精度＝级数×最大量程%。

4.1.5　显著性试验

4.1.5.1　显著性差异

实际工作中经常遇到这样几种情况：①对标准试样进行分析，得到的平均值与标准值不完全一致；②采用两种不同方法对同一试样进行分析，得到的两组数据的平均值不完全相符；③不同人员或不同实验室对同一样品进行分析时，两组数据平均值存在较大的差异。这些情况的分析结果存在差异，那么此差异是偶然误差引起的，还是它们之间存在系统误差，所谓显著性差异，就是分析结果之间存在明显的系统误差，如无显著性差异，则分析结果之间的差异纯属由偶然误差引起的。

4.1.5.2 显著性差异检验方法

（1）t 检验法

用于检查是否存在系统误差。

① 平均值与标准值之间　一定置信度时的置信区间为

$$\mu = \overline{x} \pm \frac{t_{\alpha,f} s}{\sqrt{n}} \tag{4-2}$$

式中，μ 为标准值；$t_{\alpha,f}$ 由 $t_{\alpha,f}$ 表（见表 4-5）中查得。如果这一区间能将标准值包括其中，即使 $\overline{x}$ 与 μ 不完全一致，但只能作出 $\overline{x}$ 与 μ 之间不存在显著性差异的结论，它们之间的差异是由于偶然误差引起的，不属系统误差。

$t = \left| \dfrac{\overline{x} - \mu}{s} \right| > t_{\alpha,f}$，存在显著性差异；$t < t_{\alpha,f}$ 无显著性差异，说明所用方法未引起系统误差。

② 两组平均值之间

$$n_1 \quad s_1 \quad \overline{x_1} \quad \mu_1$$
$$n_2 \quad s_2 \quad \overline{x_2} \quad \mu_2$$

式中，n_1、n_2 分别为两组数据测量次数；s_1、s_2 为两组数据的标准偏差；$\overline{x_1}$、$\overline{x_2}$ 为两组数据的平均值；μ_1、μ_2 为两组数据的标准值。

此方法先假设两组数据来自同一总体，即 $\mu_1 = \mu_2$，也就是说它们之间无系统误差，得一判断条件，如符合这一条件即 $\mu_1 = \mu_2$ 无显著性差异，但由于存在偶然误差，$\overline{x_1} \neq \overline{x_2}$

$$t = \frac{|\overline{x_1} - \overline{x_2}|}{s} \sqrt{\frac{n_1 n_2}{n_1 + n_2}} \tag{4-3}$$

式中，n_1、n_2 分别为两组数据测量次数；s 为根据两组数据由下式求得

$$s = \sqrt{\frac{\sum (x_{1i} - \overline{x_1})^2 + \sum (x_{2i} - \overline{x_2})^2}{(n_1 - 1) + (n_2 - 1)}}$$

$t \leq t_{\alpha,f}$ 时，两组数据属于同一总体，即无显著性差异；$t > t_{\alpha,f}$ 时，两组数据不属同一总体，即存在显著性差异。

可以这样理解：要使得两组数据间不存在显著性差异，则两组数据波动的最大范围是 $\pm t_{\alpha,f} s_R$。

表 4-5　$t_{\alpha,f}$ 值表

f	置信度,显著性水平 $P=0.90$ $\alpha=0.10$	$P=0.95$ $\alpha=0.05$	$P=0.99$ $\alpha=0.01$	f	置信度,显著性水平 $P=0.90$ $\alpha=0.10$	$P=0.95$ $\alpha=0.05$	$P=0.99$ $\alpha=0.01$
1	6.31	12.71	63.66	7	1.90	2.36	3.50
2	2.92	4.30	9.92	8	1.86	2.31	3.36
3	2.35	3.18	5.84	9	1.83	2.26	3.25
4	2.13	2.78	4.60	10	1.81	2.23	3.17
5	2.02	2.57	4.03	20	1.72	2.09	2.84
6	1.94	2.45	3.71	∞	1.64	1.96	2.58

（2）F 检验法

F 检验法主要通过比较两组数据的方差 s^2，以确定它们的精密度是否存在显著性差异。

$$F = \frac{s_{\text{大}}^2}{s_{\text{小}}^2}$$

一定置信度时，$F > F_{\text{表}}$（见表 4-6），存在差异。

表 4-6　置信度为 95% 时 F 值（单边）

$f_{\text{小}}$ \ $f_{\text{大}}$	2	3	4	5	6	7	8	9	10	∞
2	19.0	19.16	19.25	19.30	19.33	19.36	19.37	19.38	19.30	19.50
3	9.55	9.28	9.12	9.01	8.94	8.88	8.84	8.81	8.78	8.53
4	6.94	6.59	6.30	6.26	6.16	6.09	6.04	6.00	5.96	5.63
5	5.79	5.41	5.19	5.05	4.95	4.88	4.82	4.78	4.74	4.36
6	5.14	4.76	4.53	4.39	4.28	4.21	4.15	4.10	4.06	3.67
7	4.74	4.35	4.12	3.97	3.87	3.79	3.73	3.68	3.63	3.23
8	4.46	4.07	3.84	3.69	3.58	3.50	3.44	3.39	3.34	2.93
9	4.26	3.86	3.63	3.48	3.37	3.29	3.23	3.18	3.13	2.71
10	4.10	3.71	3.48	3.33	3.22	3.14	3.07	3.02	2.97	2.54
∞	3.00	2.60	2.37	2.21	2.10	2.01	1.94	1.88	1.83	1.00

使用 F 表的注意事项如下。

① 表列出的是置信度为 95% 时 F 的单边值。

用 F 检验法检验两组数据的精密度是否存在显著性差异时，要首先确定它是属于单边检验还是双边检验。单边检验是指一组数据的方差 s^2 只能大于另一组，不可能小于另一组。双边检验是指一组数据的方差 s^2 可能大于、等于或小于另一组数据的 s。

② 如检验的数据为双边检验，则查得的 F 值数值不变，但显著性水平由 5% 变为 $2 \times 5\% = 10\%$，所以此时 $P = 90\%$。即 f_1、f_2、n_1、n_2 一定时，单边与双边从表中查得 F 相同，但显著性水平双边为单边的两倍。

（3）t 检验法和 F 检验法的不同用途

① t 检验法用于检查分析结果或操作过程是否存在较大系统误差。

② F 检验法只能用来检查两组数据精密度是否存在显著性差异。

4.1.5.3　测量数据检验步骤

在实际处理测量数据时，通常有以下几个步骤。

① 可疑值的取舍。

② 用 F 检验法检验是否存在精密度之间的显著性差异，如无差异，再继续用 t 检验。

③ 用 t 检验法检验是否存在准确度之间的显著性差异。

4.1.6　实验结果的正确表示

实验所得的结果，除对数据进行误差处理外，还必须对实验结果进行正确的表示。表示方法主要有三种：列表法、图解法和数学方程式法。

4.1.6.1　列表法

用表格将主变量 x 与应变量 y 一个一个地对应排列起来，以便从表格上能清楚而迅速地看出二者之间关系的方法叫列表法。表格的组成：表号、表题、项目、量纲、数据等。列表时需注意以下几点。

① 表格组成中的五项内容不可缺少。每一变量、项目应占一行。

② 有效数字的位数应以各量的精度为准。为简便起见，常将指数放在行名旁，但此时指数上的正、负号应慎重填写。

③ 通常选较简单、均匀变化的变量作主变量。

4.1.6.2 图解法

将实验数据用一定的函数图形来表示的方法叫图解法。其优点是：①直观简明；②能方便找出各函数的中间值；③能显示出数据的特点；④可在不知函数关系时，作切线微分、积分求面积；⑤可求函数的外推值、内插值等。

（1）作图原则及步骤

① 工具　铅笔、直尺、曲线板、曲线尺、绘图仪等，铅笔一般以 HB 为宜。

② 原则

a. 图上所能表示的精密度与实验数据的精密度相同，即图上需能表示出全部的有效数字。

b. 坐标方便易读。

c. 在前两个条件满足的前提下，还应考虑充分利用坐标纸，坐标的原点不必为变量的零点。

d. 曲线必须细而光滑流畅，与测量点必须符合最小二乘法原理。

③ 步骤

a. 选好坐标纸；b. 画出坐标轴；c. 确定坐标最小分度值，并注明坐标名称、单位；d. 描点；e. 根据最小二乘法画图；f. 图名和说明。

（2）图解法用途

① 表示变量间的定量依赖关系。

② 求外推值　将测量数据间的函数关系外推至测量以外，求测量范围外的函数值的方法叫外推法。只有在有充分理由确信外推所得结果可靠时，外推法才有实际价值。因此，外推法只有在下列情况下应用：a. 在外推的那段范围及其附近，函数关系是线性关系；b. 外推的那段范围与测量值不能太远；c. 外推结果与已有的正确结果不能抵触。

（3）求内插值

由曲线找出已知某一变量值时另一对应的变量值。

（4）求微商或切线

一般常用镜像法。将一块平面镜垂直放在图纸上（见图 4-1），并使镜和图纸的交线通过曲线上某点，以该点为轴，旋转平面镜，使曲线在镜中的像和图上的曲线连续，不形成折线。然后沿镜面作一直线，此直线可被认为是曲线在该点上的法线。再将此镜面与另一半曲线同上法找出该点的法线，如与前者不重叠可取此二法线的中线作为该点的法线。再作这根法线的垂线，即得在该点上曲线的切线，或其平行线。求此切线或其平行线的斜率，即得所求的微商值。

（5）求积分或面积

用求积仪测量或直接数小格的方法求线下所包围的面积。

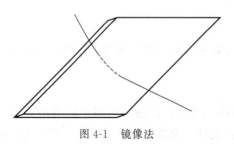

图 4-1　镜像法

4.1.6.3　方程式法

将实验中各变量间的依赖关系用解析的形式表示出来的方法叫方程式法。其优点是不仅简便、清晰、便于微、积分，而且形式中常数常对应于一定意义的物理量。

（1）建立方程式步骤

① 将实验数据作图，绘出曲线；

② 将所得的曲线与已知函数的曲线比较，如不为直线，改换变量，重新作图使原图线性化；

③ 计算线性方程的常数；

④ 若曲线无法线性化，则函数间关系用多项式表示。

（2）线性方程中常数的确定

① 图解法　将实验数据作图，由图计算出直线的斜率和截距。

② 平均法　设直线方程为 $y = mx + b$，对第 i 次测量值 x_i、y_i。对于正确的 m、b 值来说，残差 μ_i 之和应为零。即：

$$\sum_{i=1}^{n} \mu_i = m \sum_{i=1}^{n} x_i + nb - \sum_{i=1}^{n} y_i = 0 \tag{4-4}$$

从这一方程不能解出两个未知数 m、b。因此，必须将所有的实验数据分成数目相同的两组，代入式(4-4) 即可求出 m 和 b。

③ 最小二乘法　平均法认为，整个数据正、负残差大致相等，总和为零。实际上并不严格成立，准确地说应为残差的平方和 S 为最小——这就是最小二乘法原理。

$$S = \sum_{i=1}^{n} (mx_i + b - y_i)^2 \tag{4-5}$$

使 S 为极小值的必要条件是：

$$\frac{\partial S}{\partial m} = 0 = 2m \sum_{i=1}^{n} x_i^2 + 2b \sum_{i=1}^{n} x_i - 2 \sum_{i=1}^{n} y_i x_i \tag{4-6}$$

$$\frac{\partial S}{\partial b} = 0 = 2m \sum_{i=1}^{n} x_i + 2nb - 2 \sum_{i=1}^{n} y_i \tag{4-7}$$

解上两式得：

$$m = \frac{n \sum_{i=1}^{n} y_i x_i - \sum_{i=1}^{n} x_i \sum_{i=1}^{n} y_i}{C} \tag{4-8}$$

$$b = \frac{\sum_{i=1}^{n} x_i^2 \sum_{i=1}^{n} y_i - \sum_{i=1}^{n} x_i \sum_{i=1}^{n} x_i y_i}{C} \tag{4-9}$$

$$R = \frac{\sum_{i=1}^{n} (x_i - \overline{x})(y_i - \overline{y})}{\left[\sum_{i=1}^{n} (x_i - \overline{x})^2 \sum_{i=1}^{n} (y_i - \overline{y})^2 \right]^{1/2}} \tag{4-10}$$

式中，R 为相关系数，$C = n \sum_{i=1}^{n} x_i^2 - \left(\sum_{i=1}^{n} x_i \right)^2$ $\tag{4-11}$

$$\bar{x} = \frac{1}{n}\sum_{i=1}^{n}x_i \tag{4-12}$$

4.1.6.4 科技文献中图、表的正确表示方法

实验测量和计算数据是实验报告的核心内容，作为数据表述主要形式之一的表格，因具有鲜明的定量表达量化信息的功能而被广泛采用。在通常的科技论文中，三线表以其形式简洁、功能分明、阅读方便而被广泛使用。对于化学化工专业的学生而言，应当学会在实验报告中运用三线表表述实验结果。

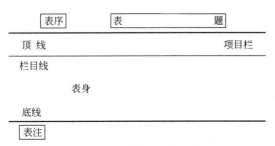

图 4-2 三线表的组成要素

三线表通常只有 3 条线，即顶线、底线和栏目线（见图 4-2，注意：没有竖线）。其中顶线和底线为粗线，栏目线为细线。当然，三线表并不一定只有 3 条线，必要时可加辅助线，但无论加多少条辅助线，仍称作三线表。三线表的组成要素包括：表序、表题、项目栏、表体、表注，如图 4-2 所示。

三线表举例见表 4-7。

表 4-7 试验合金的马氏体相变温度 M_S 及反铁磁转变温度 T_N

项目	1#	2#	3#	4#
Mn(%)	86.4	80.8	71.3	61.4
T_N/℃	173	157	128	208
M_S/℃	180	20	−40	<−60

简易函数图等一般由图序、图题、标目、坐标轴、标值线、标值和曲线组成，如图 4-3 所示。对简易函数图的基本要求如下。

（1）图序与图题

图序是按插图报告中出现的先后顺序统一编号，并使用阿拉伯数字来表示的。如果有分图，应该在每张分图的正下方标注分图序，如（a）、（b）、（c），……。图题应该简洁明确，具有自明性，但是也要防止为了简洁而选用过于泛指的名称，如"设备图"、"框图"、"函数关系图"等。图序与图题之间空一格，不用标点，标注于插图的正下方。

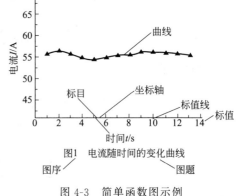

图 4-3 简单函数图示例

（2）标目

标目通常由物理量及其相应的符号和单位组成。国标规定，物理量的符号应按规定的斜体国际标注字符给出，不准使用中外文的文字叙述代替物理量符号；单位也应该按国标规定，用正体国际通用字符标注。量与单位字符之间用斜线"/"隔开，如 I/A，p/Pa 等。标目应与被标注的坐标轴平行，居中位于坐标轴和标值的外侧（如图 4-3 中所示）。非定量的，且只有一两个字母标注的简单标目，如 x、y 或 x_1、y_1 等也可以标注在靠近坐标轴顶端箭头的外侧。

（3）标值

标值应防止标注得过分密集或稀疏。标值排列在坐标轴外侧紧靠标值短线的地方。标值的数字应尽量不超过 3 位数，或小数点之后不超过 1 个 "0"。为此，要认真选取相应物理量的单位大小，如使用 30km 代替 30000m，使用 5ms 代替 0.005s 等。当函数本身呈现对数关系，或者当变量的数值跨度很大时，应尽量选用对数坐标。

（4）坐标轴的增值方向

当坐标轴表达的是定性变量而没有给出具体标值时，坐标轴的顶端应按变量增大方向画出箭头。除此之外，其他坐标轴情况应该只由标值大小明确指示增值的方向，而不应该在给出标值的同时，再以各种方式给出附加的箭头标志。

（5）函数曲线的画面覆盖率

函数曲线的画面覆盖率要适中，可视情况改变坐标原点的取法。例如横坐标起点可以不是 "0"；也可以采取省略符号截去坐标轴中的某一段；变化特别简单的函数曲线，也可用删节号省略其中的某一段曲线及相应的坐标轴。

（6）函数曲线的叠置

为了加强对比效果，也为了节省版面，可以把由参变量引起的数条函数曲线描绘在同一幅函数图上。但是当一族曲线的线形比较接近，或曲线数量过多，挤在一起将影响阅读时，也可以各曲线共用一个坐标轴，而让每条曲线分别建立各自的另一个坐标轴。当同一幅图上有两条以上的曲线，且它们的纵坐标需要分立于图面的两侧时，右侧纵坐标的标目与标值仍应放在坐标轴的外侧——右侧。标目的安排仍与左侧纵坐标的相同，即 "顶左底右"。

4.2　误差理论

4.2.1　误差

（1）误差定义

测量值与被测量真实值之间的偏离程度叫误差。由于被测量的真实值往往不易得到，因此常用测量结果的平均值来代替真实值，并把测量值与测量结果的平均值之间的偏离程度叫做偏差。

（2）误差的分类

① 系统误差（可定误差、可测误差）　系统误差是由某种固定的原因所造成的，使得测定结果系统偏高或偏低。当重复进行测量时，它会重复出现。从理论上讲，系统误差是可测定的，所以又叫可测误差。系统误差重要的特性是具有单向性。

系统误差产生的原因是多方面的，根据其产生的原因不同又可分成以下几种误差。

a. 方法误差——由分析方法本身所造成的。例如，沉淀的溶解、共沉淀现象、灼烧时沉淀的分解和挥发；滴定分析中，反应进行不完全、干扰离子的影响、化学计量点与终点不一致等，系统地导致测定结果偏高或偏低。

b. 仪器和试剂误差——来源仪器不够精确，试剂不纯。例如，砝码质量、容量器皿刻度不准；试剂和蒸馏水中含有被测物质或干扰物质，使分析结果系统结果偏高或偏低。

c. 操作误差——由分析者的操作与正确操作之间差别引起的使分析结果系统结果偏高或偏低。例如，称量时未注意试样的吸湿，灼烧时温度过高等。

d. 主观误差——由分析者本身主观因素引起的使分析结果系统结果偏高或偏低。例如，读数偏高或偏低、主观上使第一次测量与第二次相符等。

②　偶然误差　偶然误差又称随机误差，它是由一些难以控制的偶然因素造成的误差。例如，环境温度、湿度和气压的微小波动、仪器的微小波动、分析人员对各份试样处理时的微小差别等，这些不可避免的偶然原因，都将使分析结果在一定范围内波动，引起偶然误差。偶然误差的特性：经 n 次测定，数据的分布符合一般的统计规律，即大小相等的正、负误差出现的概率相等，小误差出现的机会多，大误差出现的机会少，特别大的正、负误差出现的概率非常小。

除上述两种误差外，还有一类"过失误差"，这实际上不属误差，应该是差错。只要加强责任感，对工作认真细致，是完全可以避免的。

4.2.2　准确度与误差

4.2.2.1　误差的表示方法

误差可用绝对误差和相对误差表示（这里的误差包括系统和偶然误差）。

①　绝对误差　绝对误差是指测量值与真实值之间的差值，用符号 E 表示，如真实值用 x_t 表示，测量值用 x 表示，则误差 E 为：

$$E = |x - x_t| \tag{4-13}$$

E 值越小，表示测量结果越接近于真实值，测量的准确度越高。准确度说明数据的集中程度。

②　相对误差　相对误差是指测量误差在真实结果中所占的百分率，定义为

$$相对误差 = \frac{E}{x_t} \times 100\% \tag{4-14}$$

相对误差能反映误差在真实结果中所占的比例，这对于比较在各种情况下测定结果的准确度更为方便。

4.2.2.2　准确度与误差的关系

准确度与误差的关系是误差越小，准确度越高。准确度表示分析结果与真实值之间接近的程度；误差表示分析结果与真实值之间偏离的程度。

4.2.3　精密度与偏差

偏差表示测定结果（x）与平均结果（$\overline{x}$）之间的差值。偏差用符号 d 表示：

$$d = x - \overline{x} \tag{4-15}$$

4.2.3.1　偏差表示方法

偏差可用平均偏差、相对平均偏差及标准偏差、相对标准偏差表示。

①　平均偏差　设一组测量数据为 x_1，x_2，…，x_n，其算术平均值 $\overline{x}$ 为：

$$\overline{x} = \frac{1}{n} \sum_{i=1}^{n} x_i = \frac{x_1 + x_2 + \cdots + x_i + \cdots + x_n}{n} \tag{4-16}$$

则平均偏差 $\overline{d}$ 可用下式表示

$$\overline{d} = \frac{1}{n} \sum_{i=1}^{n} |x_i - \overline{x}| = \frac{1}{n} \sum_{i=1}^{n} |d_i| \tag{4-17}$$

②　相对平均偏差　单次测量结果的相对平均偏差为

$$相对平均偏差 = \frac{\overline{d}}{\overline{x}} \times 100\%$$

③ 标准偏差和相对标准偏差　用统计方法处理数据时，广泛采用标准偏差来衡量数据的分散程度。当测量次数不是无限多次时，标准偏差 s 的数学表达式为

$$s = \sqrt{\dfrac{\sum\limits_{i=1}^{n} d_i^2}{n-1}} \tag{4-18}$$

n 为测量次数。当 n 较大时，$n-1 \approx n$，则

$$s = \sqrt{\dfrac{1}{n} \sum\limits_{i=1}^{n} d_i^2} \tag{4-19}$$

$$相对标准偏差 = \dfrac{s}{\overline{x}} \times 100\%$$

单次测量结果的相对标准偏差又称为变异系数。

④ 偏差与标准偏差　标准偏差是对单次测量偏差加以平方，这样能使大偏差更显著地反映出来，所以标准偏差较偏差能更好地说明数据的分散程度。

4.2.3.2　偏差与精密度

在实际工作中，对于待分析试样，一般要进行多次平行分析。在这种情况下，常用偏差来衡量所得分析结果的精密度。精密度可说明数据的分散程度。

4.2.3.3　准确度与精密度的关系

精密度是保证准确度的先决条件，准确度高一定需要精密度高，精密度低说明所测数据不可靠，也就谈不上准确度了。但精密度高不一定准确度就高，只有在消除了系统误差的情况下，精密度好才能说明准确度高。

4.2.4　误差传递

分析结果通常是经过一系列测量步骤之后获得的，其中每一步骤的测量误差都会反映到分析结果中去。它们是怎样影响分析结果的准确度呢？这就是误差传递所要讨论的问题。

4.2.4.1　系统误差的传递

（1）加减法

若分析结果 R 是 A、B、C 三个测量数值相加减的结果，例如：

$$R = A + mB - C$$

测量值 A、B、C 的绝对误差为 dA、dB、dC，设 R 的绝对误差为 dR，则

$$dR = \frac{\partial R}{\partial A} dA + m\,\frac{\partial R}{\partial B} dB + \frac{\partial R}{\partial C} dC = dA + m\,dB - dC$$

通常以 E 表示相应的测量误差，得到

$$E_R = E_A + mE_B - E_C$$

加减法中绝对误差是各步骤绝对误差的代数和。

（2）乘除法

若分析结果 R 是 A、B、C 三个测量数值相乘除的结果，例如：

$$R = m\,\frac{AB}{C}$$

测量 A、B、C 的绝对误差为 dA、dB、dC，引起 R 的绝对误差为 dR，则

$$\ln R = \ln A + \ln B - \ln C + \ln m$$

$$\frac{\mathrm{d}R}{R} = \frac{\partial \ln R}{\partial A}\mathrm{d}A + \frac{\partial \ln R}{\partial B}\mathrm{d}B - \frac{\partial \ln R}{\partial C}\mathrm{d}C = \frac{\mathrm{d}A}{A} + \frac{\mathrm{d}B}{B} - \frac{\mathrm{d}C}{C}$$

即

$$\frac{E_R}{R} = \frac{E_A}{A} + \frac{E_B}{B} - \frac{E_C}{C}$$

乘除法中分析结果的相对误差等于各步相对误差的代数和。

（3）指数运算

$$R = A^n$$

$$\frac{\mathrm{d}R}{R} = \frac{n}{A}\mathrm{d}A$$

（4）对数运算

$$R = \ln A$$

$$\mathrm{d}R = \frac{\mathrm{d}A}{A}$$

4.2.4.2 偶然误差传递

对于任一测量结果：

$$R = f(A, B, \cdots)$$

A，B 等为独立变量。测定 A，B $\cdots$ 数值时的标准偏差，会反映到 R 的标准偏差中。

（1）加减法

若分析结果 R 是 A、B、C 三个测量数值相加减的结果，例如：

$$R = A + mB - C$$

测量 A、B、C 的标准偏差为 s_A、s_B、s_C，则

$$s_R^2 = \left(\frac{\partial R}{\partial A}\right)^2 s_A^2 + m^2\left(\frac{\partial R}{\partial B}\right)^2 s_B^2 + \left(\frac{\partial R}{\partial C}\right)^2 s_C^2 = s_A^2 + m^2 s_B^2 + s_C^2$$

加减法中标准偏差的平方是各测量步骤标准偏差的平方和。

（2）乘除法

若分析结果 R 是 A、B、C 三个测量数值相加减的结果，例如：

$$R = m\frac{AB}{C}$$

测量 A、B、C 的标准偏差为 s_A、s_B、s_C，则

$$s_R^2 = \left(\frac{\partial R}{\partial A}\right)^2 s_A^2 + \left(\frac{\partial R}{\partial B}\right)^2 s_B^2 + \left(\frac{\partial R}{\partial C}\right)^2 s_C^2 = \left(\frac{B}{C}\right)^2 s_A^2 + \left(\frac{A}{C}\right)^2 s_B^2 + \left(-\frac{AB}{C^2}\right)^2 s_C^2$$

$$\frac{s_R^2}{R^2} = \frac{s_A^2}{A^2} + \frac{s_B^2}{B^2} + \frac{s_C^2}{C^2}$$

（3）指数运算

$$R = A^n$$

$$\frac{s_R^2}{R} = \frac{n}{A}s_A$$

（4）对数运算

$$R = \ln A$$

$$s_R = \frac{s_A}{A}$$

4.2.5　提高实验结果准确度的方法

讨论误差产生及其传递的目的是为了更有效地减小误差，提高分析结果的准确度，下面讨论如何减小分析过程中的误差。

（1）选择合适的分析方法

各种分析方法的准确度和灵敏度是不同的。应该根据分析要求、组分含量，选择适当的分析方法。

（2）保证足够大的测量值，减小相对测量误差

一般天平称量误差为 $\pm 0.0001g$，每份样品需称量两次，因此总误差为两次误差之和，即为 $\pm (2 \times 0.0001)g$。若要求称量的相对误差 $<0.1\%$，则被称量样品的量必须在 0.2g 以上。

对于体积测量，由于滴定管通常有 $\pm 0.01mL$ 的误差，要得到一个体积数需读两次，故为 $\pm 0.02mL$。与称量类似，为了减小体积测量引起的相对误差，应保证体积的测量值足够大。

（3）增加平行测定次数，减小偶然误差

如前所述，偶然误差呈正态分布，正负出现的概率相等，理论上讲，平行测量次数 n 越大，则历次测量值的平均值中偶然误差就越小。若 $n \to \infty$，偶然误差趋于 0。一般要求平行测定次数为 2～3。

（4）消除测量过程中的系统误差

① 对照试验　它是检验系统误差的有效方法。包括：a. 用已知结果（标样，人工合成）的试样与被测试样在同一条件进行分析；b. 用其他可靠方法（国家颁布的标准方法）分析；c. 内检，不同人员对同一试样进行分析；d. 外检，不同单位对同一试样进行分析；e. 加入回收法，在对试样组成不完全清楚的情况下，向其中加入已知量的被测组分，进行对照试验，看加入的被测组分能否被定量回收。

② 空白试验　所谓空白试验是不加试样的情况下，在同等条件下进行分析。试验所得结果为空白值。从试样分析结果中扣除空白值后，就可得到比较可靠的分析结果。主要消除由试剂、器皿带进杂质引起的系统误差。

③ 校正仪器　仪器不准确引起的系统误差，可以通过校准仪器来减小其影响。

④ 分析结果校正　分析过程中的系统误差有时可采用适当的方法进行校正。如比色测定钢中钨时，钒干扰引起正系统误差，根据实验 1% 钒引起 0.2% 的误差，在最后测得的结果中扣除钒的影响。

4.3　Excel 在化学实验数据处理中的应用

Excel（电子表格处理软件）是 Microsoft Office 的套件之一，是一种集文字、数据、图形、图表以及其他多媒体对象于一体，用于表格处理、数据分析的软件。图 4-4 为 Excel 窗口及名称介绍。

4.3.1　用 Excel 制工作表

用 Excel 制表的操作步骤如下。

（1）建立和打开表

① 创建工作簿文件　启动 Excel 后，自动创建一个新的工作簿文件，取名为 Book 1。

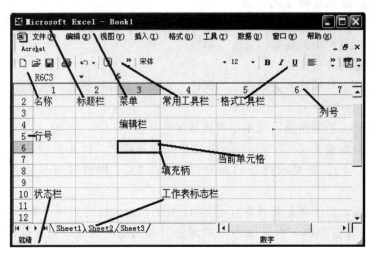

图 4-4　Excel 窗口及名称介绍

② 打开工作簿文件　对已建立的表，在 Excel 窗口（见图 4-4）下，单击［文件］菜单——选"打开"或按工具栏上的图标（见图 4-5）打开。

图 4-5　"打开"
图标

当建立或打开一个工作簿文件后，在每一个工作簿文件中最多可建 255 张工作表。

（2）在工作表中输入数据

每个单元格中可输入 一个数据（常量或公式），其输入办法分别如下。

① 常量输入　数值，是单元格的默认状态，可输入整数和小数。文字，是字符直接输入，如把数字作为字符，输入时最前加单引号。日期和时间，输入日期时用"/"或"－"作为分隔符；输入时间时用"："作为分隔符。

② 公式输入　输入时以"＝"开头。

工作表中数据的输入实例如图 4-6 所示。

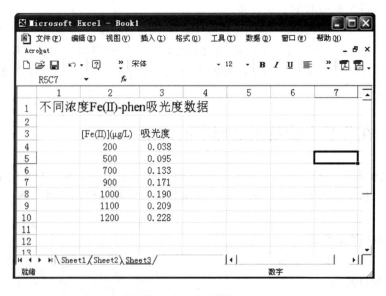

图 4-6　Excel 数据表

4.3.2　Excel 编辑表

工作表建立后，经常要对单元格的内容进行调整，例如数据的修改，行、列、字体的设置等。其主要操作介绍如下。

4.3.2.1　数据的编辑（修改、插入、删除和格式设置）

（1）单元格数据的修改

单击或双击单元格，在光标处直接修改。

（2）数据的插入

菜单法：用鼠标点击插入处的单元格，单击［插入］菜单——选"行、列或单元格"，即可插入单元格、行或列。

快捷菜单法：先用鼠标点击插入处的单元格、行号或列号，然后击鼠标右键会弹出一张快捷菜单，选快捷菜单中的"插入"，即可分别插入单元格、行或列。

（3）数据的删除

与数据的插入相同，分菜单法和快捷菜单法，操作见数据的插入。

（4）数据的移动、复制

可用［编辑］菜单或工具栏中的"剪切"或"复制"和"粘贴"完成。其操作为：选中要移动或复制的内容，而后选［编辑］菜单或工具栏中的"剪切"或"复制"，把鼠标移到要移动或复制的目的处点击，再选［编辑］菜单或工具栏中的"粘贴"。

（5）数据的填充

用鼠标左键拖动填充柄（把鼠标指针移到"填充柄"处，按住鼠标左键拖动）；如果被拖动的单元格为文字，其操作和填充的结果如图 4-7 所示，即在 R2C2 单元格中输入文字"实验数据"，然后移动鼠标使鼠标指针处于"填充柄"处，此时鼠标指针变为"＋"，再按住鼠标左键拖动鼠标。如果被拖动的单元格为一公式，例如在图 4-7 的 R4C4 单元格中输入一公式：＝ln(R4C3)，然后按住鼠标左键拖动填充柄，拖动后其结果见图 4-8，它们分别是 ln(R4C3)～ln(R10C3) 的计算结果。

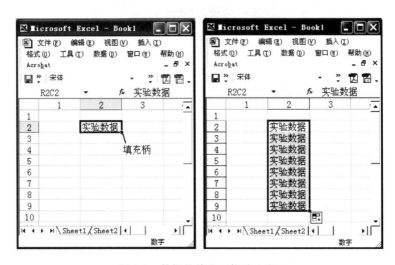

图 4-7　数据的填充（拉动文字）

用鼠标右键拖动填充柄（把鼠标指针移到"填充柄"处，按住鼠标右键拖动），其操作和填充的结果示于图 4-9，即在 A1 单元格中输入数值"234"，移动鼠标指针至"填充柄"

图 4-8 计算结果

处［图 4-9(a)］，使鼠标指针变为"＋"，再按住鼠标右键拖动鼠标，在弹出的菜单中选"序列"［图 4-9(b)］，再选"等差序列"。取步长值 12，其结果如图 4-9(c) 所示。

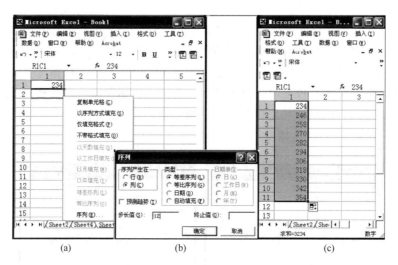

图 4-9 操作和填充的结果

4.3.2.2 调整行、列宽度和字体大小

（1）调整行、列宽度

把鼠标移到行号或列号上，移动鼠标并按住左键，拖动鼠标，即可调整行、列宽度。

（2）调整字体大小

先选中要调整的区域，选择工具栏中的字体、字号和字形即可进行调整。

4.3.2.3 设置边框线、对齐

对选中的区域还可进行边框线设置、对齐操作，其操作与设置字体大小相同。相应设置边框线、对齐工具栏见图 4-10。

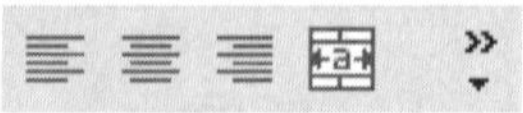

图 4-10 设置边框线、对齐工具栏

4.3.2.4　工作簿的保存

对已编辑好的文档要及时保存，工作簿的保存分保存和另存为。在［文件］菜单中用"另存为"保存一个新文档时，需回答文档的保存位置、文件名和类型等，以及设置一些保存文件的选项。

4.3.2.5　工作表的打印输出

在进行了［文件］菜单中的"打印页面设置"和"打印预览"命令预览合适后，选［文件］菜单下的"打印"对工作表的数据在本地打印机或网络打印机上打印输出。

4.3.3　Excel 中的公式和函数

Excel 提供了丰富的公式和函数，它可表达数据间复杂的运算关系，用它可以处理化学实验数据。

（1）公式

公式是由＝、数字、文字、运算符、函数、单元格引用地址等构成。例如，＝a1＋b1＋c1，＝66 * b3，＝ln(a1)…

公式输入到单元格中，输入完毕后，在本单元格中显示出结果。

① 运算符及运算顺序　运算符有引用运算符［；、．．空格和－（负号）］、算术运算符（＋、－、*、/、%）、文字运算符（&）和比较运算符（＝、<、>、<=、>=、<>）。

运算顺序：按引用运算符、算术运算符、文字运算符和比较运算符顺序运算。

② 单元格引用地址　相对引用地址：这种引用地址随公式所在单元格位置的变化而改变，如 C3，F2，A1：D3（表示从左上角 A1 到右下角 D3 的区域）。

绝对引用地址：这种引用地址不随公式所在单元格位置的变化而改变，如 $ A $ 1，$ F $ 3，…

混合引用地址：如 $ AZ，F $ 3，…

（2）函数

单击菜单中［插入］"函数"或点击工具栏上的 fx 弹出"插入函数"对话框（见图 4-11），用户按图 4-11 函数的种类、功能选择使用。

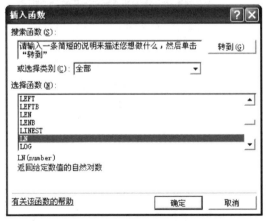

图 4-11　"插入函数"对话框

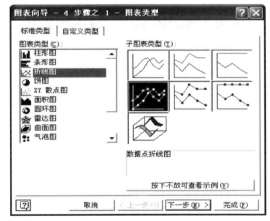

图 4-12　图表类型

用户也可按图 4-11 函数的格式，在公式中直接输入使用。

4.3.4　Excel 的图表

在 Excel 中能很方便地将电子表格中的数据转化为图。

（1）图表类型

Excel 中图表有两类：标准类型（14 种）和自定义类型（见图 4-12）。

（2）图表建立

图表有两种形式；嵌入式图表和工作表图表，图表的建立操作为：

① 工作表中选定数据区域。

② 点击［插入］菜单的“图表”或工具栏上的图标（见图 4-13），弹出“图表向导”，按向导一步一步设置。其设置共有四步：设图表类型（见图 4-12）、图表选项和图表位置。

图 4-13　工具栏上的图表图标

（3）图表编辑

图表建立后，根据需要可进行修改。它们是图表的位置、大小、类型、标题、数据标记等方面。其操作为：

① 选中（用鼠标点去）被修改的图表中的某部分。

② 选菜单中［格式］或快捷菜单（用鼠标右键点击）下所需修改的内容，其操作实例见下节。

4.3.5　实验数据处理应用实例

以邻二氮菲为显色剂，用分光光度法测定溶液中的 Fe^{2+}，在 508nm 波长下，用 1cm 比色皿，吸光度数据为：

[Fe(Ⅱ)]标液浓度/(μg/L)	吸光度 A	[Fe(Ⅱ)]标液浓度/(μg/L)	吸光度 A
200	0.038	1000	0.190
500	0.095	1100	0.209
700	0.133	1200	0.228
900	0.171		

若实验测得某未知样品的吸光度为 0.156，则 Fe^{2+} 的浓度为多少？

（1）建 Excel 数据表

在 Excel 建立数据表（见图 4-14）中第 1 列为 Fe^{2+} 的浓度，第 2 列为吸光度。

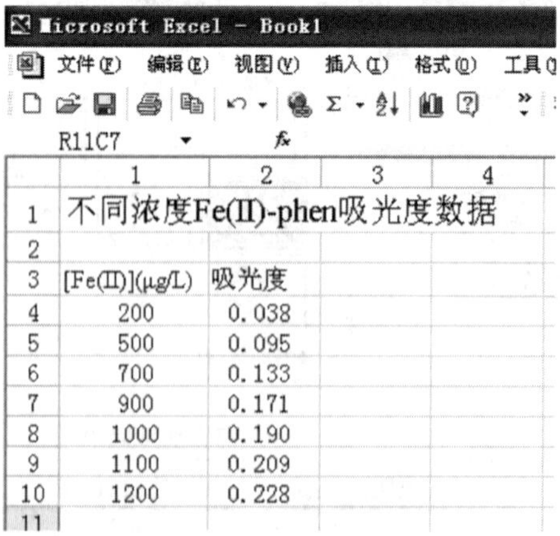

	1	2	3	4
1	不同浓度Fe(Ⅱ)-phen吸光度数据			
2				
3	[Fe(Ⅱ)](μg/L)	吸光度		
4	200	0.038		
5	500	0.095		
6	700	0.133		
7	900	0.171		
8	1000	0.190		
9	1100	0.209		
10	1200	0.228		
11				

图 4-14　建立数据表

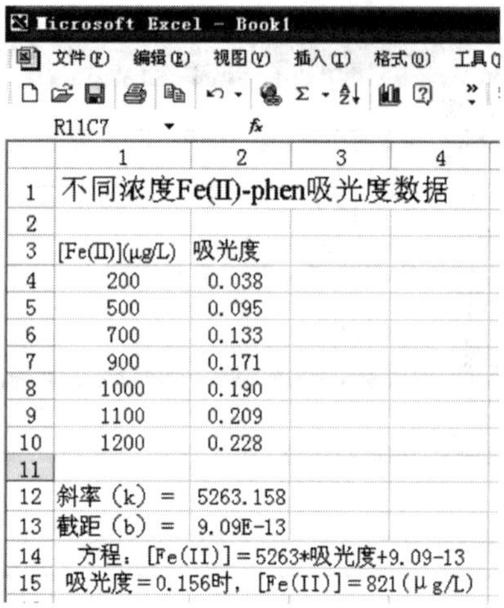

	1	2	3	4
1	不同浓度Fe(Ⅱ)-phen吸光度数据			
2				
3	[Fe(Ⅱ)](μg/L)	吸光度		
4	200	0.038		
5	500	0.095		
6	700	0.133		
7	900	0.171		
8	1000	0.190		
9	1100	0.209		
10	1200	0.228		
11				
12	斜率 (k) =	5263.158		
13	截距 (b) =	9.09E-13		
14	方程：[Fe(II)]=5263*吸光度+9.09-13			
15	吸光度=0.156时，[Fe(II)]=821(μg/L)			

图 4-15　线性回归处理图

（2）进行线性回归

求出方程 $y=kx+b$ 中的斜率（k）和截距（b）。

在图 4-14 所示数据表下方合适的位置处选四个单元格，每个单元格上分别输入两名称和两函数（见图 4-15）。既可求出直线方程的斜率和截距，同时也可求出已知样品的浓度（见图 4-15）。根据有效数字修约规则，Fe^{2+} 的浓度为 $821\mu g/L$。

（3）图表处理

在如图 4-15 所示的界面上，拖动鼠标选中从 1～4 到 2～10 的区域，点击"图表"图标（见图 4-13），出现图 4-16(a) 所示的图表类型界面图，点击"XY 散点图"和子图表类型后，点击［下一步］，出现图表数据源界面和内容设置，如图 4-16(b) 所示。

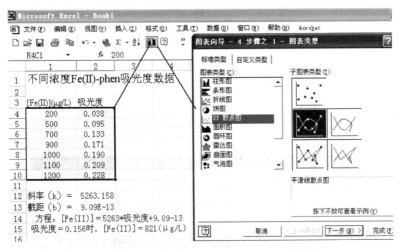

(a) 图表类型界面图

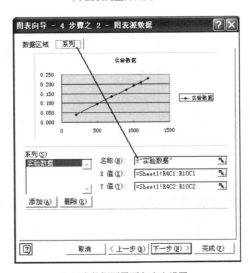

(b) 图表数据源界面和内容设置

图 4-16　图表设置界面图

在数据源界面图上点击［下一步］，出现图 4-17 左边所示图表选项界面图，在对"图的标题、坐标线和网格线"等（见图 4-17）设置后，点击［完成］，在当前工作表中得到图 4-17 右边所示的用分光光度法测定 Fe^{2+} 的浓度的标准曲线；点击［下一步］可把标准曲线选嵌入工作表中或选放入其他位置。

图表通过以上操作建成后，如需要对图表的位置、大小、类型、标题、数据标记等方面进行编辑修改，可通过以下操作进行。

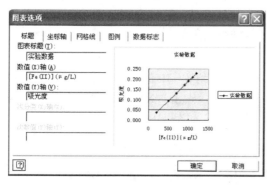

图 4-17　图表选项界面图

① 选定用鼠标点击所需修改处。图 4-17（左）为用鼠标点击标准曲线中吸光度坐标轴（纵坐标）后，所显示的图表编辑操作示意图。

② 菜单中［格式］或快捷菜单进行对应的修改，点击菜单中的［格式］或鼠标右键，显示如图 4-18（上）所示，选"坐标轴格式"，弹出如图 4-18（右）所示的对话框，从而可对所选定的坐标轴的"刻度、字体"等进行修改。

③ 同理，还可对图表的数据曲线、绘图区、网格线等进行一一修改。另外，当选定了图表的内容后，还可对图表进行移动、放大缩小等操作。图 4-19 为经过修改后的用分光光度法测定 Fe^{2+} 的浓度的标准曲线图。

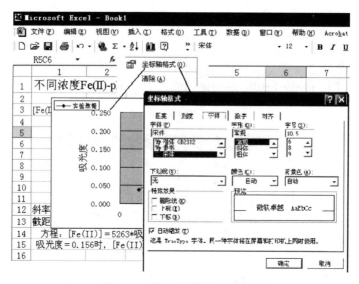

图 4-18　图表编辑操作示意图

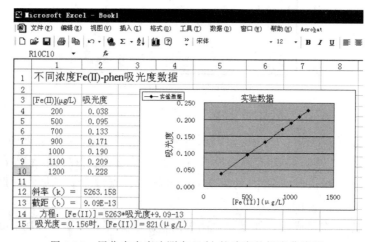

图 4-19　用分光光度法测定 Fe^{2+} 的浓度的标准曲线图

4.4　Origin 在化学实验数据处理中的应用

Origin 是美国 Microsoft 公司推出的数据分析和绘图软件，当前全世界有数以万计的科学和工程技术人员使用 Origin 软件，公认"Origin 是最快、最灵活、使用最容易的工程绘图软件"。Origin 最突出的特点是使用简单，它采用直观的、图形化的、面向对象的窗口菜单和工具栏操作，全面支持鼠标右键操作、支持拖放式绘图等，且其典型应用不需要用户编写任何一行程序代码。Origin 带给用户的是最直观、最简单的数学分析和绘图环境。

Origin 是一个多文档界面应用程序。它将用户的所有工作都保存在后缀为 OPJ 的项目文件（project）中，这点与 Visual Basic 等软件很类似。保存项目文件时，各子窗口也随之一起存盘；另外各子窗口也可以单独保存，以便别的项目文件调用。一个项目文件可以包括多个子窗口，可以是工作表窗（Worksheet）、绘图窗口（Graph）、函数图窗口（Function Graph）、矩阵窗口（Matrix）和版面设计窗口（Layout Page）等。一个项目文件中的各窗口相互关联，可以实现数据实时更新，即如果工作表中的数据被改动之后，其变化能立即反映到其他各窗口，比如绘图窗口中所给数据点可以立即得到更新。然而，正因为它功能强大，其菜单界面也就较为繁复，且当前激活的子窗口类型不一样时，主菜单、工具栏结构也不一样。

Origin 包括两大类功能：数据分析和绘图。Origin 的数据分析包括数据的排序、调整、计算、统计、频谱变换、曲线拟合等各种完善的数学分析功能。准备好数据后进行数据分析时，只需选择所要分析的数据，然后再选择相应的菜单命令即可。Origin 的绘图是基于模板的，Origin 本身提供了几十种二维和三维绘图模板。绘图时，只需选择所要给图的数据，然后再单击相应的工具栏按钮即可。

另外，为了用户扩展功能和二次开发的需要，Origin 提供了广泛的定制功能和各种接口，用户可以自定义数学函数、图形样式和绘图模板等；可以和各种数据库软件、办公软件、图像处理软件等方便地连接；可以用 C 等高级语言编写数据分析程序；还可以使用 Origin 内置的 Lab Talk 语言编程等。

4.4.1　Origin 主要功能

Origin 的主要功能如下。

① 将实验数据自动生成二维坐标中的图形，有利于对实验趋势进行判断。

② 在同一幅图中可以画上多条实验曲线，有利于对不同的实验数据进行比较研究。

③ 不同的实验曲线可以选择不同的线型，并且可将实验点用不同的符号表示出来。

④ 可对坐标轴名称进行命名，并可进行字体大小及型号的选择。

⑤ 可将实验数据进行各种不同的回归计算，自动打印出回归方程及各种偏差。

⑥ 可将生成的图形以多种形式保存，以便在其他文件中应用。

⑦ 可使用多个坐标轴，并可对坐标轴位置、大小进行自由选择。

总之，Origin 是一个功能十分齐全的软件，对于绘制化工实验曲线非常有用。

4.4.2　Origin 的安装

点击 Origin 的安装程序，按提示操作即可。

安装好 Origin 软件后，在桌面上载入"快捷方式"，以利于以后使用。Origin "快捷方

图 4-20　Origin "快捷
方式" 的图标

式" 的图标如图 4-20 所示。

4.4.3　数据输入

输入数据是 Origin 绘图的第一步。下面介绍其主要输入方法。

① 打开已装有 Origin 软件的电脑，双击 "快捷方式" 的图标，电脑就进入如图 4-21 所示的界面。

② 图 4-21 是直接输入数据界面，在此界面上只有两列数据输入项，用鼠标点击某一单元格，输入数据，回车即可。如果实验数据多于两列，则可将鼠标移到 "Column" 处点击，在其下拉菜单中选择 "add new columns" 项，弹出如图 4-22 所示的对话框，输入要增加的数据列数，单击 "确定"。然后将所有的实验数据输入表格中。

图 4-21　直接输入数据界面

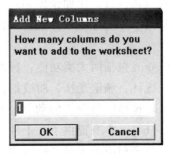

图 4-22　增加数据对话框

③ 除了直接输入数据以外，也可以将在其他程序计算和测量所取得的数据直接引用过来。点击 "Files"，在其下拉菜单中选择 "Import"，再在弹出的菜单中选择一种你所存储的数据形式 [见图 4-23(a)]。许多仪器数据是以 "ASCⅡ" 形式存放的，可点击 "Single

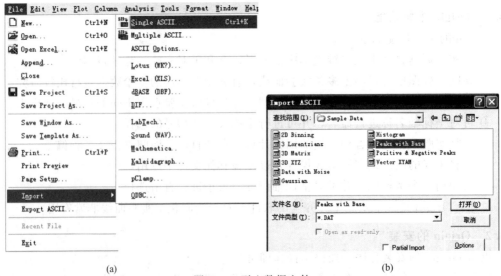

(a)　　　　　　　　　　　　　　(b)

图 4-23　引入数据文件

ASCⅡ",在弹出的对话框中选取数据文件名[见图 4-23(b)],点击之,就可以将数据直接引入到数据表格中去。

值得注意的是,放在数据文件中的数据,其次序应和数据表格中的次序相一致,同行的数据以","相间隔,不同行的数据应换行存放,否则,引入的数据无法使用。

4.4.4　图形生成

当输入完数据后,就可以开始绘制实验数据曲线图。实验曲线常有单线图和多线图,下面分别介绍。

4.4.4.1　单线图

① 点击"Plot",在其下拉菜单中选择曲线形式,一般选择"Line＋Symbol"(见图 4-24),它是将实验数据用直线分别连接起来,在每一格数据点上有一个特殊的记号。

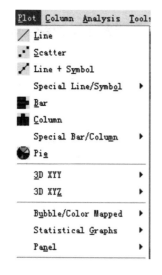

图 4-24　曲线选择方式

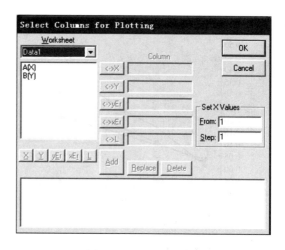

图 4-25　坐标选择方式

② 在弹出的对话框(见图 4-25)中选择 X 轴和 Y 轴的数据列。其选样方法如下:先点击对话框左边的数据列,再点击"X"或"Y",选择其作为 X 轴或 Y 轴,当选定两个坐标后,单击"OK",就画出一条如图 4-26 所示的曲线。

4.4.4.2　多线图

在化工实验中常常是多条实验曲线画在一起,这时数据列一般大于 2,其方法是在画好一条线的基础上(当前活动窗口为图形),点击"Graph",在其下拉菜单中选择"Add Plot to Layer",再在展开的菜单中选择"Line ＋ symbol"(见图 4-27),系统会弹出和图 4-25 相仿的对话框,选择需要添加曲线的 X 轴和 Y 轴,当选定两个坐标后,单击"OK",重复以上步骤,就可以将多条曲线绘制在同一图中(见图 4-28),有利于实验数据的分析和研究。

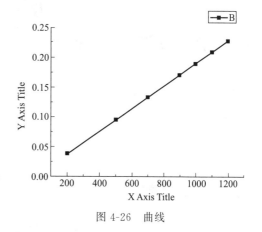

图 4-26　曲线

如果所要作的多线图只是 Y 轴不同而 X 轴相同,则有一种简单的办法直接制作。例如

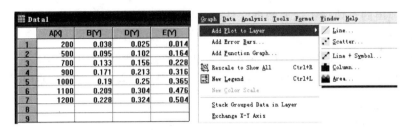

图 4-27　绘制多线图对话框

有如图 4-27 所示的数据，X 轴都为 A 列，Y 轴分别为 B、C、D 列，则可首先利用鼠标选中要制作多线图的所有数据列（这一点和使用 word 文档一样），然后点击多线图线条类型的图表，如选中""，则可直接得到图 4-28。

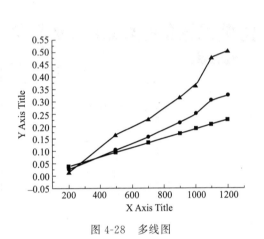

图 4-28　多线图

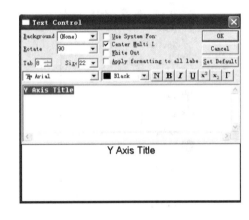

图 4-29　标注坐标轴

4.4.5　坐标轴的标注

输入数据，画好曲线，这时发现坐标轴的名称尚未标注，标注坐标轴名称有以下两种方法。

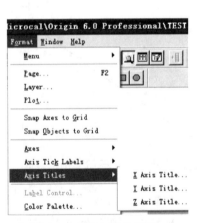

图 4-30　坐标轴的设置

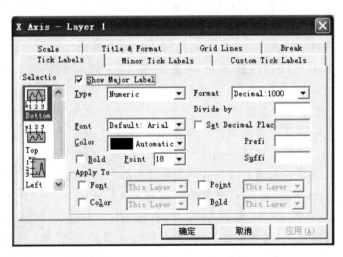

图 4-31　"X Axis"的设置

① 将鼠标双击标有"X Axis Title"和"Y Axis Title"处，弹出如图 4-29 所示的对画

框，输入坐标轴的中文名、英文字母、单位，同时可选择字体、字号以及其他一些功能。需要说明的是，有些字体在 Origin 里可以显示出来，但当粘贴到 Word 文档时无法显示，因此，建议大家将字体选为宋体，这样可保证在 Word 文档中可以显示坐标轴的名称。

② 点击"Format"，在其下拉式菜单中选择"Axis"、"Y Axis"（见图 4-30），系统弹出如图 4-30 所示的对话框，点击"Axis Tick Label"，得图 4-31。同时如果点击图 4-31 的其他功能，则可以对坐标的起始位置、坐标间隔、坐标轴位置及间隔小标签的方向等许多功能进行设置。

4.4.6　线条及实验点图标的修改

在实验数据的多线图中，每一条曲线表示的含义是不同的，不同的实验点必须用不同的图标表示，可以双击需要修改的曲线，弹出如图 4-32 所示的对话框，点击"Line"可以修改线条粗细、颜色、风格及连接方式；点击"Symbol"可以修改实验点的图标形状和大小；点击"Group"可以进行线条的组态设置。

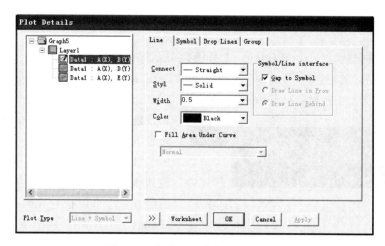

图 4-32　实验点和线条的图标设置

4.4.7　数据的拟合

完成前述任务后，一幅实验曲线图基本完成，但如果需要对实验数据进行一些回归计算，则可以通过以下方法进行。

① 点击"Data"，选中要回归的某一条曲线（见图 4-33）。

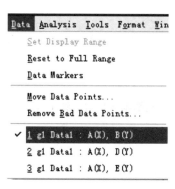

图 4-33　选择回归曲线

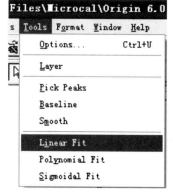

图 4-34　选择回归方法（线性回归）

图 4-35　选择回归指标

② 点击"Tools"，选择回归的方法，如图 4-34 所示为线性回归。

③ 在弹出的对框中，进一步确定回归的标准，点击"Fit"（见图 4-35），系统就会对所选择的曲线按指定的方法进行回归，如图 4-36。

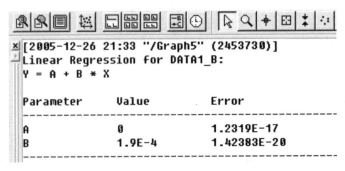

图 4-36　曲线的回归

4.4.8　其他功能

（1）数据显示

Origin 的数据显示（Data display）工具模拟显示屏的功能，动态显示所选数据点或屏幕点的 XY 坐标值。当选择"Tools"工具栏的"Data selector"、"Data reader"、"Screen reader"或"Draw"工具时，Origin 将自动显示"Data display"工具。另外，当移动或删除数据点时，（Data display）工具也会自动显示。

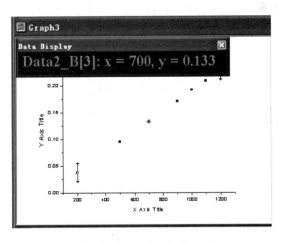

图 4-37　"Data display"工具

"Data display"工具是浮动的，可以将其移动到 Origin 工作空间内任何方便的位置，也可以把它拉大或缩小。"Data display"工具如图 4-37 所示。

"Data display"工具显示的内容含义如下：

L：Book：为 Origin 项目的文件名。

B 为数列名称。

［3］为数据点的序号。

X＝700，Y＝0.119 为该数据点的坐标值。

（2）数据选择

Origin 的数据选择"Data selector"工具的功能是选择一段数据曲线，做出标记，突出显示效果。

数据选择的步骤如下：

① 单击"Tools"工具栏上的"Data selector"命令按钮，则数据标志出现在线段曲线的两端，另外，数据显示窗口也会自动打开。

② 为了标出感兴趣的数据段，要移动数据标志，方法有两个。

a. 用鼠标拖动标志，将其移动到合适的位置。

b. 先用键盘的左右箭头选择相应的左右数据标志，然后按下"Ctrl"键不放，再按下左右箭头便可以使选定的数据标志向左右方向移动，步长为一个数据点。如果同时按下"Ctrl"和"Shift"键不放，再按下左右箭头便可以使选定的数据标志向左右方向移动，步长为五个数据点。

（3）数据读取

Origin 的数据选择"Data Reader"工具的功能是显示数据曲线上选定点的 X、Y 坐标值。

数据读取的步骤如下。

① 单击"Tools"工具栏上的"Data Reader"命令按钮 ⊞，则鼠标出现 ⊞ 形状。

② 用鼠标选择数据曲线的点，则在"Data display"工具中出现该数据点的坐标值 X、Y。

（4）定制坐标轴

① 双击 X 坐标轴。

② 单击"Scale"选项卡，在"From"栏键入 50，在"To"栏键入 1400，在"Increment"栏键入 200。

③ 选择"Title & Format"选项卡，在"Title"文本框键入"铁离子浓度"。

④ 双击 Y 标轴。

⑤ 单击"Scale"选项卡，在"From"栏键入 0，在"To"栏键入 0.25，在"Increment"栏键入 0.02。

⑥ 选择"Title & Format"选项卡，在"Title"文本框键入"吸光度"，得图 4-38。

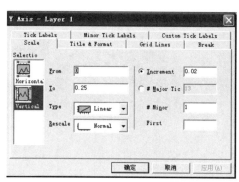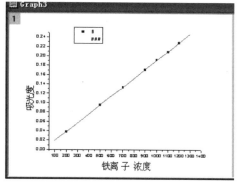

图 4-38　定制坐标轴

（5）图形的导出

在 Origin 中导出图形的方法有下列几种。

① 通过剪贴板导出，方法是：激活绘图窗口，选择"Edit"—"Copy page"，图片被拷贝进剪贴板，然后就可以将其粘贴到其他应用程序中了。

② 导出图形文件，方法是：

a. 选择菜单命令"File"—"Export page"，则打开"另存为"对话框。

b. 在对话框内的"文件名"文本框内输入文件名。

c. 从"保存类型"下拉列表框内选择图形文件的类型。

d. 单击"保存"命令按钮。

　　这样窗口图像被保存为图形文件，可以插入到任何可以识别这种格式文件的应用程序中了。

参 考 文 献

［1］　刁国旺，阚锦晴，刘天晴等．物理化学实验．兵器工业出版社，1993．

［2］　王秋长，赵鸿喜，张守民，李一峻．基础化学实验．北京：科学出版社，2003．

［3］　方利国，陈砺．计算机在化学化工中的应用．北京：化学工业出版社，2003．

第5章 常见仪器的使用

5.1 分析天平

5.1.1 双盘电光分析天平

分析天平是定量分析中用于称量的精密仪器。称量的准确度与分析结果的准确度密切相关。因此，必须了解天平称量的原理和天平的结构，并掌握正确的称量方法。

双盘电光分析天平是根据杠杆原理制成的，天平梁是一等臂杠杆，其中点为支点，如被称量的物体重量为 W_1，质量为 m_1；砝码的重量为 W_2，质量为 m_2；重力加速度为 g。将被称量的物体和砝码分别放置在与支点等距离的两力点上，达到平衡时，支点两边的力矩相等，因为两力臂相等，所以 $W_1 = W_2$。又因 $W_1 = m_1 g$，$W_2 = m_2 g$，故 $m_1 = m_2$，即被称量物体的质量等于砝码的质量。

5.1.1.1 双盘电光分析天平的构造

电光分析天平有全自动电光天平和半自动电光天平两种。全自动电光天平所有砝码全部通过机械加码器加减。而半自动电光天平，只有 1g 以下的砝码是通过机械加码器加减的。两种天平除加码装置外其他基本结构相似。现以常见的 TG328B 型电光分析天平（见图 5-1）为例，将天平有关部件分别介绍如下。

① 天平梁　天平梁是用特殊的铝合金制成的。梁上装有三个三棱柱形的玛瑙刀口，中间有一个支点刀，刀口向下，由固定在支柱上的玛瑙平板（即玛瑙刀承）所支承。左右两边各有一个承重刀，刀口向上，在刀口上方各悬有一个嵌有玛瑙刀承的吊耳。这三个刀口的棱边应互相平行并在同一水平面上，同时要求两承重刀口到支点刀口的距离（即天平臂长）相等。

三个刀口的锋利程度对天平的灵敏度有很大影响。刀口越锋利，和刀口相接触的刀承越平滑，它们之间的摩擦越小，天平的灵敏度也就越高。经长期使用后，由于摩擦，刀口逐渐变钝，灵敏度就逐渐降低。因此，要保持天平的灵敏度应注意保护刀口的锋利，尽量减少刀口的磨损。

② 升降枢　使用天平时反时针转动升降枢，天平梁微微下降，刀口和刀承互相接触，天平开始摆动，称为"启动"天平。此时，如果天平受到振动或碰撞，刀口特别容易损坏。如顺时针转动升降枢，把天平梁托住，此时，刀口和刀承间有小缝隙，不再接触，可以避免磨损。为了减少刀口和刀承的磨损，切不可触动未休止的天平。无论启动或休止天平均应轻轻地、缓缓地转动升降枢，以保护天平。

③ 指针和投影屏　指针固定在天平梁的中央。启动天平时，天平梁和指针开始摆动。指针下端装有微分标尺，通过一套光学读数装置，使微分标尺上的刻度放大，再反射到投影屏上读出天平的平衡位置。屏上显示的标尺，中间为 0，左负右正。标尺上的刻度直接表示质量。通过调节天平的灵敏度使标尺上的每一格相当于 0.1mg，10 格相当于 1mg。屏上有一条固定刻线，微分标尺的投影与刻线重合处即为天平的平衡位置。

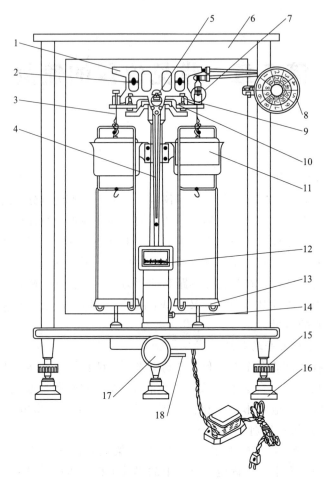

图 5-1　TG328B 型电光分析天平

1—天平梁；2—平衡砣；3—吊耳；4—指针；5—支点刀；6—天平箱；7—环码；8—指数盘；9—支力销；10—折叶；
11—阻尼内筒；12—投影屏；13—秤盘；14—托盘；15—螺旋脚；16—垫脚；17—升降枢；18—调零杆

④ 空气阻尼器　空气阻尼器是由两个大小不同的圆筒组成，大的外筒固定在天平支柱的托架上，而小的内筒则挂在吊耳的挂钩上。两个圆筒间有一定缝隙。缝隙要保持均匀，使天平摆动时内筒能自由上下浮动。称量时，阻尼器的内筒上下浮动，由于筒内空气力的作用，使天平较快地停止摆动，缩短了称量时间。

5.1.1.2　电光分析天平的使用方法

① 称量前的检查与准备　拿下防尘罩，叠平后放在天平箱上方。检查天平是否正常，天平是否水平，秤盘是否洁净，圈码指数盘是否在 "000" 位，圈码有无脱位，吊耳有无脱落、移位等。

检查和调整天平的空盘零点。用平衡螺丝（粗调）和投影屏调节杠（细调）调节天平零点，这是分析天平称量练习的基本内容之一。

② 称量　当要求快速称量，或怀疑被称物可能超过最大载荷时，可用托盘天平（台秤）粗称。一般不提倡粗称。将待称量物置于天平左盘的中央，关上天平左门。按照"由大到小，中间截取，逐级试重"的原则在右盘加减砝码。试重时应半开天平，观察指针偏移方向或标尺投影移动方向，以判断左右两盘的轻重和所加砝码是否合适及如何调整。注意：指针

总是偏向质量轻的盘，标尺投影总是向质量重的盘方向移动。先确定克以上砝码（应用镊子取放），关上天平右门。再依次调整百毫克组和十毫克组圈码，每次都从中间量（500mg 和 50mg）开始调节。确定十毫克组圈码后，再完全开启天平，准备读数。

③ 读数　砝码确定后，全开天平旋钮，待标尺停稳后即可读数。称量物的质量等于砝码总量加标尺读数（均以克计）。标尺读数为 9～10mg 时，可再加 10mg 圈码，从屏上读取标尺负值，记录时将此读数从砝码总量中减去。

④ 复原　称量数据记录完毕，即应关闭天平，取出被称量物质，用镊子将砝码放回砝码盒内，圈码指数盘退回到"000"位，关闭两侧门，盖上防尘罩，并在天平使用登记本上登记。

⑤ 使用天平的注意事项

a. 开、关天平旋钮，放、取被称量物，开、关天平侧门以及加、减砝码等，动作都要轻、缓，切不可用力过猛、过快，以免造成天平部件脱位或损坏。

b. 调节零点和读取称量读数时，要留意天平侧门是否已关好；称量读数要立即记录在实验报告本或实验记录本上。调节零点和称量读数后，应随手关好天平。加、减砝码或放、取称量物必须在天平处于关闭状态下进行（单盘天平允许在半开状态下调整砝码）。砝码未调定时不可完全开启天平。

c. 对于热的或冷的称量物应置于干燥器内直至其温度与天平室温度一致后才能进行称量。

d. 天平的前门仅供安装、检修和清洁时使用，通常不要打开。

e. 在天平箱内放置变色硅胶作干燥剂，当变色硅胶变红后应及时更换。

f. 必须使用指定的天平及天平所附的砝码。如果发现天平不正常，应及时报告指导教师或实验室工作人员，不要自行处理。

g. 注意保持天平、天平台、天平室的安全、整洁和干燥。

h. 天平箱内不可有任何遗落的药品，如有遗落的药品可用毛刷及时清理干净。

i. 用完天平后，罩好天平罩，切断天平的电源。最后在天平使用记录簿上登记，并请指导教师签字。

5.1.2　电子天平

电子天平是利用电子装置完成电磁力补偿的调节，使物体在重力场中实现力的平衡，或通过电磁力矩的调节，使物体在重力场中实现力矩的平衡。没有刀口刀承，无机械磨损，全部采用数字显示，自动调零，自动校准，自动扣除皮重，只需几秒就可显示称量结果，因此称量速度快。电子天平连接计算机和打印机后可具有多种功能，是代表发展趋势的最先进的天平。

BP210S 型电子天平是多功能、上皿式常量分析天平，感量为 0.1mg，最大载荷 210g，其显示屏和控制键板如图 5-2 所示。

5.1.2.1　电子分析天平的操作

一般情况下，只使用开/关键、除皮/调零键和校准/调整键。使用时的操作步骤如下。

① 接通电源（电插头），屏幕右上角显出一个"0"，预热 30min 以上。

② 检查水平仪（在天平后面），如不水平，应通过调节天平前边左、右两个水平支脚而使其达到水平状态。

③ 按一下开/关键，显示屏很快出现"0.0000g"。

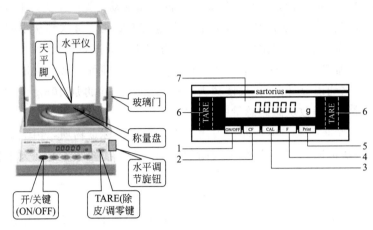

图 5-2　BP210S 型电子天平显示屏及控制键板
1—开/关键（ON/OFF）；2—消除键（CF）；3—校准/调整键（CAL）；
4—功能键（F）；5—打印键（Print）；6—除皮/调零键（TARE）；7—质量显示屏

④ 如果显示不正好是"0.0000g"，则要按一下"TARE"键。

⑤ 将被称物轻轻放在秤盘上，这时可见显示屏上的数字在不断变化，待数字稳定并出现质量单位"g"后，即可读数（最好再等几秒）并记录称量结果。

⑥ 称量完毕，取下被称物，如果还要继续使用天平，可暂不按"开/关键"，天平将自动保持零位，或者按一下"开/关键"（但不可拔下电源插头），让天平处于待命状态，即显示屏上数字消失，左下角出现一个"0"，再来称样时按一下"开/关"键就可使用。如果较长时间（半天以上）不再用天平，应拔下电源插头，盖上防尘罩。

⑦ 如果天平长时间没有用过，或天平移动过位置，应进行一次校准。校准要在天平通电预热 30min 以后进行，程序是：调整水平，按下"开/关"键，显示稳定后如不为零则按一下"TARE"键，稳定地显示"0.0000g"后，按一下校准键（CAL），天平将自动进行校准，屏幕显示出"CAL"，表示正在进行校准。10s 左右，"CAL"消失，表示校准完毕，应显示出"0.0000g"，如果显示不正好为零，可按一下"TARE"键，然后即可进行称量。

5.1.2.2　电子分析天平的使用注意事项

① 天平室应避免阳光照射，保持干燥，防止腐蚀性气体的侵袭。天平应放在牢固的台上避免振动。使用时，动作要轻、缓，并时常检查水平是否改变。

② 天平箱内应保持清洁，要放置并定期烘干吸湿用的干燥剂（变色硅胶），以保持干燥。

③ 同一实验应使用同一台天平，以减少称量误差。

④ 称量物体不得超过天平的最大载荷（一般为 200g）。称量的样品，必须放在适当的容器中，不得直接放在天平盘上。

⑤ 不得在天平上称量过热、过冷或散发腐蚀性气体的物质。

⑥ 电子天平的开机、通电预热、校准均由实验室工作人员负责完成，学生只按"TARE"键，不要触动其他控制键。

⑦ 称量的数据应及时写在记录本上，不得记在纸片或其他地方。

⑧ 称量完毕，检查天平内外清洁，关好天平门，关闭电源，最后在天平使用登记本上写清使用情况。

5.1.3　固体样品的称量方法

5.1.3.1　直接称量法

称物体前，先按"TARE"键，使天平读数为 0.0000g，然后把物体放在天平盘中，关上天平门，待读数稳定后，此时所示的质量就等于物体质量。这种称量方法适用于称量洁净干燥的器皿、棒状或块状的金属等，不得用手直接取放被称物，而应采用垫纸条、用镊子或钳子等适宜的办法。

5.1.3.2　固定质量称量法

在实际工作中，有时要求准确称取某一指定质量的试样。例如在例行分析中为了便于计算结果或利用计算图表，往往要求称取一指定质量的被测样品，这时可采用固定质量称量法。此法要求试样本身不吸水并在空气中性质稳定（如金属、矿石等），其操作步骤如下。

① 先将容器（如小表面皿、小烧杯、不锈钢制的小簸箕或碗形容器、铝箔、电光纸等）放在天平盘上，待稳定后，按"TARE"键，使天平读数为 0.0000g。

② 如指定称取 0.4000g 时，用角匙在秤盘的容器中先加入略少于 0.4g 的试样，然后在容器的上方以手指轻轻振动，使试样慢慢落入容器中，直至天平读数为 0.4000g。称量完毕后，将试样全部转移入实验容器中（表面皿可用水洗涤数次，称量纸上必须不黏附试样）。

此法也可用于称取符合条件的不指定质量的试样，称为增量法。

5.1.3.3　递减称量法

这种方法称出样品的质量不要求固定的数值，只需在要求的称量范围内即可，适用于称取多份易吸水、易氧化或易与 CO_2 反应的物质。将此类物质盛在带盖的称量瓶中，首先称出其质量，再称取倒出部分试样后的质量，二者之差即是试样的质量。如再倒出一份试样，可连续称出第二份试样的质量。因每次倒出试样后质量逐渐减少，故称为递减称量法。此法既可防止吸潮和防尘，又便于称量操作。其操作步骤如下。

① 在称量瓶中装适量试样（如果试样曾经烘干，应放在干燥器中冷却到室温），用洁净的小纸条或塑料薄膜条套在称量瓶上，放在天平盘中，设称其质量为 $w_1(g)$。

② 将称量瓶取出，在准备溶解试样的容器上方打开瓶盖，用称量瓶盖轻轻地敲瓶的上部，使试样慢慢落入容器中，如图 5-3 所示。然后慢慢地将瓶竖起，用瓶盖敲瓶口上部，使粘在瓶口的试样落入瓶中，盖好瓶盖。再将称量瓶放回天平盘上称量，如此重复操作，直到倾出的试样质量达到要求为止。设其质量为 $m_2(g)$，则第一份试样质量＝$m_1-m_2(g)$。

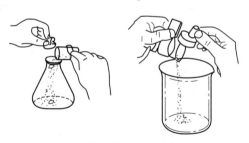

图 5-3　从称量瓶中敲出试样示意图

③ 同上操作，逐次称量，即可称出多份样品，例如：

$$
\left.
\begin{array}{l}
\text{瓶+样品(1)} \quad 20.3720\text{g} \\
\text{瓶+样品(2)} \quad 20.1237\text{g}
\end{array}
\right\} \text{差为}0.2483\text{g}\cdots\cdots\text{第一份样品的质量}
$$

$$
\left.
\begin{array}{l}
\text{瓶+样品(3)} \quad 19.8937\text{g}
\end{array}
\right\} \text{差为}0.2300\text{g}\cdots\cdots\text{第二份样品的质量}
$$

$$
\left.
\begin{array}{l}
\text{瓶+样品(4)} \quad 19.6527\text{g}
\end{array}
\right\} \text{差为}0.2410\text{g}\cdots\cdots\text{第三份样品的质量}
$$

5.1.4　液体样品的称量方法

液体样品的准确称量比较麻烦，根据不同样品的性质有多种称量方法。

（1）性质较稳定、不易挥发的样品

可装在干燥的小滴瓶中用差减法称量，最好预先粗称每滴样品的大致质量。

（2）易挥发或与水作用强烈的样品

需要采取特殊的办法进行称量，例如冰乙酸样品可用小称量瓶准确称量，然后连瓶一起放入已装有适量水的具塞锥形瓶中，摇动使称量瓶盖子打开，样品与水混合后进行测定。

5.2　酸度计

酸度计又称 pH 计，是一种通过测量电势差的方法来测定溶液 pH 值的最常用仪器之

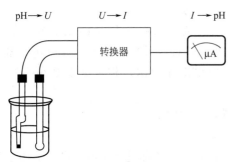

图 5-4　酸度计的工作原理示意图

一，它除可以测定溶液的 pH 值外，还可以测量氧化还原电对的电极电势（即电动势）值（mV）及配合电磁搅拌进行电位滴定等。其工作原理主要是利用一对电极在不同 pH 值溶液中能产生不同的电动势，再将该电动势输入仪器，经过电子线路的一系列工作，最后在电表上指示出测量结果（见图 5-4）。实验室常用酸度计有 pHS-25 型、pHS-2C 型、pHS-3C 型、821 型袖珍数字式 pH 离子计。各种仪器的型号和结构虽然不同，但其基本原理是一样的。

（1）基本原理

各种不同类型的酸度计均由玻璃电极、饱和甘汞电极和精密电位计三部分组成。

取一支玻璃电极作为指示电极、一支饱和甘汞电极作为参比电极，将两电极分别连接在精密电位计的"一"极和"＋"极上，然后将电极浸入小烧杯的待测溶液中，组成原电池（亦称工作电池），测量该电池的电动势，即可测得溶液的 pH 值。

① 玻璃电极　酸度计的测量电极一般使用玻璃电极，其结构如图 5-5(a) 所示。在测定溶液的 pH 值或酸碱电位滴定时它作指示电极。玻璃电极的外壳是用高阻抗玻璃制成的，其下端是由特殊玻璃经烧结而吹制成的玻璃膜小球泡（膜厚约为 0.1mm），称为电极膜。它对 H^+ 有敏感作用，是决定电极性能的最重要组成部分。玻璃膜内装有 $0.1mol \cdot L^{-1} HCl$ 内参比溶液，溶液中插入 Ag-AgCl 电极作内参比电极。将一个浸泡好的玻璃电极浸入待测溶液中，玻璃膜即处于内部缓冲溶液和外部试液中间，由于两溶液的 H^+ 浓度不同，在玻璃膜两侧之间产生一定的电位差，组成如下电对：

$$Ag \mid AgCl(s) \mid 0.1mol \cdot L^{-1} HCl \mid 玻璃 \mid 待测溶液$$

玻璃膜将两个不同 H^+ 浓度的溶液隔开，在玻璃-溶液接触界面之间产生一定的电势差。由于玻璃电极中内参比电极的电势是恒定的（即内部缓冲溶液的 H^+ 活度是固定的），所以在玻璃与溶液接触面之间形成的电势差，只与待测溶液的 pH 值有关。在 25℃ 时，$\varphi_{玻璃} = \varphi_{玻璃}^{\ominus} - 0.0592pH$。

玻璃电极只有浸泡在水溶液中才具有测量电极的作用，因此使用之前应将电极膜在蒸馏水中浸泡 24h 以上，玻璃膜被水化，产生水化层，可产生对 H^+ 的灵敏响应。测量完毕也仍

需浸泡在蒸馏水中。长期不用时，应将玻璃电极放入盒中。

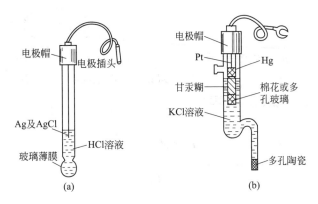

图 5-5　玻璃电极（a）和甘汞电极（b）示意图

② 甘汞电极　甘汞电极如图 5-5(b) 所示。它由纯金属 Hg、甘汞（Hg_2Cl_2）和饱和 KCl 溶液组成。其电极反应为：$Hg_2Cl_2 + 2e^- \rightleftharpoons 2Hg + 2Cl^-$。该电极的稳定性好，其电极电势不随被测溶液 pH 值的变化而变化，在一定温度下有恒定值。

将玻璃电极和甘汞电极（参比电极）同时浸入待测溶液中组成电池，与电位计连接，可以测定该电池的电动势。在 25℃ 时，

$$E = \varphi_{正} - \varphi_{负} = \varphi_{甘汞} - \varphi_{玻璃} = \varphi_{甘汞} - \varphi_{玻璃}^{\ominus} + 0.0592 pH$$

因此

$$pH = \frac{[E + \varphi_{玻璃}^{\ominus} - \varphi_{甘汞}]}{0.0592}$$

对于给定的玻璃电极，其 $\varphi_{玻璃}^{\ominus}$ 是一定的，它可以由测定一个已知 pH 值标准缓冲溶液的电动势而求得。$\varphi_{甘汞}$ 表示甘汞电极电势，常用的是饱和甘汞电极，在 25℃ 时其电极电势为 0.2415V。由此只要测出待测溶液的电动势（E），就可以计算出该溶液的 pH 值。为了省去计算步骤，酸度计将测得的电动势直接用 pH 值刻度表示出来。

温度对 pH 测定值的影响，可根据能斯特方程式予以校正。在 pH 计中已配有温度补偿器进行补偿（或校正）。

③ 复合电极　有的酸度计使用的是复合电极，图 5-6 为上海雷磁仪器厂生产的 pHS-25 型酸度计所使用的复合电极，它由玻璃电极和银-氯化银参比电极组成。

（2）使用和操作方法

pHS-25 型酸度计的结构如图 5-7 所示。测量 pH 值时的使用方法如下。

① 仪器和电极的安装　首先按图 5-7 所示的方式装上电极杆和电极夹，并按需要的位置固定，之后装上电极，支好仪器后背支架，将量程开关置于中间位置后接通电源。

② 检查电计

a. 将 "功能选择器" 开关置于 "+mV" 或 "-mV"，此时电极插座不能插入电极。

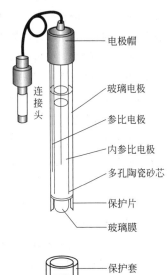

图 5-6　复合电极的结构

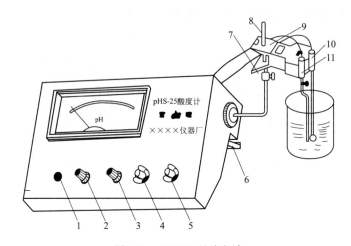

图 5-7　pHS-25 型酸度计

1—电源指示灯；2—温度补偿器；3—定位调节器；4—功能选择器；
5—量程选择器；6—仪器支架；7—电极杆固定圈；8—电极杆；
9—电极夹；10—pH 玻璃电极；11—甘汞参比电极

b. "量程选择器"开关置于中间位置，开仪器电源开关，此时电源指示灯亮，表针位置在未开机的位置。

c. 将"量程选择器"开关置"0～7"挡，指示电表的示值应为"0mV"位置。

d. 将"功能选择器"置"pH"挡，调节"定位"旋钮，电表示值应能小于 pH6。

e. 将"量程选择器"置"7～14"，调节"定位"，电表示值应能大于 pH8。

f. 当仪器按上述方法检查并符合要求后，则可认为仪器的工作基本正常。

③ 仪器的校正　玻璃电极在使用前必须在蒸馏水中浸泡 24h 以上。参比电极在使用前必须拔去橡皮塞和橡皮套。在使用两电极时，必须注意内电极与球泡之间、内电极与陶瓷之间是否有气泡停留，如有，则必须排除。

a. 按下 pH 键，左角指示灯亮，预热 30min 后进行校正。

b. 用蒸馏水清洗玻璃电极，然后用滤纸小心吸干表面上的水分，将电极放入盛有标准缓冲溶液的小烧杯中，用温度计测量缓冲溶液的温度，调节温度旋钮于测量的温度值处。

c. 置"功能选择器"开关于所测 pH 标准缓冲溶液的范围这一档（如对 pH=4 或 pH=6.85 的溶液则置"0～7"挡）。

d. 调节"定位"旋钮，使表针指至该标准缓冲溶液的准确 pH 值。

e. 将"量程"开关拨至 0 位，移走缓冲（标准）溶液。

注意：经上述步骤定位的仪器，"定位"旋钮不应再有任何变动。

④ pH 值的测量

a. 用待测溶液淋洗电极 2～3 次，并用滤纸擦干。

b. 将电极放入盛待测溶液的烧杯中，并轻轻摇动烧杯使溶液混合均匀，使之缩短电极的响应时间。

c. 置"功能选择器"开关于"pH"。

d. 置"量程选择器"开关于被测溶液的可能 pH 值范围内，此时仪器所指示的 pH 值即为未知溶液的 pH 值。

测定完毕后，将"量程选择器"开关置于中间位置，关闭电源，取出电极洗净保存。

5.3　DDS-11A 型电导率仪

（1）工作原理

电导率仪是用来测量液体电导的仪器，它还可作电导滴定用，当配上适当的组合单元（如记录仪）后可达到自动记录的目的。

溶液的电导在一定温度时，不仅与溶液的固有性质有关，而且与电极的截面积和距离有关。根据欧姆定律，溶液的电导 G 与电极的截面积 A 成正比与其距离 l 成反比：

$$G = \kappa \frac{A}{l} = \kappa \frac{1}{Q}$$

$$Q = \frac{1}{A}$$

式中，Q 称为"电极常数"；比例常数 κ 称为电导率，电导率是电极截面积为 $1m^2$、电极距离为 $1m$ 时溶液的电导，电导率的单位为 $S \cdot m^{-1}$（$1S = \Omega^{-1}$）。

电导是电阻的倒数，所以测量电导（电导率）与测量电阻的方法相同，可用电桥平衡法测量，但为了减少或消除当电流通过电极对时发生氧化或还原反应而引起的测量误差，必须采用交流电源。

（2）仪器使用

图 5-8 为 DDS-11A 型电导率仪的外观结构，DDS-11A 型电导率仪具有测量范围广（从 $0 \sim 100 S \cdot m^{-1}$，共分 12 挡）、快速直读和操作简便等特点。

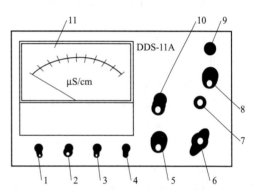

图 5-8　DDS-11A 型电导率仪的外观结构
1—电源开关；2—电源指示灯；3—高、低周开关；4—校正、测量开关；5—校正调节；6—量程选择开关；7—电容补偿；8—电极插口；9—10mV 输出；10—电极常数补偿；11—读数表头

① 准备工作　在未打开电源开关前，观察指示电表指针是否指 0，如不指 0，可调节表头上的调整螺丝，使指针指 0；将校正、测量开关 4 扳在"校正"位置；接通电源，仪器预热 $5 \sim 10min$。

② 电极的选用　若被测液体的电导率小于 $10 S \cdot m^{-1}$，例如去离子水或极稀的溶液，选用 NJS-1 型光亮电极，并把电极常数补偿调节到配套电极的常数值上，如电极常数为 0.95，把电极常数补偿调节到 0.95 的常数值上。若被测液体的电导率在 $10^{-3} \sim 1 S \cdot m^{-1}$ 之间，宜选用 NJS-1 型铂黑电极，并把电极常数补偿调节到配套电极的常数值上。若被测液体的电导率很高（$>15 S \cdot m^{-1}$），以致用 NJS-1 型铂黑电极测不出时，则选用 DJS-10 型铂黑电极。这时应将电极常数补偿调节到配套电极的常数值的 1/10 位置上，测量时，测得的读数乘以 10，即为被测溶液的电导率。

③ 将电极插头插入插口内，旋紧螺丝。电极要用被测溶液冲洗 $2 \sim 3$ 次。然后浸入装有被测溶液的烧杯中。

④ 校正　检查并调整测量范围选择开关，将校正、测量开关拨至"校正"，调整校正调节旋钮，使指示电表指针停在满刻度。注意：校正必须在电导池接妥的情况下进行。

⑤ 测量 将校正、测量开关拨至"测量"。当量程选择开关处在 1～8 量程时，把高、低周开关拨至"低周"，用 9～12 量程测量时，高、低周开关拨在"高周"。轻轻摇动烧杯使被测溶液浓度混匀，被测溶液的电导率即为电表指针稳定时的读数乘以量程选择开关的倍率。

⑥ 测量完毕 将测量范围选择器还原至电导最大挡，校正、测量开关扳到"校正"，关闭电源，取出电极用去离子水洗净。

（3）使用注意事项

为了保证电导读数精确，测量时应尽可能使指示电表的指针接近于满刻度；在使用过程中要经常检查"校正"是否调整准确，即应经常把校正、测量开关扳向"校正"，检查指示电表指针是否仍为满刻度。尤其是对高电导率溶液进行测量时，每次应在校正后读数，以提高测量精度；测量溶液的容器应洁净，外表勿受潮。当测量电阻很高（即电导很低）的溶液时，需选用由溶解度极小的中性玻璃、石英或塑料制成的容器。

5.4 电化学分析仪/工作站

（1）基本原理

利用物质的电学及电化学性质来进行分析的方法称为电化学分析法（electroanalytical methods）。它通常是使待分析的试样溶液构成一化学电池（电解池或原电池），然后根据所组成电池的某些电学参数（如两电极间的电位差、通过电解池的电流或电量、电解质溶液的电阻等）与其化学量之间的内在联系来进行测定。

习惯上，电化学分析法按照测量电学参数的类型分类。以溶液电导作为被测量参数的方法，称为电导分析法。通过测量电池电动势或电极电位来确定被测物质浓度的方法，称为电位分析法。电解时，以电子为"沉淀剂"，使溶液中被测金属离子电积（析）在已称重的电极上，通过再称量，求出析出物质含量的方法，称为电重量分析法或电解分析法。通过测量电解过程中消耗的电量求出被测物质含量的方法，称为库仑分析法。利用电解过程中所得的电流-电位（电压）曲线进行测定的方法，称为伏安法或极谱分析法。

按照国际纯粹与应用化学联合会（IUPAC）的推荐，电化学分析法分为以下三类：第一类，既不涉及双电层，也不涉及电极反应，如电导分析法；第二类，涉及双电层现象但不考虑电极反应，如表面张力和非法拉第阻抗；第三类，涉及电极反应。这一类又可以分为：①涉及电极反应，施加恒定的激发信号：激发信号电流 $i=0$ 的有电位法和电位滴定法；激发信号电流 $i \neq 0$ 的有库仑滴定、电流滴定、计时电位法和电重量分析法等；②涉及电极反应，施加可变的大振幅或小振幅激发信号，如交流示波极谱、单扫描极谱、循环伏安法或方波极谱、脉冲极谱法等。

电化学分析法的灵敏度和准确度都很高，手段多样，分析浓度范围宽，能进行组成、状态、价态和相态分析，适用于各种不同体系，应用面广。由于在测定过程中得到的是电信号，因而易于实现自动化和连续分析。

电化学分析法在化学研究中亦具有十分重要的作用。它已广泛应用于电化学基础理论、有机化学、药物化学、生物化学、临床化学、环境生态等领域的研究中，例如各类电极过程动力学、电子转移过程、氧化还原过程及其机制、催化过程、有机电极过程、吸附现象、大环化合物的电化学性能等。因而电化学分析法对成分分析（定性及定量分析）、生产控制和科学研究等方面都有很重要的意义，并得到极为迅速的发展。

（2）CHI660B 电化学分析仪/工作站的使用

① 仪器的基本情况 CHI(CH Instruments) 电化学分析仪/工作站为通用电化学测量系统，可以实现的电化学技术有：电位扫描技术，包括循环伏安法、线性扫描伏安法、TAFEL 图、电位扫描-阶跃混合方法；电位阶跃技术，包括计时电流法、计时电量法、阶梯伏安法、差分脉冲伏安法、常规脉冲伏安法、差分常规脉冲伏安法、方波伏安法、多电位阶跃；交流技术，包括交流阻抗测量、交流阻抗-时间关系、交流阻抗-电位关系、交流（含相敏交流）伏安法、二次谐波交流伏安法；恒电流技术，包括计时电位法、电流扫描计时电位法、电位溶出分析；其他技术，包括电流-时间曲线、差分脉冲电流法、双差分脉冲电流法、三脉冲电流法、控制电位电解库仑法、流体力学调制伏安法、开路电位-时间曲线；溶出方法；极谱方法等。

② 操作程序

a. 使用前先检查仪器各个连接是否正常，然后开机。

b. 使用前先在 Setup 的菜单中执行硬件测试，系统便会自动进行硬件测试。

c. 测试正常后，将电极夹头夹到电解池上，检查线路是否连接正确，接触是否良好。

d. 设定实验技术、参数后，按"Run"键便进行实验；若发现数据有"溢出"现象应立即停止实验，重新调整参数。

e. 实验结束后进行数据处理、保存；若需要其他软件处理数据，可转存为文本文件。

f. 关闭控制程序，然后关闭工作站电源。

③ 注意事项

a. 使用仪器前要经过使用培训，得到使用许可后方可独立操作本仪器。

b. 仪器不宜时开时关，但离开实验室时建议关机。

c. 仪器的电源应采用单相三线，其中地线应与大地连接良好。

d. 使用温度 15～28℃，此温度范围外也能工作，但会造成漂移和影响仪器寿命。

5.5 电位差计

（1）工作原理

电池电动势的测定是电化学研究中最基本的方法。电池的电动势不能用伏特计直接测量，这是因为把伏特计与电池连接后，线路上便有电流流过，这样伏特计的读数只是 $IR_{伏特计}$，它小于电池的电动势。另外，当电流通过电极时，电极将产生极化，两电极的电位将离开平衡值，使电极电位差不等于电池的电动势。因此，电池的电动势只有在没有电流通过的情况下才能测得。采用补偿法或对消法可满足上述条件。直流电位差计就是根据补偿法原理而设计的，其工作原理如图 5-9 所示。

当把开关 K 转向位置"1"时，检流计与标准电池 E_S 相接，调节电阻 R_m 使通过检流计的电流为零，这时标准电池电动势 E_S 和电阻 R_{AB} 上的电压降互相补偿。

$$E_S = IR_{AC}$$

相应的工作电流 I 为：

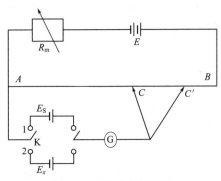

图 5-9 电位差计原理图

R_m—可调电阻；E—工作电池；R_{AB} 和 R_{AC}—可
调电阻；G—检流计；E_S—标准电池电动势；

E_x—待测电池电动势；K—转向开关

$$I = E_S / R_{AC}$$

若把开关转向"2"位置，这时检流计与被测
电池相接，调节可变电阻 R_{AB} 的滑动触点在 C' 处，
使检流计再次指零，由于工作电流 I 保持不变，
这样就使被测电池电动势 E_x 与电阻 $R_{AC'}$ 电压降相
补偿，故有：

$$E_x = IR_{AC'} = \frac{E_S}{R_{AC}} R_{AC'}$$

式中，R_{AC} 和 $R_{AC'}$ 是准确已知的，所以待测
电池电动势 E_x 可求出。

在测定原电池电动势的过程中应注意：若检
流计始终向一个方向偏转，要认真检查电路和接
线，发生此类现象的可能原因有：①被测电动势
高于电位差计的量限；②稳压电源没有输出或稳压电源输出电压值偏离规定值较多；③工作
电流回路断路；④被测电池或标准电池、工作电池的极性接反。

（2）UJ-25 型直流电位差计

UJ-25 型电位差计面板如图 5-10 所示。

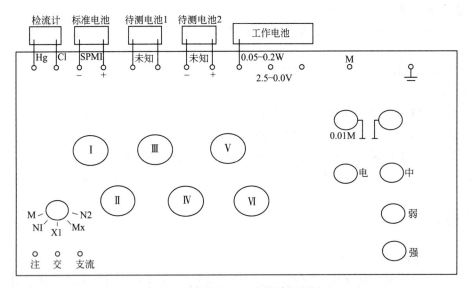

图 5-10 UJ-25 型电位差计面板图

UJ-25 型直流电位差计的使用方法。

① 将转换开关 K 放在"断"位置上，将工作电池、被测电池及标准电池按正、负极性
接在相应的旋钮上，连接好检流计。

② 由标准电池温度系数公式计算给定条件下的标准电池电动势，调整温度补偿旋钮，
使数值为校正后的标准电池电动势。

③ 将转换开关放在"标准"位置，按"粗"键，调节工作电流旋钮，使检流计光标指
示为零。然后再按"细"键，调节工作电流旋钮，使检流计光标指示为零。如调节过程中，
检流计光标偏转太大，应迅速按下"短路"键，使其迅速停止摆动。

④ 将转换开关放在"未知"位置上，先按"粗"键，调节测量盘，使检流计光标指示为零。再按"细"键，调节测量盘，直到检流计指示为零。此时 6 个测量盘下方的小窗孔内所示数字的总和即为电动势的测定值。

⑤ 在测量时，按键时间要短（＜1s），以防止过多电量通过标准电池或被测量电池，造成严重的极化，破坏电池的电化学可逆性。

（3）借助分压箱测量高于电位差计上限电压的方法

当被测电压高于电位差计的测量上限时，可采用提高电位差计工作电流（不得超过电位差计所能承受电流的大小）或配用分压箱等方法来提高电位差计的测量上限。现以 UJ-25 型电位差计为例，介绍配用分压箱来提高测量上限的方法。UJ-25 型电位差计的测量上限为1.911110V，但通过配用分压箱扩大测量范围后，其测量上限可扩大到 600V。测量方法为：将被测的电压接在分压箱测量电压的两端钮上，将电位差计"未知"负端接在分压箱的负端上，另一端根据被测电压的大小选择接向"×500"、"×200"、"×100"或"×10"的某一端钮上。用电位差计测量盘的读数乘以分压箱端钮所示的倍数，即得被测电压值。分压箱的线路见图 5-11。

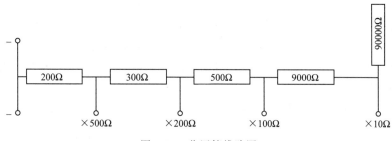

图 5-11　分压箱线路图

（4）标准电池

① 特性和用途　在电化学、热化学的测量中，电位差或电动势这个量常常具有热力学标准的含义要求，要求具有较高的准确度。电位差的单位为伏特，它是一个导出单位，是以欧姆基准（标准电阻或计算电容）和安培基准（电流天平或核磁共振）为基础，通过欧姆定律来标定的。由于标准电池的电动势极为稳定，经过欧姆基准、安培基准标定后，其电动势就体现了伏特这个单位的标准量值，从而成为伏特基准器，将伏特基准长期保存下来。在实际工作中，标准电池被作为电压测量的标准量具或工作量具，在直流电位差计电路中提供一个标准的参考电压。

标准电池的电动势具有很好的重现性和稳定性。所谓重现性是指不管在哪一地区，只要严格按照规定的配方和工艺进行制作，则都能获得近乎一致的电动势，一般能重现到0.1mV，因此易于作为伏特标准进行传递。所谓稳定性是指两种情况，一种情况是当电位差计电路内有微小不平衡电流通过该电池时，由于电极的可逆性好，电极电位不发生变化，电池电动势仍能保持恒定；另一种情况是能在恒温条件下在较长时期内保持电动势基本不变。但如时间过长，则会因电池内部的老化而致电动势下降，因此需定期送计量局检定。

标准电池可分为饱和式、不饱和式两类，前者可逆性好，因而电动势的重现性、稳定性均好，但温度系数较大，需进行温度校正，一般用于精密测量中；后者的温度系数很小，但可逆性差，用在精度要求不高的测量中，可以免除烦琐的温度校正。

② 结构和主要技术参数　饱和标准电池用电化学式来表示为：

$$Cd-Hg(12.5\%) \mid CdSO_4 \cdot \frac{8}{3}H_2O \text{ 饱和溶液} \mid Hg_2SO_4(s) \mid Hg$$

其电池反应为：

负极 $\qquad\qquad\qquad$ $Cd(Cd-Hg \text{ 齐}) \longrightarrow Cd^{2+} + 2e^-$

正极 $\qquad\qquad\qquad$ $Hg_2SO_4 + 2e^- \longrightarrow 2Hg + SO_4^{2-}$

总反应 $\qquad\qquad$ $Cd(Cd-Hg \text{ 齐}) + Hg_2SO_4 \Longrightarrow CdSO_4 + 2Hg$

在物理化学实验的电学测量中，一般采用 BC3 或 BC8 等型号的饱和标准电池。

③ 饱和标准电池的温度系数　饱和标准电池正极的温度系数为 $310\mu V \cdot ℃^{-1}$，负极约为 $350\mu V \cdot ℃^{-1}$。由于负极的温度系数比正极大，又处在标准氢电极电位以下，电极电位为负值，如果温度升高 $1℃$，正极电极电位的升高不及负极电极电位的升高来得大，这意味着其绝对值是减小的。因此，1975 年我国提出 $0\sim40℃$ 温度范围内饱和式标准电池的电动势-温度校正公式：

$$\Delta E_t / \mu V = -39.94(t-20) - 0.929(t-20)^2 + 0.0090(t-20)^3 - 0.00006(t-20)^4$$

在精度要求不高时，上式可简化为：

$$\Delta E_t / \mu V = -40(t-20)$$

④ 使用和维护　标准电池在使用过程中，不可避免地会有充、放电流通过，使电极电位偏离其平衡电位值，造成电极的极化，导致整个电池电动势的改变，虽然饱和式标准电池的去极化能力较强，充、放电流结束后其电动势的恢复也较快，但仍应对通过标准电池的电流严格限制在允许的范围内。

由于标准电池的温度系数与正负两极都有关系，故放置时必须使两极处于同一温度。

饱和标准电池中的 $CdSO_4 \cdot \frac{8}{3}H_2O$ 晶粒在温度波动的环境中会反复不断地溶解、结晶，致使原来很微小的晶粒结成大块，增加了电池的内阻，降低了电动势测量过程中电流的检测灵敏度。因此应尽可能将标准电池置于温度波动不大的环境中。

机械振动会破坏标准电池的平衡，在使用及搬移时应尽量避免振动，绝对不允许倒置。

光照会使 Hg_2SO_4 变质，此时标准电池仍可能具有其正常的电动势值，但其电动势对于温度变化的滞后特性较大，因此标准电池应避免光照。

5.6　库仑滴定仪

（1）库仑滴定原理

库仑分析是以法拉第定律为依据，通过测量电解反应所消耗的电量来计算被测物质的含量的电化学分析方法，100% 的电流效率是库仑分析法的先决条件。库仑分析法分为控制电位库仑分析法和恒电流库仑滴定法，后者简称库仑滴定法。

实际上应用的恒电流库仑分析法是一种间接方法，即在恒电流条件下电解一种辅助剂，生成的物质可以和被测物质发生定量的化学反应。当反应完成后，电解中消耗的电量与电解生成物质的量间的关系符合法拉第定律，而电解生成的物质与被测物质有定量的化学计量关系，因此可以由消耗的电量来计算被测物质的量。实际上电荷就是滴定剂，滴定剂的用量就是到达终点时所消耗的电量，这种方法具有滴定法的特点，需要有指示终点的方法，所以又称为库仑滴定法或电量滴定法。

（2）库仑滴定终点指示方法

库仑滴定法的关键之一是终点指示。常用的终点指示方法有化学指示剂法、电位法和永停终点法。

① 化学指示剂法　化学指示剂法是在溶液中加入化学指示剂以此来指示终点的方法，该方法简单，在常量的库仑滴定中比较常用。

② 电位法　电位法是在库仑滴定过程中利用记录电位（或 pH 值）对时间的关系曲线，用作图法或微商法求出终点，也可用 pH 计或离子计监控，当指针发生突变即表示终点到达。

③ 永停终点法　在相关装置中，将两个铂电极插入溶液中并加上一定的直流电压。如果溶液中同时存在氧化态和还原态的可逆电对，则两个铂电极发生反应，电流通过电解池。如果只有可逆电对中的一种，此时所加的小电压不能使电极发生反应，电解池中就没有电流通过。当滴定刚过化学计量点时，溶液中被测物质全部被"滴定"完全，电解生成的物质就在两电极上发生反应，两个铂电极上通过的电流明显变大，仪器就会检测到该电流并终止电解过程。

（3）库仑滴定装置

库仑滴定的装置是一种恒电流电解装置，如图 5-12 所示。将强度一定的电流 i 通过电解池，并记录电解时间 t，工作电极上电解产生"滴定剂"与待测物质反应，到达终点时，由终点指示装置（或试剂）来指示，装置停止电解。根据法拉第定律，由电解时间和电流算出待测物质的质量 m（g）：

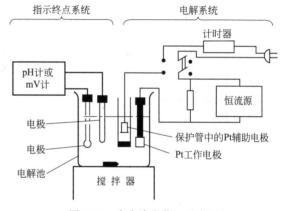

图 5-12　库仑滴定装置示意图

$$m = M \times it / (96487n)$$

式中，M 为被测物质的摩尔质量；n 为电极反应的电子数。

（4）库仑仪使用方法

① 打开电源前释放所有按键，工作、停止开关置停止位置，电解电流量程选择根据样品含量大小、样品量多少及分析精度选择合适的挡位，电流微调放在最大的位置，一般情况下选 10mA 挡。

② 开启电源开关，预热 10min，根据样品分析需要，选用指示电极电位法或指示电极电流法，把指示电极插头和电解电极插头插入机后相应的插孔内，并夹在相应的电极上；把装好电解液的电解杯放在搅拌器上，开启搅拌，选择适当转速。

③ 先调节补偿电位在"3"的位置，按下启动按键，调节补偿电位器，使表针指在合适位置，待指针稍稳定，将工作、停止置工作挡（如原指示灯处于灭的状态），此时开始电解计数（如原指示灯处于亮的状态，则按一下电解按钮，灯灭，开始电解）。电解至终点时，表针开始突变，红灯亮，仪器显示数即为所消耗的电量（mC）。

（5）库仑仪使用中的注意事项

① 拿出电极头或松开电极夹时必须先释放启动按键，以使仪器的指示回路输入端起到保护作用，以免损坏仪器。

② 电解电极及采用电位法指示滴定终点的正负极不能接错。

③ 电解过程中不要换挡，以免增加误差。

5.7 极谱仪

5.7.1 极谱分析原理

极谱分析法是以滴汞电极作为工作电极来测定电解过程中的电流-电压曲线的电化学分析方法，凡在汞电极上能被还原或被氧化的无机物或有机物，一般都可以用极谱法进行检测。它既可以测定痕量物质含量，也可以研究化学反应机理、电极过程动力学、测定配合物的组成以及化学平衡常数等。

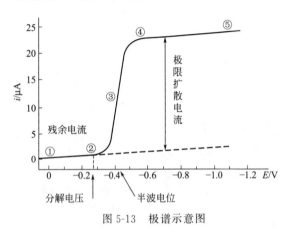

图 5-13　极谱示意图

以 $PbCl_2$（电解质为 KCl）为例来说明极谱波的形成，极谱图见图 5-13。

（1）残余电流部分（i_r）（①②）

在外加电压尚未达到被测离子的分解电压之前，电解池中就有微小的电流通过，这种电流称为残余电流。残余电流由溶液中的微量杂质的电解电流和滴汞充电电流组成。此时外加电压未达到 Pb^{2+} 分解电压，Pb^{2+} 未被还原。

（2）电流上升部分（②④）

当外加电压达到物质的分解电压时，Pb^{2+} 在电极上发生如下反应：

阴极：$Pb^{2+} + 2e^- + Hg \Longrightarrow Pb(Hg)$

$$E_{de} = E^\ominus + \frac{0.059}{2} \lg \frac{[Pb^{2+}]_0}{[Pb(Hg)_0]}$$

式中，$[Pb^{2+}]_0$ 及 $[Pb(Hg)]_0$ 分别表示铅及铅汞齐在电极表面的浓度；$E^\ominus$ 为汞齐电极的标准电极电位。

上式表明，电极表面的铅浓度取决于电极电位。电极电位变负，滴汞电极表面的 Pb^{2+} 迅速还原，电流急剧上升。

（3）极限扩散电流部分（④⑤）

滴汞电极的面积很小，电流密度很大，当达到离子的分解电压时，离子被迅速还原，使电极表面的离子浓度与溶液主体中的离子浓度发生了差异，这就产生了浓差极化现象。当电极表面上的离子浓度几乎为零时，电极上还原的离子数目取决于离子从溶液主体向电极表面扩散的速度，这时电流达到极限值，这个值称为极限扩散电流，其大小与反应离子的浓度成正比，可用 $i_d = k[Pb^{2+}]$ 表示，这是极谱定量分析的基础。

5.7.2 极谱分析装置

极谱分析的装置如图 5-14 所示，采用直流电源 B、串联可变电阻 R 和滑线电阻 DE 构成电位计回路，调节滑线电阻 DE 全程电压降为 2V。电解池的两极分别为甘汞电极和滴汞电极，甘汞电极为参比电极，滴汞电极作为工作电极，通常为负极，它由贮汞瓶下接一厚壁塑料管，再接一内径为 0.05mm 的玻璃毛细管构成。汞在毛细管的下端周期性的长大并滴落，调节贮汞瓶的高度，使汞的滴落周期为 3~5s。调节移动接触键，将电解池的两极并联在滑线电阻上，使电解池的电压可调范围在 −2~0V 内，使用检流计 G 测量通过电解池的电流。连续地以 100~200mV·min^{-1} 的速度改变两极之间的电压差，就可以得到电流-电压曲线图，即极谱图。

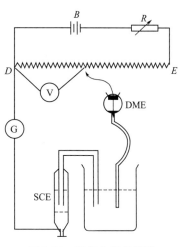

图 5-14 极谱分析的装置

5.7.3 极谱仪的使用方法及注意事项

① 将电极电缆插头插入电解池插座，铂电极电缆插头插入辅助电极插孔，甘汞电极电缆插头插入参比电极插孔。

② 接通电源，将贮汞瓶升高，选择好适当的原点电位，注意极性开关。

③ 将盛有被测溶液的电解池套入电极，扳测量开关到阴极化时，光点从左向右扫描，测还原波，反之亦然。如果仪器用作阳极溶出或阴极溶出测定时，测量开关扳到阳极溶出或阴极溶出。此时，滴汞电极必须用悬汞电极、慢滴汞电极、固体电极代替。按动一次测量开关下方的触发按钮，开始记录富集时间，再按动一次触发按钮，荧光屏上即显示出电解富集后的极谱波形。

④ 测量前先查阅被测物质的还原波峰电位和氧化波峰电位，并将原点电位极性开关和读数开关转到相应位置，根据实际情况，调整电流倍率和电极开关，然后将电极插入电解池内进行测量。

注意事项如下所示。

① 扫描线起点出现跳动后扫描，可以调节电容补偿旋钮，使扫描线起点不跳动。

② 极谱波基线倾斜，可以调节斜度补偿旋钮，使基线平直。

③ 汞有毒，实验中应小心。

5.8 电位滴定仪

（1）电位滴定的原理

电位滴定法是以指示电极的电位变化来确定滴定终点的电化学分析方法。以指示电极、参比电极和试液组成电池，当滴定剂加入试液后，被测离子的浓度逐渐减少，指示电极的电位产生相应的变化，在接近终点时，指示电极的电位产生突跃，由此来确定终点的到达。

确定电位滴定终点并不需要知道终点电位值，仅需注意指示电极的电位变化。如图 5-15 中，（a）为一般的滴定曲线，纵坐标为指示电极电位值，滴定终点为曲线的拐点；（b）为微分滴定曲线，纵坐标改为 $\Delta E/\Delta V$，此时曲线上出现极大值，极大值指示的就是滴定的终点；（c）为二阶微分滴定曲线，纵坐标为 $\Delta^2 E/\Delta V^2$，此数值为零所对应的即为终点。

（2）电位滴定仪器装置

自动滴定电位计基本上可分为两类。一为自动记录滴定曲线的自动滴定电位计，二为自

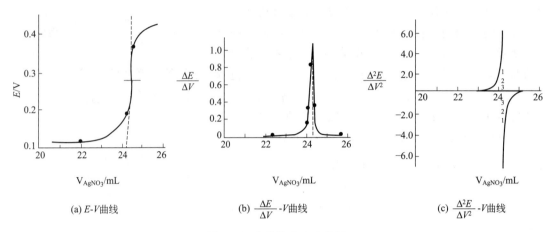

(a) *E-V*曲线　　(b) $\dfrac{\Delta E}{\Delta V}$-*V*曲线　　(c) $\dfrac{\Delta^2 E}{\Delta V^2}$-*V*曲线

图 5-15　电位滴定实验曲线

（用 $0.1000\text{mol·L}^{-1}\text{AgNO}_3$ 滴定 $2.433\text{mmol·L}^{-1}\text{Cl}^-$）

动控制滴定终点的自动滴定电位计，此类仪器又可分为两种形式：一种是滴定到预定终点电位（滴定前设置好）即自动停止滴定，首先根据被测物质及滴定剂的性质设定滴定终点电位，在滴定过程中，仪器将它测定的电池电动势 E 与预定终点电位 E' 自动进行比较，在还没有到达预定终点电位时，滴定管处于通路状态，仪器自动地进行滴定，一旦到达预定终点电位，滴定管电磁阀即自动闭合，停止滴定。另一种是利用二次微商 $\Delta^2 E/\Delta V^2$ 的突然降落以确定滴定终点，在化学计量点前，二次微商电信号变化小，不足驱动继电器动作以关闭滴定管，只有在化学计量点时，由于电信号的大幅度变化才会使继电器动作，并通过电磁阀关闭滴定管。

（3）自动电位滴定仪的使用

① 测量 pH 值

a. pH 校正（二点法校正）

（a）开启电源 30min 后将仪器面板上的选择开关选择至 pH 键和测量键，斜率旋钮顺时针旋到底，温度旋钮置标准缓冲溶液的温度。

（b）测 pH 值为 7 的标液，调节斜率旋钮，使仪器显示为该溶液在此温度下的 pH 值，根据所要测量溶液的 pH 值，选用不同的标准溶液（pH>7 或 pH<7），同上方法调节斜率。

（c）再测 pH 值为 7 的溶液，注意此时应将斜率旋钮保持不动，按（b）操作后的位置不变，如误差符合条件，则可进行以下操作。

b. 样品 pH 值的测量　洗净电极并吸干放入被测溶液中，仪器显示值即为该样品的 pH 值。

② 电极电位的测量

a. 测量电极插头芯线接"－"，参比电极连线接"＋"，复合电极插头芯线为测量电极，外层为参比电极，在仪器内参比电极线柱已与电极插口外层相接，不必另连线。

b. 将仪器面板上的选择开关按 mV 键和测量键。

c. 将电极放入被测溶液中，即可读出电极电位（mV 值）并自动显示极性。

（4）电位滴定仪使用中的注意事项

① 仪器进行 pH 校正后，绝对不可旋动定位、斜率旋钮，否则必须重新进行仪器 pH 校正。

② 被测溶液的温度最好和用于仪器 pH 值校正的标准溶液温度相同，以提高仪器的测量精度。

5.9　毛细管电泳仪

5.9.1　基本原理

毛细管电泳泛指以高压电场为驱动力，以毛细管为分离通道，依据样品中各组分之间淌度和分配行为上的差异而实现分离的一类液相分离技术。毛细管电泳仪的基本结构包括一个高压电源、一根毛细管、一个检测器及两个供毛细管两端插入而又可和电源相连的缓冲液瓶。毛细管电泳仪可以分离各种不同的样品如肽类、蛋白、核酸、离子、手性化合物和药物。

毛细管电泳仪的工作原理如下所示：毛细管电泳所用的石英毛细管柱，在 pH＞3 情况下，其内表面带负电，和溶液接触时形成一双电层。在高电压作用下，双电层中的水合阳离子引起流体整体朝负极方向移动的现象叫电渗。粒子在毛细管内电解质中的迁移速度等于电泳和电渗流（EOF）两种速度的矢量和。正离子的运动方向和电渗流一致，故最先流出；中性粒子的电泳速度为"零"，故其迁移速度相当于电渗流速度；负离子的运动方向与电渗流方向相反，但因电渗流速度一般都大于电泳流速度，故它将在中性粒子之后流出，从而因各种粒子迁移速度不同而实现分离。

检测这些化合物有以下两种方法。①利用化合物对紫外光具有吸收的原理，化合物在毛细管中通过毛细管的窗口，应用紫外或二极管阵列检测器检测其吸收值，将吸收光信号变成电信号传给计算机或积分仪，由计算机制作成电泳图而进行分析。②利用化合物对特定发射光具有吸收并产生激发光的原理，由激光诱导荧光（LIF）来完成。在毛细管中的物质吸收激光诱导荧光检测器所产生的特定波长的发射光，激光诱导荧光检测器在测定、并记录其产生的激发光，再由计算机完成电泳图。

5.9.2　P/ACE MDQ 型毛细管电泳仪的使用

（1）开机

① 接通电源，打开毛细管电泳仪开关，打开计算机，点击桌面 32 Karat 操作软件图标，点击 DAD 检测器图标。

② 将分别装有 $0.1mol \cdot L^{-1}$ 盐酸水溶液、$1mol \cdot L^{-1}$ 氢氧化钠水溶液、运行缓冲液 A、重蒸水依次放入左边缓冲液托盘并记录对应的位置。

③ 将装有运行缓冲液 A 及空的缓冲液瓶放入右边缓冲液托盘，记录对应的位置。

④ 将装有待检测样品的缓冲液放入左侧样品托盘，记录对应的位置。

⑤ 检查卡盘和样品托盘是否正确安装。关好托盘盖，注意直接控制图像屏幕上是否显示卡盘和托盘是否已安装好。此时应能听到制冷剂开始循环的声音。

（2）石英毛细管的处理

① 在直接控制屏上点击压力区域，出现对话框。

② 设置 Pressure、Duration、Pressure Type、Tray Positions 等参数。点击 OK，瓶子移到指定的位置，开始冲洗。

（3）编辑方法

① 先进入 32 Karat 主窗口，用鼠标右键单击所建立的仪器，选择 Open Offline，几秒钟后会打开仪器离机窗口。

② 从文件菜单选择 File Method New，在方法菜单选择 Method Instrument Setup 进入方法的仪器控制和数据采集模块。选择"Initial Condition"（初始条件）的选项卡，计入初始条件对话框。在这个对话框中输入用于仪器开始方法运行时的参数。

（4）编辑 sequence

① 从仪器窗口选择 File/Sequence/New，打开序列向导，按要求选择。

② 点击 Finish，出现新建的序列表。

③ 另存 Sequence。

（5）系统运行

① 在系统运行前，检查仪器的状态：检测器配置是否正确；灯是否正确；样品和缓冲液放置是否放置正确。

② 从菜单选择 Control/Single Run 或点击图标，打开单个运行对话框。

③ 在仪器窗口的工具条上点击绿色的双箭头，打开运行序列对话框。

（6）关机

① 关闭氘灯。

② 点击 Load，使托盘回到原始位置。

③ 打开托盘盖，待冷凝液回流后关闭控制界面。

④ 关闭毛细管电泳仪开关，关闭计算机，切断电源。

5.9.3 注意事项

① 向卡盒内装毛细管时，要把远离窗口的毛细管一端穿入卡盒。

② 切割毛细管时不可用刀片把毛细管压断，也不可以来回划割毛细管，正确方法应是：刀片与桌面有一个角度（45°左右），切割一次即可。

③ UV 及 DAD 检测窗口由卡盒的背面向正面插入，且不可插错方向。检测窗口安装之前一定要确保其内没有保留有未取出的黑色 O 形垫圈。UV 及 DAD 检测窗口安装后一定要将 O 形垫圈装入。

④ 仪器运行期间不得打开 Sample Cover，只有托盘在 Load 状态才可以打开 Sample Cover 和 Cartridge Cover。在直接控制面板和程序冲洗过程中可打开 Sample Cover，可用来检查毛细管工作状态。

⑤ 补充冷却液时要注意先将注射器活塞拔除，将注射器与软管相连，再将软管连接至注入口，冷却液由注射器推进口倒入，提起注射器后冷却液会自动流入，残留的液体可用活塞压入。

⑥ 用于装废液的样品瓶要及时清理，不可过满，过高的废液量既会污染毛细管，也会造成气路的阻塞。

5.10　介电常数测试仪

（1）原理

ZJ-3J 型介电常数测试仪是基于振荡器频率 f 与电容器电容 C 的关系进行测量的（见

图 5-16）。

已知振荡器频率 f 与电容器电容 C 的关系为：

$$f = \frac{1}{2\pi\sqrt{LC}}$$

式中，L 为线圈的电感。分别将测定开关置于 C_1、C_2 时空气和待测液体的频率值，依据上式即可得到液体介质的介电常数。

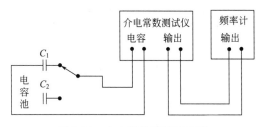

图 5-16　介电常数测试示意图　　　　图 5-17　ZJ-3J 型精密电容测量仪

（2）使用方法

下面以 ZJ-3J 型精密电容测量仪为例，简要说明仪器的使用方法（见图 5-17）。

① 接上电源插头，打开电源开关，预热 10min。

② 仪器配有两根两头接有莲花插头的屏蔽线，将两根屏蔽线分别插入仪器面板上标有"电容池"和"电容池座"的插座内，连接必须可靠。两根屏蔽线的另一端暂时不接任何物体，但屏蔽线之间不要短路，也不要接触其他导电体。电容池和电容池座应水平放置。

③ 按下校零按钮，此时数字显示器应显示零值。

④ 分别将两根屏蔽线的另一端插入电容池相应的插座。此时数字显示器显示的是空气电容值。

⑤ 用移液管往电容池内加入待测液体样品，旋上盖子后，便可从数字显示器读到该样品的电容值。注意：每次加入的样品量必须严格相等。

⑥ 用吸管吸出电容池内样品，并用冷风吹干电容池。电容池完全干后才能加入新样品。

5.11　阿贝折光仪

（1）原理

当光线从第一介质进入第二介质时，由于其在两介质中的传播速度不同，遂使传播的方向发生改变，形成折射现象。对于两特定的介质在一定的条件下，入射角和折射角的正弦比恒为常数。如果第一介质为真空，则常数就只与第二种介质的物性有关，这个常数就称为第二种介质的折射率。

阿贝折光仪是根据临界折射现象设计的。若折射率大于 1，则入射角必大于折射角。当入射角增加到极大值 $\pi/2$ 时所对应的折射角 r_c 称为临界折射角。r_c 大于临界角的构成暗区，小于临界角的构成亮区，根据折射率定义得：

$$\eta = \eta_p \frac{\sin r_c}{\sin 90°} = \eta_p \sin r_c$$

显然如果已知棱镜 P 的折射率为 η_p，并在温度、单色光波长都保持恒定的实验条件下，测

定临界角 r_c，就能算出被测试样的折射率。

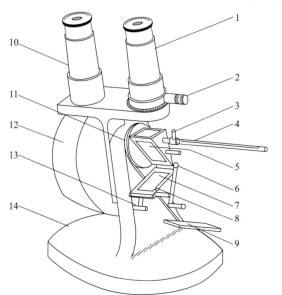

图 5-18　阿贝折光仪结构示意图

1—测量目镜；2—消色散手柄；3—恒温水
入口；4—温度计；5—测量棱镜；6—铰链；
7—辅助棱镜；8—加液槽；9—反射镜；
10—镜筒；11—轴轮；12—标尺盒；
13—锁钮；14—底座

折光仪的结构如图 5-18 所示，仪器的主要部分为两个直角棱镜 5、7。两棱镜间留有微小的缝隙，其中可以铺展一层待测液体，光线从反射镜 9 进入棱镜后，在毛玻璃面上发生漫反射，漫射光透过液层，进入棱镜，产生折射具有临界折射角 r_c 的光线穿过棱镜后射于测量目镜 1 上，此时，若将目镜上的平分线调节至适当位置，则可见到目镜中的明暗参半，临界角能通过刻度盘反映出来。

（2）使用

将阿贝折光仪放置于靠窗的桌上或普通的白炽灯前，但必须避免日光直接照射，在棱镜外套上装好温度计，用橡皮管将保温套与恒温槽串联起来。当温度恒定时打开棱镜，滴 1～2 滴丙酮在镜面上，合上棱镜，使镜面全部被丙酮润湿后再打开，用镜头纸吸干。然后用重蒸水或已知折射率的标准溶液（如丙酮 $\eta_D^{20} = 1.3591$）来校正刻度。校正步骤为：将液体滴在棱镜的毛玻璃面上并合上两棱镜，旋转棱镜，使刻度 R 读数与液体的折射率一致，然后用一小旋棒旋动目镜下凹槽处的凸出部分（在镜筒外壁上），使明暗界线和十字线交点相合。

测定时，拉开棱镜，把欲测液体滴在洗净擦干了的下面棱镜上（注意不要让滴管碰着棱镜面），待整个面上湿润后，合上棱镜进行观测，每次测定时两个棱镜都要啮紧，防止两棱镜所夹液层成劈状，影响数据重复性。如样品很易挥发可把样品由棱镜间小槽滴入。

旋转棱镜，使目镜中能看到半明半暗现象。因光源为白光，故在界线处呈浅彩色，旋转补偿棱镜使彩色消失，明暗清晰。然后再旋转棱镜使明暗界线正好与目镜中的十字线交点重合。从标尺上直接读取折射率。最小刻度为 0.001，可估计到 0.0001。

使用折光仪时，不能将滴管或其他硬物碰到镜面，滴管口要烧光滑，以免不小心碰到镜面造成刻痕。腐蚀性液体如强酸、强碱或氟化物不得使用折光仪。在每次滴加样品时，均应洗净镜面，使用完毕后应用丙酮或乙醚洗净镜面，并干燥之。擦洗时不可用力，防止毛玻璃面磨光。

5.12　旋光仪

旋光度是指光学活性物质使偏振光的振动平面旋转的角度。旋光度的测定对于研究具有光学活性的分子的构型及确定某些反应机理具有重要的作用。在给定的实验条件下，将测得的旋光度通过换算，即可得知光学活性物质特征的物理常数，即比旋光度，后者对鉴定旋光性化合物是不可缺少的，并且可计算出旋光化合物的光学纯度。

（1）原理

从有机化学有关立体化学的学习中可得知，化合物可以分为两类：一类能使偏光振动平面旋转一定的角度，即有旋光性，称为旋光物质或光学活性物质；另一类则没有旋光性。旋光分子具有实物与其镜像不能重叠的特点，即"手性"（chirality），大多数生物碱和生物体内的大部分有机分子都是光学活性的。

定量测定溶液或液体旋光程度的仪器称为旋光仪，其工作原理见图 5-19。常用的旋光仪主要由光源、起偏镜、样品管和检偏镜几部分组成。光源为炽热的钠光灯。起偏镜是由两块光学透明的方解石黏合而成的，也称尼科尔棱镜，其作用是使自然光通过后产生所需要的平面偏振光。尼科尔棱镜的作用就像一个栅栏。普通光是在所有平面振动的电磁波，通过棱镜时只有和棱镜晶轴平行的平面振动的光才能通过。这种只在一个平面振动的光叫平面偏振光，简称偏光。样品管装待测的旋光性液体或溶液，其长度有 1dm 和 2dm 等几种，对旋光度较小或溶液浓度较稀的样品，最好采用 2dm 长的样品管。当偏光通过盛有旋光性物质的样品管后，因物质的旋光性使偏光不能通过第二个棱镜（检偏镜），必须将检偏镜扭转一定角度后才能通过，因此要调节检偏镜进行配光。由装在检偏镜上的标尺盘上移动的角度，可指示出检偏镜转动角度，即为该物质在此浓度的旋光度。使偏振光平面向右旋转（顺时针方向）的旋光性物质叫右旋体，向左旋转（反时针）的叫左旋体。

光源　　起偏镜　　偏光　　　样品管　　　　检偏镜　　观察者

图 5-19　旋光仪工作原理

物质的旋光度与测定时所用溶液的浓度、样品管长度、温度、所用光源的波长及溶剂的性质等因素有关。因此，常用比旋光度 $[\alpha]$ 来表示物质的旋光性。当光源、温度和溶剂固定时，$[\alpha]$ 等于单位长度、单位浓度物质的旋光度（α）。像沸点、熔点一样，比旋光度是一与分子结构有关的表征旋光性物质的特征常数。溶液的比旋光度与旋光度的关系为：

$$[\alpha]_{\lambda}^{t} = \frac{\alpha}{cl}$$

式中，$[\alpha]_{\lambda}^{t}$ 表示旋光性物质在 t℃、光源波长为 λ 时的比旋光度；α 为标尺盘转动角度的读数，即旋光度；l 为旋光管的长度，dm；c 为溶液浓度，以 1mL 溶液所含溶质的质量表示。

如测定的旋光活性物质为纯液体，其旋光度可由下式求出：

$$[\alpha]_{\lambda}^{t} = \frac{\alpha}{dl}$$

式中，d 为纯液体的密度，g•mL^{-1}。

表示比旋光度时通常还需标明测定时所用的溶剂。

为了准确判断旋光度的大小，测定时通常在视野中分出三分视场（见图 5-20）。当检偏镜的偏振面与通过棱镜的光的偏振面平行时，可通过目镜可观察到图 5-20（b）（当中明亮。两旁较暗）；若检偏镜的偏振面与起偏

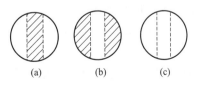

(a)　　(b)　　(c)

图 5-20　三分视场

镜偏振面平行时，可观察到图 5-20(a)（当中较暗，两旁明亮）；只有当检偏镜的偏振面处于 1/2ϕ（半暗角）的角度时，视场内明暗相等如图 5-20(c) 所示，这一位置作为零度，使标尺上 0°对准刻度盘 0°。

测定时，调节视场内明暗相等，以使观察结果准确。一般在测定时选取较小的半暗角，由于人的眼睛对弱照度的变化比较敏感，视野的照度随半暗角 ϕ 的减小而变弱，所以在测定中通常选几度到十几度的结果。

（2）测定方法

① 接通电源　5min 后钠灯发光正常，即可开始测定。

② 校正仪器零点　即在旋光管未放进样品时和充满蒸馏水或待测样品的溶剂时，观察零度视场是否一致，如不一致说明零点有误差，应在测量读数中减去或加上这一偏差值。

③ 测试　根据需要选择长度适宜的样品管，充满待测液，旋好螺丝盖帽使不漏水，螺帽不宜过紧，过紧使玻盖引起应力，影响读数。将旋光管拭净，放入旋光仪内。旋转粗调和微调旋钮，所得读数与零点之间的差值即为试样的旋光度。一般应测定几次，取其平均值为测定结果。

测定时要准确称量 0.1～0.5g 样品，选择适当溶剂在容量瓶中配制溶液；如因样品单质溶液不清亮时需用定性滤纸加以过滤。

④ 计算比旋光度　测得旋光度并换算为比旋光度后，按下式求出样品的光学纯度（op）。光学纯度的定义是：旋光性产物的比旋光度除以光学纯试样在相同条件下的比旋光度。

$$op = \frac{[\alpha]_{D观测值}^{t}}{[\alpha]_{D理论值}^{t}} \times 100\%$$

（3）影响旋光度的因素

① 溶剂的影响　旋光物质本身的结构决定了旋光度的大小，同时，还与光线透过物质的厚度以及测量时所用光的波长和温度有关。如果被测物质是溶液，则物质的浓度、溶剂的性质也对旋光度有一定的影响。因此在不同的条件下，旋光物质的旋光度测定结果通常不一样，一般用比旋光度作为量度物质旋光能力的标准。

② 温度的影响　温度升高会使待测液体的密度降低。另外，温度变化还会引起待测物质分子间发生缔合或电离，使旋光度发生改变。

③ 浓度和旋光管长度对比旋光度的影响　在一定的实验条件下将比旋光度作为常数，旋光物质的旋光度正比于旋光物质的浓度，也正比与旋光管的长度。旋光管通常有 10cm、20cm、22cm 三种规格，经常使用的有 10cm 长度的旋光管。对旋光能力较弱或较稀的溶液，为提高准确度、降低读数的相对误差，需用较长的旋光管。

5.13　紫外-可见分光光度计

5.13.1　基本原理

分子的紫外可见吸收光谱是由于分子中的某些基团吸收了紫外可见辐射光后，发生了电子能级跃迁而产生的吸收光谱。由于各种物质具有各自不同的分子、原子和不同的分子空间结构，其吸收光能量的情况也就不会相同，因此，每种物质就有其特有的、固定的吸收光谱，可根据吸收光谱上的某些特征波长处的吸光度的大小判断或测定该物质的含量，这就是分光光度定性和定量分析的基础。

分光光度分析就是根据物质的吸收光谱研究物质的成分、结构和物质间相互作用的有效手段。它是带状光谱，反映了分子中某些基团的信息。可以用标准图谱再结合其他手段进行定性分析。根据 Lambert-Beer 定律，光的吸收与吸收层厚度、溶液浓度成正比，即

$$A = \varepsilon b c$$

式中，A 为吸光度；ε 为摩尔吸光系数；b 为液池厚度；c 为溶液浓度。

将分析样品和标准样品以相同浓度配制在同一溶剂中，在同一条件下分别测定紫外可见吸收光谱。若两者是同一物质，则两者的光谱图应完全一致。如果没有标样，也可以和现成的标准谱图对照进行比较。这种方法要求仪器准确，精密度高，且测定条件要相同。实验证明，不同的极性溶剂产生氢键的强度也不同，这可以利用紫外光谱来判断化合物在不同溶剂中的氢键强度，以确定选择哪一种溶剂。

紫外-可见分光光度计的结构由五个基本部分组成，即光源、单色器、吸收池、检测器及信号显示系统。

① 光源　在紫外可见分光光度计中，常用的光源有两类：热辐射光源和气体放电光源。热辐射光源用于可见光区，如钨灯和卤钨灯；气体放电光源用于紫外光区，如氢灯和氘灯。

② 单色器　单色器的主要组成：入射狭缝、出射狭缝、色散元件和准直镜等部分。单色器质量的优劣，主要决定于色散元件的质量；色散元件常用棱镜和光栅。

③ 吸收池　又称比色皿或比色杯，按材料可分为玻璃吸收池和石英吸收池，前者不能用于紫外区。吸收池的种类很多，其光径可在 0.1～10cm 之间，其中以 1cm 光径吸收池最为常用。

④ 检测器　检测器的作用是检测光信号，并将光信号转变为电信号。分光光度计大多采用光电管或光电倍增管作为检测器。

⑤ 信号显示系统　常用的信号显示装置有直读检流计、电位调节指零装置、自动记录和数字显示装置等。

5.13.2　UV-2550 型紫外-可见分光光度计的使用

（1）仪器的基本情况

UV-2550 型紫外-可见分光光度计包括了微量样品池、特定恒温等附件。除了通常的光谱扫描、定量和动力学扫描功能外，可应用于酶活性、DNA 的 T_m 测定以及导数光谱方法的分析、无机化合物的分析、光学材料的特性测定等紫外可见分光分析。测光类型有：吸光度、透射率、反射率、能量、固定波长测定、时间变化曲线测定（动力学测定）、光谱分析、定量测定。

（2）操作程序

① 开机预热　先打开电脑主机和显示器，再打开仪器的电源，打开桌面上软件 UVProbe2.21，点击"connect"，出现仪器初始化对话框。初始化大约需要 5min，进行一系列的机械和光路的检查和初置，当所有项目初始化完毕后，单击"OK"。

② 基线校正　选择面板中"Photometric"图标，打开光度模块。单击光度计键条中的"baseline"图标，启动基线校正操作。当"Baseline Parameters"对话框弹出时，在开始波长和结束波长中分别输入实验所需的波长范围内进行基线校正，点击"OK"。待扫描结束后，点击输出窗口"Instrument History"标签。查看列出的基线校正信息。注意在基线校

正过程中光度计状态窗口的读数变化，读数变化≤3nm 可接受。

③ 光度测定

a. 首先选择测定方式，选择面板中"Photometric"图标，打开光度模块。

b. 点击菜单栏中的"M"图标，在弹出对话框中设置参数：在"Wavelength"中可供选择"Point"和"Range"，"Point"表示测定单点波长；"Range"表示测定波长范围。在"Wavelength（nm）"中输入波长值，点击"Add"加入，点"下一步"，出现"Photometric Method Wizard"对话框。

c. 在"Type"中选择"MultiPoint"，在"Formula"中选择"Fixed Wavelength"，"WL1"选择上一步添加过的波长。"Untis"为单位设定，可添加自己需要波长的单位。"Parameters"中采用默认设置。单击"下一步"；出现"标准表"对话框。

d. 一般选择默认状态，其中"Sample"选择表示重复测定的次数；"Prompt before repetition"表示在重复测定之前进行提示。再单击下一步；出现"样品表"对话框。

e. 和上面类似，用默认设置即可。再单击"下一步"，出现"Photometric Wizard-［File Properties］"对话框。在"Filename"中，有默认的文件路径和文件名，也可以自己命名，命名规则：先注明日期，后写上做样人的姓氏，再缀上样品编号，并储存在指定的文件夹下，单击"完成"。

④ 标准表设定　在"Stand Table"栏中单击右键，出现一个菜单，选择"Properties"，出现"Standard Table Properties"对话框：设定"Sample ID Name"和"Step Value"，选择了"Auto Fill"后，就可进行自动填充。同理进行样品表的设置。

⑤ 标准曲线的绘制　在样品室逐个放入标准，点击"Read Std."键即可。软件自动测定各标准溶液的吸光度，并自动绘制标准曲线。所配标准溶液的吸光度在 $0.15\sim1.0$ 范围内，吸收测定的精密度约为 0.5%（注：摩尔吸光系数为 $10^5\,L\cdot mol^{-1}\cdot cm^{-1}$、光程为 1cm 的石英皿，浓度为 $1\times10^{-5}\sim1.5\times10^{-6}\,mol\cdot L^{-1}$ 范围时，即可得到 $0.15\sim1.0$ 范围的吸光度）。标准测定完毕，工作曲线自动显示。接下去测定未知样品的浓度。

⑥ 储存　测量完毕后，单击工具栏中的"保存"，储存到上述指定的位置。

⑦ 关机　将比色皿从样品池中取出，先关闭软件 UVProbe2.21，再关闭仪器电源开关。

（3）注意事项

① 使用仪器前要经过培训，得到使用许可后方可独立操作本仪器。

② 开机初始化完成后，需预热 15min，才可操作。

③ 强腐蚀、易挥发试样测定时比色皿必须加盖。

④ 样品溅入样品室后应立即用滤纸或软棉纱布擦拭干净。

⑤ 测定完成后把波长调到 550nm 再退出。

5.14　傅里叶变换红外光谱仪

5.14.1　基本原理

红外吸收光谱法（Infrared Absorption Spectrometry，IR）是根据物质对红外辐射的特征吸收建立起来的一种光谱分析方法，是有机化合物结构分析的重要手段。用频率连续变化的红外光照射样品时，分子吸收某些频率的辐射，并由其振动或转动运动引起偶极矩的变化，产生分子振动或转动能级从基态到激发态的跃迁，使相应于这些吸收区域的透射光强度减弱。用红外光的百分透射比与波数或波长关系作图，就得到红外光谱，红外光谱具有很高的特征性，每种化合物都具有特征的红外光谱，用它可进行物质的结构分析和定量测定。红外吸收光谱是一种非破坏性分析方法，试样的适应性强，气体、液体、固体样品都可测定，且样品用量少，分析速度快，是分析中常用的分析工具。

5.14.2　红外样品的制备

常见的红外测试中，样品状态一般为固体、液体、气体，对于不同状态的样品，可以采用不同的样品制备方法。

（1）固体样品的制备

固体样品的常规制备方法有压片法、糊状法、薄膜法。

压片法是固体样品红外光谱分析的传统的制样方法，简便易行。凡易于粉碎的固体试样都可以采用此法。样品的用量随模具容量大小而异，样品与溴化钾（或氯化钾）的混合比例一般为 1∶（100～200）。压片时先将固体试样置于玛瑙研钵中研细，然后加溴化钾（或氯化钾）粉末，研磨至颗粒尺寸小于 2.5μm，研磨混合均匀后，将混合物移入压片模具，加压几分钟。在压力下，混合物形成一透明小圆片，即可进行测试。

采用压片法时，要注意到溴化钾吸湿性较强，研磨前无论溴化钾粉末烘干情况多么好，也无论空气湿度有多么低，红外光谱中仍然不可避免的有游离水的红外吸收（3400cm⁻¹ 和 1640cm⁻¹ 左右出现水的吸收峰），为消除游离水的干扰，可在相同条件下制备一个溴化钾空白片作参比。还要注意到碱金属卤化物会和样品发生离子交换，从而产生相应的杂质吸收峰。此外，在压片过程中，由于压力很大，样品会发生晶型改变或者部分分解，使谱图出现差异。因此，对某些无机化合物、糖、固态有机酸、胺、亚胺等物质，不适合用压片法来制备样品。

薄膜法是选择适当溶剂溶解试样，将试样溶液倒在红外晶片（如溴化钾、氯化钠、氟化钡等）、载玻片或平整的铝箔上，待溶剂挥发后形成一均匀薄膜即可测试。薄膜厚度一般控制在 1～10μm。薄膜法要求溶剂对试样溶解性好，与样品不发生反应，挥发性适当，若溶剂难挥发则不易从试样膜中去除干净，若挥发性太大，则会使试样在成膜过程中变得不透明。

糊剂法是在研钵中将待测样品和糊剂一起研磨，将样品微细颗粒均匀地分散在糊剂中进行红外光谱测定，对于无适当溶剂又不能成膜的固体样品可采用此法。将 2～5mg 试样研磨成粉末（颗粒＜25μm），加一滴液体分散剂（常用的有石蜡油、氟油、六氯丁二烯），研成糊状，类似牙膏，然后将其均匀涂于红外晶片上进行测试。由于液体分散介质在 400～4000cm⁻¹ 光谱范围内有吸收，所以采用此法应注意分散介质的干扰。其次，此法虽然简单迅速，能适用于大多数固体试样，但是在试样和分散介质折射率相差很大或试样颗粒不够细时，会严重影响光谱质量，因此不适于用作定量分析。

（2）液体样品的制备

液体样品分为纯有机液体样品和有机溶液样品。一般尽量不使用有机溶液样品，以免带入溶剂的吸收干扰。

纯液体样品的制备，对于纯液体试样，通常是制成 1～50μm 左右的薄膜。一般将一滴纯液体压在两块盐窗片之间，然后放入光路中测试。这种方法简单、快速又无溶剂干扰，但对易挥发液体试样不适用，而且这种方法获得的光谱数据重现性不好，不适用于定量分析。

在红外光谱实验中，测试溶液光谱的情况较少碰到，只有在试样的吸收很强，液膜法无法制成足够薄的吸收层，或为了避免试样分子间相互缔合的影响，才采用溶液法测试。用溶液测试时，常用的溶剂为四氯化碳、二硫化碳、二氯甲烷、丙酮等，制备方法与纯有机液体样品的制备方法相同。

如果需要测定水溶液样品，一般采用液膜法测定水溶液红外光谱，窗片材料选择氟化钙晶片，但由于液体水在中红外区有非常强的吸收谱带，会干扰和掩盖样品吸收峰，而且溶液中水的光谱与纯水的光谱有差别，因此，即使用光谱差减也不能将水的吸收峰彻底减去。

（3）气体样品的制备

红外光谱仪测试气体样品需要有气体池，将待测样品气体充入气体池中即可进行测试。

对于不同的样品，要采用不同的红外样品制备技术；对于同一个样品，也可以采用不同的制备技术。因此，要根据测试目的和测试要求采用合适的制样方法，这样才能得到准确可靠的测试数据。一般来说红外样品的制备应注意以下几点。

① 样品浓度和测试厚度要选择适当，过低浓度和过薄的样品会使某些峰消失，谱图信息不完整；相反，就会使某些强吸收峰超过范围，出现平头峰，无法确定真实峰位。制备样品尽量使红外吸收峰的透过率处于 20%～60% 范围内。

② 样品中不含游离水，水的存在不但干扰试样的吸收，还会腐蚀盐窗。

③ 多组分试样应尽量预先进行组分的分离，否则各组分光谱互相重叠，致使谱图无法解析。

5.14.3 操作步骤

德国布鲁克（Bruker）光谱仪器公司的 Tensor27 型傅里叶变换红外光谱仪的操作方法如下所示。

① 称取 KBr 150mg，样品 1mg。

② 充分研磨至细末贴壁。

③ 倒入压片器中，进行压片。

④ 打开电脑，连接光谱仪，打开 OPUS 操作软件。

⑤ 点 "Measurement"，打开测试界面，选择 "Advanced"，调入方法文件，并根据个人情况修改文件名 "Filename"、存放路径 "Path"，点击 "save" 退出。

⑥ 放入样品空白，点击 "Background Single Channel"，完毕后取出空白，放入样品，点击 "Sample Single Channel"。

⑦ 点击 "start measurement" 进行样品测试。

⑧ 结果处理，一般进行基线校正、气氛补偿、标峰位等。

⑨ 结果存储，退出程序。

5.15 拉曼光谱仪

5.15.1 基本原理

当一束频率为 ν_0 的单色光照射到样品上后，分子可以使入射光发生散射。大部分光只是改变光的传播方向，从而发生散射，穿过分子的透射光的频率，仍与入射光的频率相同，这时，这种散射称为瑞利散射；还有一种散射光，约占总散射光强度的 $10^{-6} \sim 10^{-10}$，该散射光不仅传播方向发生了改变，而且该散射光的频率也发生了改变，从而不同于激发光（即入射光）的频率，该散射光称为拉曼散射。在拉曼散射中，散射光频率较入射光频率减少的称为斯托克斯散射，频率增加的散射称为反斯托克斯散射，斯托克斯散射通常要比反斯托克斯散射强得多，拉曼光谱仪通常测定的是斯托克斯散射，也统称为拉曼散射。

散射光与入射光之间的频率差 ν 称为拉曼位移，拉曼位移与入射光频率无关，只与散射分子本身的结构有关。拉曼散射是由于分子极化率的改变而产生的，拉曼位移取决于分子振动能级的变化，不同化学键或基团有特征的分子振动，ΔE 反映了指定能级的变化，因此与之对应的拉曼位移也是特征的，这是拉曼光谱可以作为分子结构定性分析的依据。

5.15.2　拉曼光谱仪

图 5-21 为拉曼光谱仪外形图，它由光源、滤光片、狭缝、光栅、检测系统、显微镜、计算机控制与数据分析系统等部分组成。

（1）光源

光源的功能是提供单色性好、功率大并且最好能多波长工作的入射光。在拉曼光谱实验中要求入射光的强度稳定，这就要求激光器的输出功率稳定，激光拉曼光谱对光源最主要的要求是具有单色性。实验室的拉曼光谱使用的激光器有 Ar 离子激光器（波长为 514.5nm）和半导体激光器（波长为 785nm）两种。

（2）外光路

外光路部分包括聚光、显微镜、滤光和偏振等部件。

① 聚光　用一块或两块聚焦合适的会聚透镜，使样品处于聚集光的腰部，以提高样品光的辐照功率，可使样品在单位面积上辐照功率比不使用透镜汇聚前增强 105 倍。缺点是在单位面积上的激光功率很高，有些样品在高辐射下会被损坏。

图 5-21　拉曼光谱仪

② 显微镜　主要用来实现样品架的功能和收集更多的散射光。

③ 滤光　安置滤光部件的主要目的是为了抑制杂散光以提高拉曼散射的信噪比。在样品前面，典型的滤光部件是前置单色器或干涉滤光片，它们可以滤去光源中非激光频率的大部分光。小孔光栏对滤去激光器产生的等离子线有很好的作用。在样品后面，用合适的干涉滤光片或吸收盒可以滤去不需要的瑞利线的一大部分能量，提高拉曼散射的相对强度。

④ 偏振　做偏振谱测量时，必须在外光路中插入偏振元件。加入偏振旋转器可以改变入射光的偏振方向；在光谱仪入射狭缝前加入检偏器，可以改变进入光谱仪的散射光的偏振；在检偏器后设置偏振扰乱器，可以消除光谱仪的退偏干扰。

⑤ 狭缝系统　拉曼光谱仪的狭缝主要是调节拉曼色散光的通过强度和精度，狭缝是由两片可以调节间隔宽度的薄金属板组成。

（3）色散系统

色散系统使拉曼散射按波长在空间分开，通常使用色散仪。由于拉曼散射强度很弱，因而要求拉曼光谱仪有很好的杂散光水平。各种光学部件的缺陷，尤其是光栅的缺陷，是仪器杂散光的主要来源。

（4）接收系统

拉曼散射信号的接收类型分单通道和多通道两种，光电倍增管接受就是单通道接收。

（5）信息处理与显示

为了提取拉曼散射信息，常用的电子学处理方法是直接电流放大、选频和光子计数，然后用记录仪或计算机接口软件做出图谱。

5.15.3 拉曼光谱仪的使用

① 接通电源

② 开启仪器。a. 激光防护钥匙调至 ON；b. 长按电源键开启仪器；c. 打开照明和控制器（开启样品台盖子）。

③ 初始化　a. 打开 uview；b. 点击 microscope；c. 点击 system configuration；d. 点击 X-Y Stage；e. 点击 OK。

④ 点击 OMNIC、Atlas、X-Y 样品台、点击 OK。

⑤ 校准：a. 采集；b. 实验设置；c. 光学平台；d. 双击激光（开启状态）。

⑥ 准直：a. 打开照明光；b. 放入校准片；c. 调节平台至十字中心对准中心点；d. 准直光谱仪（自动完成 3 步）；e. OK（系统提示激光光路和光栅未校准，点击 OK 或者休息都可）。

⑦ 仪器校准：a. 采集；b. 仪器校准；c. 确定（系统提示都成功即可）。

⑧ 开始测样。

⑨ 保存文件。

⑩ 关闭仪器。

5.16 荧光光谱仪

5.16.1 基本原理

在室温下分子大多处在基态的最低振动能级，当受到光的照射时，便吸收与它的特征频率一致的光线，其中某些电子由基态能级跃迁到第一电子激发态或更高电子激发态中的各个不同振动能级，这就是在分光光度法中描述的吸光现象。跃迁到较高能级的分子，很快通过振动弛豫、内转换等方式释放能量后下降到第一电子激发态的最低振动能级，能量的这种转移形式，称为无辐射跃迁。分子再由第一电子激发态的最低振动能级下降到基态的任何振动能级，并以光的形式放出它们所吸收的能量，这种光便称为荧光。

荧光分析法具有灵敏度高、选择性强、需样量少和方法简便等优点，测定下限通常比分光光度法低 2~4 个数量级，在生化分析中的应用较广泛。

荧光分析法测定物质吸收了一定频率的光以后，物质本身发射的光强度。物质吸收的光称为激发光；物质受激后发射的光称为发射光或荧光。将激发光用单色器分光后，连续测定相应的荧光强度得到的曲线，称为该荧光物质的激发光谱（excitation spectrum），实际上荧光物质的激发光谱就是它的吸收光谱。在激发光谱中最大吸收处的波长处固定波长和强度，检测物质发射荧光的波长和强度，得到的曲线称为该物质的荧光发射光谱，简称荧光光谱（fluorescence spectrum）。在建立荧光分析法时，需根据荧光光谱来选择适当的测定波长。

某些物质的分子能吸收能量而发射出荧光，根据荧光的光谱和荧光强度，对物质进行定性或定量的方法，称为荧光分析法（fluorescence analysis）。

对于某一荧光物质的稀溶液，在一定波长和一定强度的入射光照射下，当液层的厚度不变时，发生的荧光强度和该溶液的浓度成正比，这是荧光定量分析的基础。

荧光光谱仪的组成原理如下：由激发光源发出的光，经激发单色器使特征波长的激发光通过，照射样品杯里的样品使荧光物质发射出荧光，再经发射单色器对待测物质产生的荧光进行分光或者过滤，使特征荧光照射到检测器（一般使用光电倍增管）产生光电流，经电路放大、AD 转换、数字处理等方式得到相应的荧光值。

5.16.2　F4500 型荧光光谱仪的使用

（1）仪器的基本情况

F4500 型荧光光谱仪是一种功能比较完善的发光测定装置，可进行荧光、磷光及发光分析，样品可以是液体、固体及气体（另配样品池），可提供三维扫描、激发发射光谱扫描、时间扫描及浓度分析等。

（2）操作程序

开启计算机和主机，联机，以"波长扫描"功能为例，参数调节方法如下所示。

① 按顺序打开荧光光谱仪面板上的 power on、Xe lamp start（按下后 Xe 指示灯亮）、Main on 开关，然后启动 FL solution 2.0 软件，联机自检。

② 将待测溶液倒入荧光比色皿，用柔软的滤纸小心吸去荧光比色皿外侧溶液，再用擦镜纸擦净荧光比色皿外侧溶液。打开仪器盖，将荧光比色皿放入仪器中的专用位置，盖好盖子。

③ 自检完毕后，点击 method，选择 instrument，扫描模式选择"波长扫描"，数据方式选择"荧光"，输入适当的参数如激发波长、发射波长、扫描速度、狭缝宽度等。

④ 点击 measure 按钮，开始波长扫描。扫描结束后，保存数据。

⑤ 实验结束，取出比色皿。先关闭 FL solution 2.0 软件，然后依次关闭 Main on、power on 开关。

（3）注意事项

① 使用仪器前要经过使用培训，得到许可后方可独立操作本仪器。

② 关机时，当关闭 Main on 氙灯熄灭后，应等待 10min 左右再关闭 power on 开关，目的是仅让风扇工作，使灯室散热。

③ 仪器不用时要及时关闭，以延长氙灯使用寿命。

5.17　流动注射仪

5.17.1　基本原理

流动注射分析（FIA）的基本流路系统一般包括载液驱动系统、注入阀或进样器、反应器、流通式检测器（折光仪、比色计、紫外-可见分光光度计、离子选择电极、原子吸光光度计、荧光计等）、信号记录装置。其中蠕动泵驱动载液以恒定流率流过细微的管路；注入阀将一定体积的样品溶液注入载液中；反应器则使注入的样品带其中适当地分散，并与载液（或试剂）中某些组分进行反应，生成能使检测器产生适量响应值的产物；检测器和信号记录装置分别测量和记录下响应值数据。图 5-22 是 FIA 的基本流路图。

反应器中的反应可以是不完全反应，只要在其中的分散和反应可以高度重现就可以，而FIA 体系恰好能满足重现性良好的要求，并且 FIA 能控制试样的分散，从而能有效控制样

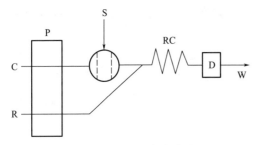

图 5-22　FIA 基本流路图

C—载液；R—试剂；P—蠕动泵；S—试样；
RC—反应器；D—检测器；W—废液

品的稀释度，进而缩短反应时间，提高检测效率，目前，FIA 已成为理想的在线检测工具。

图 5-22 仅为 FIA 方法的基本流路图，在具体应用时要根据确定的具体分析方案调整流路设置，改变相应部件的几何尺寸。

5.17.2　操作步骤

以北京吉天 FIA3110 型为例，介绍流动注射仪器的使用方法。

① 打开 723PC 可见分光光度计，自检，预热 20min。

② 打开流动注射分析仪，根据实验需要，连接流动管路。

③ 打开计算机，联机，进入测定界面。

④ 根据实验需要，调整主泵、副泵的转向、转速、步进等实验参数。

⑤ 依次测定样品，记录吸光度，绘制标准曲线，并计算浓度。

注意事项如下。

① 每次测定前必须先用去离子水清洗流动注射器管路，实验结束后必须用去离子水清洗管路，最后抽空。

② 实验结束后松开泵阀，以免加速硅胶管的老化。

5.18　X射线粉末多晶衍射仪

5.18.1　工作原理

根据晶体对 X 射线的衍射特征——衍射线的位置、强度及数量来鉴定结晶物质物相的方法，称为 X 射线物相分析法。X 射线是原子内层电子在高速运动电子的轰击下跃迁而产生的光辐射，主要有连续 X 射线和特征 X 射线两种。每一种结晶物质都有各自独特的化学组成和晶体结构。没有任何两种物质的晶胞大小、质点种类及其在晶胞中的排列方式是完全一致的。晶体可被用作 X 光的光栅，这些数目很大的粒子（原子、离子或分子）所产生的相干散射将会发生光的干涉作用，从而使散射的 X 射线的强度增强或减弱。由于大量粒子散射波的叠加，互相干涉而产生最大强度的光束称为 X 射线的衍射线。因此，当 X 射线被晶体衍射时，每一种结晶物质都有自己独特的衍射花样，它们的特征可以

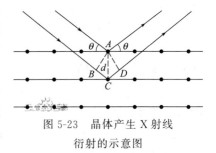

图 5-23　晶体产生 X 射线
衍射的示意图

用各个衍射晶面间距 d 和衍射线的相对强度 I/I_0 来表征，晶面间距 d 与晶胞的形状和大小有关，相对强度则与质点的种类及其在晶胞中的位置有关。图 5-23 是晶体产生 X 射线衍射的示意图，任何一种结晶物质的衍射数据 d 和 I/I_0 是其晶体结构的必然反映，因而可以根据它们来鉴别结晶物质的物相。

满足衍射条件，可应用布拉格公式

$$2d\sin\theta = n\lambda$$

式中，λ 为 X 射线波长；n 为衍射级数；d 为晶面间距；θ 为衍射半角。

应用已知波长的 X 射线来测量 θ 角，从而计算出晶面间距 d，可用于 X 射线结构分析；另一个是应用已知 d 的晶体来测量 θ 角，计算出特征 X 射线的波长，从而可在已有资料查出试样中所含的元素。因而，X 射线粉末多晶衍射仪能够精确地对金属和非金属多晶样品进行物相定性定量分析，薄膜材料的物相、厚度、密度、粗糙度分析，结晶度分析、晶胞参数计算和固溶体分析，微观应力及晶粒大小分析。

5.18.2　德国布鲁克 D8 ADVANCE 衍射仪的主要部件及技术指标

德国布鲁克 D8 ADVANCE 衍射仪及其测试原理见图 5-24，仪器包括长寿命陶瓷 X 光管、X 射线发生器、高精密测角仪、高灵敏度探测器、高精度样品台、计算机控制系统、数据处理软件、相关应用软件和循环冷却水装置。

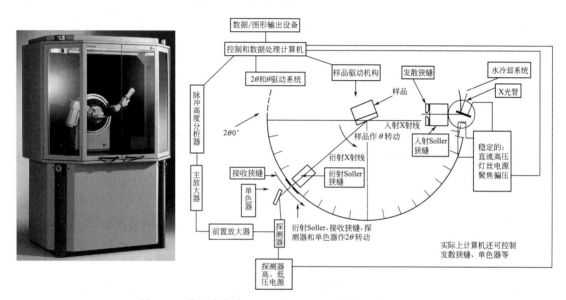

图 5-24　德国布鲁克 D8 ADVANCE 衍射仪及其测试原理

（1）X 射线管

X 射线管主要分密闭式和可拆卸式两种。广泛使用的是密闭式 X 射线管，由阴极灯丝、阳极、聚焦罩等组成，功率大部分在 $1\sim2\text{kW}$。可拆卸式 X 射线管又称旋转阳极靶，其功率比密闭式大许多倍，一般为 $12\sim60\text{kW}$。常用的 X 射线靶材有 W、Ag、Mo、Ni、Co、Fe、Cr、Cu 等。选择阳极靶的基本要求：尽可能避免靶材产生的特征 X 射线激发样品的荧光辐射，以降低衍射花样的背底。

（2）测角仪

测角仪是粉末 X 射线衍射仪的核心部件，主要由 Sollar 狭缝、发散狭缝、接收狭缝、防散射狭缝、样品台及闪烁检测器等组成。

① Sollar 狭缝　Sollar 狭缝是一组平行薄片光阑，实际上是由一组平行等间距的、平面与射线源交线垂直的金属薄片组成，用来限制 X 射线在测角仪轴向方向的发散，使 X 射线束可以近似的看作仅在扫描圆平面上发散的发散束。

② 发散狭缝　发散狭缝用来限制发散光束的宽度，它的宽度决定了入射 X 射线束在扫描平面上的发散角。

③ 接收狭缝　接收狭缝用来限制所接收的衍射光束的宽度，是为了限制待测角度位置附近区域之外的 X 射线进入检测器，它的宽度对衍射仪的分辨能力、线的强度以及峰高背底比有着重要的影响作用。

④ 防散射狭缝　防散射狭缝用来防止一些附加散射（如各狭缝光阑边缘的散射，光路上其他金属附件的散射）进入检测器，有助于降低背景。防散射狭缝是光路中的辅助狭缝，它能限制由于不同原因产生的附加散射进入检测器。例如光路中空气的散射、狭缝边缘的散射、样品框的散射等等。此狭缝如果选用得当，可以得到最低的背底，而衍射线强度的降低不超过 2%。如果衍射线强度损失太多，则应改用较宽的防散射狭缝。

⑤ 闪烁检测器　闪烁检测器是各种晶体 X 射线衍射工作中通用性能最好的检测器。它的主要优点是对于晶体 X 射线衍射使用的 X 射线均具有很高甚至达到 100% 的量子效率；使用寿命长，稳定性好；此外，它和正比计数管（PC）一样，具有很短的分辨时间（10^{-7} 秒数量级），因而实际上不必考虑由于检测器本身的限制带来的计数损失；它和 PC 一样，对晶体衍射工作使用的软 X 射线也有一定的能量分辨本领。通常 X 射线粉末衍射仪配用的是闪烁检测器。

⑥ 样品台　样品台 9 位旋转反射透射样品台。

（3）X 射线探测记录装置

由于输出的电流和计数器吸收的 X 光子能量成正比，因此可以用来测量衍射线的强度。衍射仪中的探测器是阵列探测器，能多角度同时记录，加快测量速度，不影响能量分辨率。相对于常规探测器的强度提高 150 倍以上，灵敏度提高一个数量级。

5.18.3　样品的准备

X 射线衍射分析的样品主要有粉末样品、块状样品、薄膜样品和纤维样品等。样品不同，分析目的不同（定性分析或定量分析），则样品的准备方法不同。

（1）粉末样品

X 射线衍射仪的粉末试样必需满足两个条件：①晶粒要细小；②试样无择优取向（取向排列混乱）。所以，通常将试样用玛瑙研钵研细。定性分析时粒度应小于 $44\mu m$（过 350 目筛），定量分析时应将试样研细至 $10\mu m$ 左右。较方便地确定 $10\mu m$ 粒度的方法是用拇指和中指捏住少量粉末，并碾动，两手指间没有颗粒感觉的粒度大致为 $10\mu m$。充填旋转反射透射样品台时，将试样粉末一点一点地放进试样填充区，重复这种操作，使粉末试样在试样架里均匀分布并用玻璃板压平实，要求试样面与玻璃表面齐平。

（2）块状样品

先将块状样品表面研磨抛光，样品大小不超过 $20mm \times 18mm$，然后用橡皮泥将样品粘在样品支架上，要求样品表面与样品支架表面平齐。

（3）薄膜样品制备

将薄膜样品剪成合适大小，用胶带纸粘在玻璃样品支架上即可。

5.18.4　样品的测量

（1）开机前的准备和检查

接通总电源，接通稳压电源，开启循环水，使冷却水流通。

（2）操作流程

开启衍射仪总电源，打开高压钥匙顺时针旋转 45°，停 3~5s 至高压显示灯亮为止，开

BISA 高压。打开计算机 X 射线衍射仪应用软件，缓慢升高电压（5kV·次$^{-1}$至 40kV·次$^{-1}$）、再升电流（10mA·次$^{-1}$至 40mA·次$^{-1}$）。若为新 X 光管或停机再用，需预先在低电压、低电流下"老化"后再用。设置合适的衍射条件及参数，使光管在设定条件下扫描。

① 扫描范围的确定　不同的测定目的，其扫描范围也不同。当选用 Cu 靶进行无机化合物的相分析时，2θ 扫描范围一般为 90°～2°；对于高分子、有机化合物的相分析，其扫描范围一般为 60°～2°；在定量分析、点阵参数测定时，一般只对待测衍射峰进行扫描。

② 扫描速度的确定　常规物相定性分析常采用每分钟 2°或 4°的扫描速度，在进行点阵参数测定，微量分析或物相定量分析时，常采用每分钟 0.5°或 0.25°的扫描速度。

（3）关机操作

测量完毕，保存文件，取出试样。在电脑端缓慢顺序降低电流、电压至最小值（5mA，20kV）。关主机高压、BISA 高压。15min 后关闭主机、循环水泵、稳压电源及线路总电源。

5.18.5　物相的定性分析方法

XRD 主要是对照标准谱图分析样品的组成与晶体结构，应先对所制样品的成分进行确认。在确定后，查阅相关手册标准图谱［如 joint committee on powder diffraction standards（JCPDS）卡片，XRD 仪器一般附带有 JCPDS 卡片库］，以确定所制样品的晶体结构或晶相。

对于经常使用的样品，其衍射谱图应该充分了解掌握，可根据其谱图特征进行初步判断。例如在 26.5°左右有一强峰，在 68°左右有五指峰出现，则可初步判定样品含 SiO_2。

另外，在国内外各种专业科技文献上有很多 X 射线衍射谱图和数据，这些谱图和数据可以作为标准和参考供分析测试时使用。

5.18.6　数据处理

测试完毕后，可将样品测试数据转化为可画图的文件格式存入磁盘供随时调出处理。原始数据需经谱峰寻找等数据处理步骤，最后整理待分析试样的衍射曲线和 d 值、2θ、强度、衍射峰宽等数据供分析、鉴定。

5.19　单晶 X 射线衍射仪

5.19.1　单晶 X 射线衍射基本原理

晶体（crystal）是原子有规律重复排列的固体物质。由于原子在空间排列的规律性，可以把晶体中的若干个原子抽象为一个点，于是晶体可以看成空间点阵。如果整块固体被一个空间点阵贯穿，则称为单晶体（single crystal），简称单晶。一个三维点阵可简单地用一个由八个相邻点构成的平行六面体（称晶胞）在三维方向重复得到。一个晶胞形状由它的三个边 a、b、c 及它们间的夹角 γ、α、β 所规定，这六个参数称为点阵参数或晶胞参数。如图 5-25 所示，描述晶胞结构有六个参数 a、b、c、α、β、γ，晶体分为七大晶系及 230 个空间群。

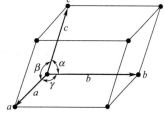

图 5-25　描述晶胞结构的参数

在用电子束轰击金属"靶"产生的 X 射线中，包含与靶中各种元素对应的具有特定波长的 X 射线，称为特征 X 射线。特征 X 射线是一种波长很短（约为 20～0.06nm）的电磁波，考虑到 X 射线的波长和晶体内部原子间的距离相近，1912 年德国物理学家劳厄（M. von Laue）提出一个重要的科学预见：晶体可以作为 X 射线的空间衍射光，即当一束 X 射线通过晶体时将发生衍射，衍射波叠加的结果使射线的强度在某些方向加强，在其他方向减弱，分析在照相底片上得到的衍射花样，便可确定晶体结构。这一预见随即为实验所验证。

1913 年英国物理学家布拉格父子（W. H. Bragg，W. L Bragg）在劳厄发现的基础上，不仅成功地测定了 NaCl、KCl 等的晶体结构，而且提出了作为晶体衍射基础的著名公式——布拉格定律：

$$2d\sin\theta = n\lambda$$

式中，λ 为 X 射线的波长；n 为任何正整数。入射线与晶粒内的各晶面都有一定的夹角 θ，其中只有很少数的晶面能符合布拉格公式而发生衍射。

晶体具有三维点阵结构，能散射波长与原子间距相近（$\lambda = 50 \sim 300$pm）的 X 射线。入射 X 光由于三维点阵引起的干涉效应，形成数目甚多、波长不变、在空间具有特定方向的衍射，这就是 X 射线衍射（X-ray diffraction）。测量出这些衍射的方向和强度，并根据晶体学理论推导出晶体中原子的排列情况，就叫 X 射线结构分析。单晶结构分析可以提供一个化合物在固态中所有原子的精确空间位置，从而为化学、材料科学和生命科学等研究提供广泛而重要的信息，包括原子的连接形式、分子构象、准确的键长和键角等数据。另外，还可以从中得到化合物的化学组成、对称性以及原子或分子在三维空间的排列、堆积情况。

过去十多年来，随着晶体结构分析技术手段的提高、单晶衍射仪价格的降低和功能的提高，单晶衍射仪越来越普及。同时，计算与画图等程序功能越来越强大，且使用越来越方便，因此单晶结构分析已经成为十分常见的研究方法。在与合成化学密切相关的学科，包括配位化学、金属有机化学、有机化学、无机材料化学、生物无机化学等领域，特别是与晶体工程和超分子化学相关的科学研究中，X 射线单晶结构分析已经成为必不可少的研究手段。单晶结构分析是目前固态物质结构分析方法中，可以提供信息最多、最常用的研究方法，已经成为上述研究领域科研日常工作的一部分，越来越多的非晶体学专业工作者，尤其是化学工作者希望能够掌握 X-射线结构分析方法的基本知识和使用技巧。

5.19.2 单晶 X 射线衍射仪装置

现代单晶 X 射线衍射系统由 X 射线光源（发生器）（X-ray source，X-ray generator）、测角仪（goniometer）、X 射线探测器（X-ray detector）、计算机系统（computer system）、其他辅助设备（assistant systems）如循环水系统、低温系统、真空系统和安全系统等组成。

5.19.3 单晶 X 射线衍射仪的使用

X 射线晶体结构分析的过程，从单晶培养开始，到晶体的挑选与安置，再到使用衍射仪测量衍射数据，再利用各种结构分析与数据拟合方法，进行晶体结构解析与结构精修，最后得到各种晶体结构的几何数据与结构图形等结果。

Bruker D8 Quest 单晶 X-射线衍射仪使用步骤如下。

（1）装样

在计算机上打开软件 APEX2，新建文件名，点击 Center Crystal 进行对心操作，点击

Mount 使仪器回到起始位置，通过调节 Right、Spin phi 90 or 180，查看显微镜使晶体处于中心位置，固定晶体。

（2）测晶胞

点击 Determine Unit Cell 测晶胞，点击 Collect Date 收集晶胞数据，曝光时间 Exposure Time 可以修改 2～20s，然后点击 Collect。数分钟后，数据收集完，点击 Harvest 收集，点击 Index 指标化，然后 Accept，查看匹配度 His * 值，越大越好，最好在 90% 以上。点击 Bravais 计算，然后 Accept；点击 Refine 精修，直到体积 V 数值不变，然后 Accept；右上角五个指标都变绿后就完成了晶胞的收集。

（3）数据收集

点击 Collect 里的 Data Collection Strategy 数据收集策略，根据具体情况可以修改曝光时间，2～20s，completeness 要 98 以上，Redundancy 在 2～4 之间。注意在定数据收集策略之前把右上角的分辨率 d 改为 0.77。

点击 Experiment，点击左下 Append Strategy 导入已设好的数据收集策略，然后点击 Execute，开始收集数据。注意：（1）测试过程中不得打开机箱门；（2）紧急情况（火警等）下按箱门两侧红色按钮。

（4）数据还原与吸收校正

数据还原，在〈Integrate〉选项下点击 Integrate Images，然后 Find Runs，勾选除 matrix 以外的选项，然后 ok，Resolution 改为 0.77，然后 start Integrate 开始数据积分还原。还原完后进行吸收校正，点开 Scale，点击 Finish，自动做吸收校正。

（5）晶体结构解析及精修

用到的解结构程序主要是 SHELXTL，将还原后数据里的 *.P4P 和 *.HKL 拷贝到另一个文件夹里，用 SHELXTL 程序解析和精修。精修到最后得到一个 *.CIF 文件，晶体结构的所有信息都包含在内，包括原子间的键长、键角和氢键等弱作用。同时根据 CIF 文件绘制晶体结构图并制作键长、键角、氢键及结构精修等列表。

5.20　原子发射光谱

5.20.1　基本原理

在原子中，原子核外电子在符合量子化条件的特定轨道中运动，不同量子数的电子具有不同的能量。原子的外层电子由低能级激发到高能级时所需的能量称为激发电位，原子的光谱线各有其对应的激发电位。具有最低激发电位的谱线称为共振线，一般说来，共振线是该元素的最强谱线。

如果原子的外层电子获得足够的能量，可以发生电离。原子失去一个电子称为一次电离，再失去一个电子称为二次电离。离子外层电子跃迁时发射的谱线称为离子线。常用 Ⅰ 表示原子发射的谱线，Ⅱ 表示一次电离离子发射的谱线，Ⅲ 表示二次电离离子发射的谱线。例如：Na Ⅰ 589.599nm，表示有一次电离离子线。原子或离子的外层电子数相同时，具有相似的光谱。

若样品中含有不同的原子，就会产生不同波长的电磁辐射，经光谱仪进行分光后，按波长顺序排列记录在感光板上，得到光谱图。根据特定波长光谱线可确定某元素的存在，即定性分析；进一步测量其特征光谱线的强度，即可对该元素进行定量分析。

5.20.2 仪器主要组成部分

原子发射光谱仪一般由激发光源和光谱仪两个部分组成。

（1）光源

光源的作用是使被分析试样蒸发、离解、原子化和激发以产生光辐射。目前发射光谱法中广泛采用的光源是等离子体光源。等离子体是物质在高温条件下的一种存在状态，由原子、离子、电子、激发态原子、激发态离子组成，总体呈电学中性和化学中性。发射光谱分析中所说的等离子体不完全是上述概念，而是指外观上类似于火焰的一类放电光源。

被测溶液首先进入雾化系统，并在其中转化成气溶胶，一部分细微颗粒被氩气载入等离子体的环形中心，另一部分颗粒较大的被排出。进入等离子体的气溶胶在高温作用下，经历蒸发、干燥、分解、原子化和电离过程，产生的原子和离子被激发，并发射出各种特定波长的光，经光学系统，通过入射狭缝进入光谱仪进行检测。

（2）光谱仪

光谱仪包括分光系统和检测系统两部分。直接利用光电检测系统将谱线的光信号转为电信号，利用计算机处理分析结果的光谱仪称为光电直读光谱仪。

光电直读光谱仪利用光电检测器直接记录和测量谱线的强度。由于 ICP 光源得到广泛的使用，使光谱定量分析的准确度和精密度有了较大的提高，光电直读光谱仪已被大规模的应用。

光电直读光谱仪分析速度快，精密度好（重现性可达 1%），准确度高，有较宽的波长范围和定量线性范围，能同时检测多个元素，尤其适用于合金样品及复杂的地球化学样品的分析。

5.20.3 仪器使用操作方法

现以 PerkinElmer 公司 optima 8300 型仪器为例，介绍 ICP-AES 的操作使用方法。

（1）开机

① 打开通风系统，打开氩气 80～90psi（注：145psi＝1MPa），氮气（吹扫气）40psi，切割气 70psi，循环水温度 20℃。

② 打开计算机和主机，双击 WinLab32，光谱仪预热和自检后自动进入工作界面。

③ 安装好样品管和废液管，点击 Plasma 图标，进入 plasma control 对话框，点击 Plasma On，点燃等离子炬。

（2）方法设定

① 新建方法，选择水溶液样品类型。

② 在 Spectrometer 页面，选择元素和谱线，设置延迟时间和重复测量次数。

③ 在 Sample 页面设置等离子体冷却气、辅助气、雾化气流量，功率，观测高度和观测方式。

④ 在 Proces 页面设置谱峰的计算方式（峰面积、峰高、MSF）以及像素点的数量。

⑤ 在 Calibration 页面选择用于校准空白、标准样品、试剂空白和其他校准溶液的识别码和自动取样器位置；选择校准标样的单位和浓度；选择要使用的校准方程式类型以及试样的单位和浓度报告格式。

⑥ 保存方法，点击文件下拉菜单另存为方法。

（3）试样测定

① 点击 Manul 图标，进入 Manual Analysis Control 页面，输入样品分析的数据库文件名。

② 点击分析空白 Analyze Blank、分析标准 Analyze Standard，绘制工作曲线。

③ 点击分析样品 Analyze Sample 进行样品分析。

（4）关机

① 分析完样品后，用 1‰硝酸清洗 2～5min，用纯水清洗 2～5min，再把进样管从纯水中拿出来，排空 2min，熄灭等离子体。

② 点击熄灭等离子体按钮后，仪器自动关闭射频发生器，并继续自动保持氩气气流 1min 左右，对炬管进行冷却，松开泵管，退出软件。

③ 关闭空压机、循环水机和氩气，关闭通风。5min 后，关闭主机电源开关。

5.21　原子吸收光谱

5.21.1　基本原理

（1）原子吸收光谱的产生

原子是由原子核和绕核运动的电子组成，原子核外电子按其能量的高低分成不同的能级，因此，一个原子核可以具有多种能级状态。能量最低的能级状态称为基态能级（$E^0=0$），其余能级称为激发态能级，能级最低的激发态称为第一激发态。正常情况下，原子处于基态，核外电子在各自最低能量的轨道上运动。如果将一定外界能量（如光能等）提供给基态原子，当外界光能量 E 恰好等于该基态原子中基态和某一较高能级之间的能级差 ΔE 时，该原子将吸收这一特征波长的光，外层电子由基态跃迁到相应的激发态，从而产生原子吸收光谱。电子跃迁到较高能级以后处于激发态，处于激发态的电子是不稳定的，经过大约 10^{-8} 秒以后，激发态电子将返回基态或其他较低能级，并将电子跃迁时所吸收的能量以光的形式释放出去，这个过程称为原子发射光谱。核外电子从基态跃迁至第一激发态所吸收的谱线称为共振吸收线，简称共振线。核外电子从第一激发态返回基态时所发射的谱线称为第一共振发射线。由于基态与第一激发态之间的能级差最小，电子跃迁概率最大，故共振线最易产生。对大多数元素来讲，它是所有吸收线中最灵敏的，在原子吸收光谱分析中通常以共振线为吸收线。

（2）原子吸收光谱分析原理

原子吸收光谱分析的波长区域在近紫外区，其分析原理是将光源辐射出的待测元素的特征光谱通过样品蒸气，待测元素的基态原子吸收特定波长光，由发射光谱被减弱的程度，进而求出样品中待测元素的含量，它符合朗伯-比尔定律

$$A=-\lg(I/I_0)=-\lg T=kcl$$

式中，I 为透射光强度；I_0 为发射光强度；T 为透射比；l 为光通过原子化器的光程；由于 l 是固定不变的，所以当 1 为单位值时，$A=kc$。

5.21.2　仪器主要组成部分

原子吸收光谱仪主要有光源、原子化系统、分光系统和检测系统组成。

（1）光源

目前普遍使用的锐线光源是空心阴极灯，此外还有高频无极放电灯、蒸气放电灯等，连

续光源目前也已经投入使用。

空心阴极灯的结构如图 5-26 所示，它是一种阴极呈空心圆柱形的气体放电管，阴极内腔衬上或熔入被测元素的金属或该金属的化合物，阳极材料由钨、镍、钛或钽等有吸气性能的金属制成，两电极密封于充有低压惰性气体（氖或氩）的玻璃管中（带有石英窗）。

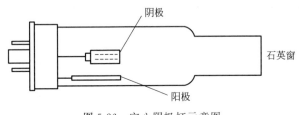

图 5-26　空心阴极灯示意图

在阴极和阳极之间施加直流电压或脉冲电压后，阴极发射出的电子碰撞充入的惰性气体原子，使它电离放出二次电子。在电场作用下，惰性气体离子从阴极表面轰击出被测元素的原子，被轰击出来的原子再与惰性气体的原子、离子和电子碰撞，使原子激发而发射出共振线。

（2）原子化系统

原子化系统的作用是将试样中被测元素的原子转化为原子蒸气，即原子化。被测元素原子化的方法有火焰原子化和非火焰原子化等方法。火焰原子化法是通过火焰热能使试样转化为气态原子，该方法具有简单、快速、对大多数元素有较高的灵敏度和检出限低等优点。非火焰原子化法是通过电加热或化学还原等方法使试样转化为气态原子，它比火焰原子化法具有较高的原子化率、灵敏度以及更低的检出极限。

① 火焰原子化　火焰原子化器主要包括喷雾器、雾化器和燃烧器三部分。燃烧器有全消耗型和预混合型两种。全消耗型燃烧器是将试样直接喷入火焰进行检测，预混合型燃烧器是用雾化器使试样雾化，在雾化室中除去较大的雾滴，使试液雾滴均匀，然后再喷入火焰中进行检测。一般仪器多采用预混合型，预混合型燃烧器示意图见图 5-27。

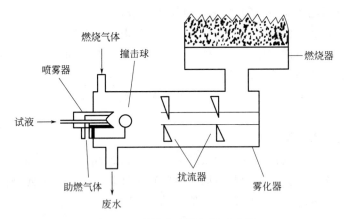

图 5-27　预混合型燃烧器示意图

喷雾器的作用是使试液雾化成细小的雾滴，其性能会对测量精密度和化学干扰等产生显著影响，因此要求雾化器喷雾稳定、雾滴微小且均匀，目前普遍采用的是同心型喷雾器。

雾化器的作用是使气溶胶粒度更小、更均匀，使燃气、助燃气充分混合。

燃烧器是使试液雾粒、助燃气和燃烧气的混合气体喷出并燃烧的装置，实际上就是一个气体燃烧的灯头，也称燃烧头。

火焰按燃气与助燃气的比例（燃助比）不同，可分为化学计量火焰、富焰火焰和贫焰火焰三类，表 5-1 为几种常用火焰的燃烧特性。

表 5-1　几种常用火焰的燃烧特性

燃气	助燃气	最高燃烧速度/cm·s^{-1}	最高火焰温度/K
乙炔	空气	160	2500
乙炔	氧气	1140	3160
乙炔	氧化亚氮	160	2990
氢气	空气	310	2318
氢气	氧气	1400	2933
氢气	氧化亚氮	390	2880
丙烷	空气	82	2198

化学计量火焰也称中性火焰，是按化学计量关系计算的燃气和助燃气比率燃烧的火焰。这类火焰温度高、干扰少、背景低、稳定性好。大多数常见元素的测定多采用这类火焰。

富焰火焰是燃助比超过化学计量的火焰。这类火焰中有大量燃气未完全燃烧，具有较强的还原性，故称为还原性火焰，适用于易形成难离解氧化物的元素的测定，如 Mo、Cr、稀土元素等。

贫焰火焰是燃助比低于化学计量的火焰。由于大量的冷的助燃气带走了火焰中的热量，这种火焰温度比较低，燃气燃烧完全，火焰具有氧化性，故又称为氧化性火焰，适用于易离解、易电离的元素，如碱金属元素的测定。

② 非火焰原子化　非火焰原子化方法有很多种，如管式石墨炉原子化器、还原气化、热分解等。管式石墨炉原子化器由加热电源、惰性气体保护系统和石墨管炉组成，结构示意图见图 5-28。试样以溶液（5~100μL）或固体（几毫克）状态放入石墨管中，在以高纯 Ar 或 N$_2$ 惰性气体保护下分步升温加热，使试液经干燥、灰化（或分解）、原子化和净化等四个阶段。干燥的目的是除去试液的溶剂；灰化的目的

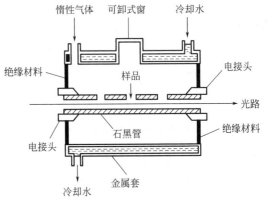

图 5-28　管式石墨炉原子化器示意图

是在不损失被测元素的前提下，进一步除去基体组分；原子化的目的就是使被测元素转变成基态原子；净化就是在原子化温度的基础上提升 200°左右保持数秒钟，以除去残渣。

（3）分光系统

分光系统主要由色散元件、凹面镜和狭缝组成，简称为单色器。

单色器的色散元件可用棱镜或衍射光栅，它的作用是将待测元素的共振线与邻近谱线分开。用锐线光源发出辐射的光谱谱线比较简单，对单色器的分辨率要求不高，能分开 Mn 279.5nm 和 279.8nm 即可。

（4）检测系统

原子吸收分光光度计用光电倍增管作为检测器，要求工作电源的稳定性要好，使用时应注意光电倍增管的疲劳现象，避免使用大的工作电压和使用强光，同时避免太长时间照射。

吸光度值直接显示在表头上，或用记录仪记录吸收曲线，或用计算机直接接受处理检测数据。

5.21.3 仪器操作使用方法

以北京瑞利 WFX-210 型为例，原子吸收分光光度计的操作步骤如下所示。

① 选择相应的空心阴极灯并将空心阴极灯装入灯架，注意记下安装的灯位。

② 开启空气压缩机，调节空气针形阀至所需流量。

③ 根据情况打开相应的气源（石墨炉需要开启冷却水），并调节压力。

④ 按顺序打开主机、计算机，启动程序自检。

⑤ 按照软件提示，调节仪器（灯元素、灯位、狭缝等）。

⑥ 用同一标准溶液做雾化器调整、燃烧器高度、转角等检测条件选择，调整至获得最大吸光度为止。

⑦ 各种操作条件均已稳定后，即可进行测定。

⑧ 测定完毕用去离子水喷雾洗净喷雾器。关闭时，先关闭乙炔开关，后关闭空气开关。

⑨ 离开实验室前，应逐一检查水、电、气所有开关是否都完全关好。

5.22　原子荧光光谱仪

5.22.1 基本原理

原子荧光是原子蒸气受具有特征波长的光源照射后，其中一些自由原子被激发跃迁到较高能态，然后去活化回到某一较低能态（常常是基态）而发射出特征光谱的物理现象。当激发辐射的波长与产生的荧光波长相同时，称为共振荧光，它是原子荧光分析中最主要的分析线。另外还有直跃线荧光、阶跃线荧光、敏化荧光、阶跃激发荧光等。各种元素都有其特定的原子荧光光谱，根据原子荧光强度的高低可测得试样中待测元素含量。

在低浓度，当原子化效率固定时，原子荧光强度 I_f 与试样浓度 c 成正比。即：

$$I_f = \alpha c$$

式中，I_f 为原子荧光强度；α 为常数；c 为试样浓度。

5.22.2 仪器主要组成部分

原子荧光光度计分为色散型和非色散型两类，它们的结构基本相似，只是单色器不同。这两类仪器的光路图见图 5-29。原子荧光光度计和原子吸收光谱仪相似，但是激发光源与检测器不在一条直线上，而是成直角，这是为了避免激发光源发射的辐射对原子荧光检测信号的影响。

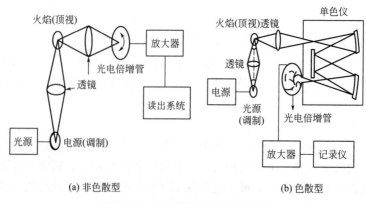

(a) 非色散型　　　　　　　(b) 色散型

图 5-29　原子荧光光度计示意图

原子荧光光度计主要有四部分组成：激发光源，原子化器，色散系统，检测系统。

① 激发光源　激发光源可采用锐线光源或连续光源两种类型。锐线光源辐射强度高，稳定，可得到较好的检出限，常采用的锐线光源是高强度空心阴极灯、无极放电灯和激光等。连续光源稳定，操作简单，寿命长，能用于多元素同时分析，但是检出限较差，常用的连续光源是氙弧灯。

② 原子化器　原子荧光光度计的原子化器与原子吸收光谱仪的基本相同。

③ 色散系统　色散型荧光光度计的色散元件是光栅，非色散型仪器用滤光器来分离分析线和邻近谱线，降低背景。

④ 检测系统　色散型原子荧光光度计采用光电倍增管。非色散型仪器多采用日盲光电倍增管。

5.22.3　仪器操作使用方法

以北京海光 AFS-3100 全自动双道型为例，介绍原子荧光光度计的操作使用方法。

① 开始运行　先打开主机和断续流动系统的电源开关，然后打开计算机，运行软件操作系统，进行联机。

② 元素灯的识别及选择　当计算机与仪器主机联机通讯正常时，软件自动进入元素灯识别及选择画面，仪器会自动识别 A、B 道元素灯的种类；也可以通过元素选择的下拉菜单人为设置元素灯种类。

③ 连接及生成数据库　进入联机工作状态后，需要连接一个已有的数据库或生成一个新数据库，用来存放一个或多个存有数据的文件。

④ 自检　自检测的项目包括载气、屏蔽气控制电路、断续流动电路系统和自动进样器电路。

⑤ 设置条件　正常联机画面中，用鼠标左键单击"条件设置"按钮，进入条件设置对话框，在其中可以对"仪器条件"、"测量条件"、"断续流动程序"、"自动进样器参数"、"A道标准样品参数"和"B道标准样品参数"等内容进行相关参数的设定。

⑥ 测量　根据测定需要，选择标准曲线法或标准加入法对样品进行测量。

⑦ 软件退出　当样品测量结束后，仪器关火，退出软件。

5.23　气相色谱法

5.23.1　气相色谱法的原理

气相色谱法是以气体为流动相，利用物质的沸点、极性及吸附性质的差异来实现混合物分离的色谱方法。其分离过程是待分析样品在气化室气化后被惰性气体（即载气，一般是 N_2、He 等）带入色谱柱，柱内含有液体或固体固定相，由于样品中各组分的沸点、极性或吸附性能不同，每种组分都倾向于在流动相和固定相之间形成分配或吸附平衡，但由于载气是流动的，这种平衡实际上很难建立起来，也正是由于载气的流动，使样品组分在运动中进行反复多次的分配或吸附/解吸，结果在载气中分配系数大的组分先流出色谱柱，而在固定相中分配系数大的组分后流出。当组分流出色谱柱后，立即进入检测器，检测器能够将组分信息转变为电信号，电信号的大小与被测组分的量或浓度成比例，当将这些信号放大并记录下来时，就得到色谱图，它包含色谱的全部原始信息。在没有组分流出时，色谱图的记录是检测器的本底信号，即色谱图的基线。

5.23.2　气相色谱仪的组成

气相色谱仪主要由以下五部分构成。

① 载气系统　包括气源、气体净化器、气路控制系统。载气是气相色谱过程的流动相，原则上说只要没有腐蚀性，且不干扰样品分析的气体都可以作载气。常用的有 H_2、He、N_2、Ar 等。

② 进样系统　包括进样器和气化室，它的功能是引入试样，并使试样瞬间气化。气体样品可以用六通阀进样，进样量由定量管控制，可以按需更换，进样量的重复性可达 0.5%。液体样品可用微量注射器进样，重复性较差，在使用时，注意进样量与所选用的注射器相匹配，最好是在注射器最大容量下使用。

③ 分离系统　主要由色谱柱组成，是气相色谱仪的心脏，它的功能是使试样在柱内运行的同时得到分离。色谱柱基本有两类：填充柱和毛细管柱。填充柱是将固定相填充在金属或玻璃管中（常用内径 4mm）。毛细管柱是用熔融二氧化硅拉制的空心管，也叫弹性石英毛细管。柱内径通常为 $0.1\sim0.5mm$，柱长 $30\sim50m$，绕成直径 20cm 左右的环状。毛细管柱气相色谱，其分离效率比填充柱要高得多。

④ 检测器　对柱后已被分离的组分的信息转变为便于记录的电信号，然后对各组分的组成和含量进行鉴定和测量，是色谱仪的眼睛。

⑤ 数据处理系统　目前多采用配备操作软件包的工作站，用计算机控制，既可以对色谱数据进行自动处理，又可对色谱系统的参数进行自动控制。

5.23.3　气相色谱法的特点

气相色谱法具有如下一些特点。

① 高灵敏度　可检出 $10^{-10}g$ 的物质，可作超纯气体、高分子单体的痕量杂质分析和空气中微量毒物的分析。

② 高选择性　可有效分离性质极为相近的同分异构体同位素。

③ 高效能　可把组分复杂的样品分离成单组分。

④ 速度快　一般分析，只需几分钟即可完成，有利于指导和控制生产。

⑤ 应用范围广　即可分析低含量的气、液体，也可分析高含量的气、液体，测量样品可不受组分含量的限制。

⑥ 所需试样量少　一般气体样品用几毫升，液体样品用几微升或几十微升。

5.23.4　气相色谱仪的使用

现以 Agilent 7890 气相色谱仪为例简单介绍气相色谱仪的操作步骤。

（1）开机

按相应的所需气体打开气源，打开计算机，打开 7890A GC 电源开关。双击桌面的"仪器 1 联机"图标进入色谱工作站。

（2）设置仪器运行参数

① 设置进样器　在"选择进样源/位置"画面中选择"手动"，并选择所用的进样口的物理位置（前或后）。

点击"模式"右方的下拉式箭头，选择进样方式为"分流"或"不分流"。输入进样口的温度，（如 250 ℃）；输入隔垫吹扫流量：如：$3mL\cdot min^{-1}$，输入分流比或分流流量。

② 柱温箱温度参数设定　输入温度参数，选中"柱温箱温度为开"左边的方框；℃·min^{-1}—升温速率；输入柱子的平衡时间（如 1min）。

③ 设定检测器参数　点击"FID-前"或"FID-后"按钮，输入 H$_2$—30mL·min^{-1}；air—400mL·min^{-1}；检测器温度（如 300 ℃）；辅助气（如 25mL·min^{-1}）或辅助气及柱流量的和为恒定值（如 25mL·min^{-1}）。

点击"μECD-后"或"uECD-后"按钮，输入：检测器温度（如 300 ℃）；辅助气为 60mL·min^{-1}（或辅助气及柱流量的和为恒定值，如 60mL·min^{-1}，即当程序升温时，柱流量变化，仪器会相应调整辅助气的流量，使到达检测器的总流量不变）选中左边的参数。

（3）进样分析

等仪器准备好，基线平稳，从"运行控制"菜单中选择"运行方法"，进样。

（4）编辑数据分析方法

从"范围"中选择"全量程"或"自动量程"及合适的显示时间或选择"自定义量程"，手动输入 X、Y 坐标范围进行调整，点击"确定"。

（5）积分参数优化

从"积分"菜单中选择"积分事件…"选项，选择合适的"斜率灵敏度"、"峰宽"、"最小峰面积"和"最小峰高"。

（6）打印报告

从"报告"菜单中选择"打印"，则报告结果将打印到屏幕上，如想输出到打印机上，则点击"报告"底部的"打印"钮。

（7）关机

调出一提前编好的关机方法，此方法内容包括同时关闭 FID、μECD 检测器，降温各热源（柱温、进样口温度、检测器温度），关闭 FID 气体（H$_2$、Air）；待各处温度降下来后（低于 50 ℃），退出化学工作站，退出 Windows 所有的应用程序；关闭电脑；关闭 7890A 各电源，最后关载气。

5.23.5　注意事项

① 柱老化时，勿将柱端接到检测器上，防止污染检测器。

② 柱老化时，请在室温下通适量载气后再老化，以防损坏柱子。

5.24　高效液相色谱法

5.24.1　高效液相色谱法原理

高效液相色谱法是利用输液泵将流动相（经过在线过滤器）以稳定的流速（或压力）输送至分析体系，在进入色谱柱之前通过自动进样器将样品导入，流动相将样品带入色谱柱，在色谱柱中各组分因在固定相中的分配系数不同而被分离，并依次随流动相流至检测器，检测到的信号送至数据系统记录、处理或保存。

分配色谱是基于样品分子在流动相和固定相间的溶解度不同（分配作用）而实现分离的液相色谱分离模式，其中，C18 柱-反相 HPLC（reversed phase HPLC）体系应用最广，由非极性固定相和极性流动相组成的液相色谱体系，几乎可用于所有能溶于极性或弱极性溶剂中的有机物质的分离，其中代表性的固定相是十八烷基键合硅胶，代表性的流动相是甲醇和乙腈。

5.24.2　高效液相色谱仪组成

（1）高压输液系统

由于高效液相色谱所用固定相颗粒极细，因此对流动相阻力很大，为使流动相较快流动，必须配备高压输液系统，它是高效液相色谱仪最重要的部件，一般由储液罐、高压输液泵、过滤器、压力脉动阻力器等组成，其中高压输液泵是核心部件，常用的输液泵分为恒流泵和恒压泵两种，恒流泵的特点是在一定操作条件下输出流量保持恒定而与色谱柱引起的阻力变化无关；恒压泵是指能保持输出压力恒定，但其流量随色谱系统阻力而变化，故保留时间的重现性差，它们各有优缺点，目前恒流泵正逐步取代恒压泵。

（2）进样系统

高效液相色谱柱比气相色谱柱短得多，约 5～30cm，柱外展宽（又称柱外效应）较突出。柱外展宽是指色谱柱外的因素所引起的峰展宽，主要包括进样系统、连接管道及检测器中存在的死体积。柱外展宽可分往前和往后展宽，进样系统是引起往前展宽的主要因素，因此高效液相色谱法中对进样技术要求较严。

（3）分离系统——色谱柱

色谱柱是液相色谱的心脏部件，它包括柱管与固定相两部分。柱管材料有玻璃、不锈钢、铝、锡及内衬光滑聚合材料的其他金属，不锈钢柱应用得较多。一般色谱柱长 5～30cm，内径为 4～5mm。一般在分离前备有一个前置柱，前置柱内填充物和分离柱完全一样，这样可使淋洗溶剂由于经过前置柱被其中的固定相饱和，从而在流过分离柱时不再洗脱其中的固定相，保证分离柱的性能不受影响。

（4）检测系统

在液相色谱中，有两种基本类型的检测器：一类是溶质性检测器，它仅对被分离组分的物理或化学特性有响应，属于这类检测器的有紫外、荧光、电化学检测器等；另一类是总体检测器，它对试样和洗脱液总的物理或化学性质有响应，属于这类检测器的有示差折光、电导检测器等。

二极管阵列检测器（diode-array detector，DAD）是以光电二极管阵列作为检测元件的 UV-Vis 检测器，它可构成多通道并行工作，同时检测由光栅分光，再入射到阵列式接受器上的全部波长（190～950nm）的信号，然后，对二极管阵列快速扫描采集数据，得到的是时间、光强度和波长的三维谱图。

荧光检测器（Fluorescence Detector，FLD）也是高效液相色谱仪常用的一种检测器。用紫外线照射色谱馏分，当试样组分具有荧光性能时即可检出。荧光检测法选择性高，只对荧光物质有响应，同时灵敏度也高，最低检出限可达 $10^{-12}\mu g \cdot mL^{-1}$，适用于多环芳烃及各种荧光物质的痕量分析。荧光检测法也可用于检测不发荧光但经化学反应后可发荧光的物质，如在酚类分析中，多数酚类不发荧光，为此先经处理使其变为荧光物质，而后进行分析。

（5）附属系统

附属系统包括脱气、梯度淋洗、恒温、自动进样、馏分收集以及数据处理等装置，其中梯度淋洗装置是高效液相色谱仪中尤为重要的附属装置。

5.24.3　高效液相色谱仪的使用

现以 Agilent 1200 为例简要介绍高效液相色谱仪的操作步骤。

（1）开机

打开电脑，打开 HPLC 各组件电源，打开软件；待 Agilent 1200 各模块自检完成后，双击"仪器 1 联机"图标联机；流动相管路冲洗排气，直到所有要用的通道无气泡为止；待柱前压力基本稳定后，打开检测器灯，观察基线情况。

（2）编辑方法及样品分析

① 设定自动进样器参数　标准进样即简单的进样，在"进样量"字段中制定进样量；洗针进样即指定进样包括在抽取样品后，将针移动到针座之前进行针清洗，在"清洗瓶针清洗"字段中指定装有清洗溶剂的位置。

② 设定泵参数　输入流量，如 $1mL•min^{-1}$，在"溶剂 B"处输入 70，（$A=100-B-C-D$），也可插入一行"时间表"，编辑梯度。在"最大压力"处输入柱子的最大耐高压，以保护柱子。

③ 设定检测器参数

DAD 运行参数　检测波长：Agilent 1200 可选单一波长（最大吸收波长）进行检测，也可选择多个波长进行检测，以便进行比较；峰宽：其值尽可能接近要测的窄峰峰宽，峰检测器将忽略比峰宽设置窄很多或者宽很多的所有峰。狭缝：设置检测器的光学带宽；狭缝越窄，仪器的光学带宽就越小，光谱的分离度就越高，但其灵敏度也越低，狭缝宽时，噪音低。选中所用的灯。

FLD 运行参数　激发波长（X）：$200\sim700nm$；"零级"：氙气灯发出的光全部光谱照射流通池。每种化合物可以吸收其具有特性波长的光，然后最大限度的发射荧光，这将增加该设置中固有的杂散光级别，并降低灵敏度（信噪比）。

发射波长（I）：$280\sim900nm$；"零级"：将单色器至于零级位置，是样品发射的所有光都被反射到检测器。

④ 待基线平稳，HPLC 各部分都呈现绿色时，即可进样分析。

（3）数据分析

① 调入信号，选择合适的"斜率灵敏度"、"峰宽"、"最小峰峰面积"、"最小峰高"。

② 从"积分"菜单中选择"积分"选项，则数据被积分。如积分结果不理想，则修改相应的积分参数，直到满意为止。

（4）关机

① 关机前，先关检测器的灯。

没有盐缓冲溶液的流动相，反相系统用 $85\%\sim90\%$ 有机相＋$15\%\sim10\%$ 水相冲洗系统和反相色谱柱；有盐缓冲溶液的流动相，反相系统用 $85\%\sim90\%$ 水相＋$15\%\sim10\%$ 有机相冲洗系统和反相色谱柱，除去盐溶液。然后用 $85\%\sim90\%$ 有机相＋$15\%\sim10\%$ 水相冲洗系统和反相色谱柱。

② 将泵流速逐步降至 0，依提示关泵及其他窗口，退出化学工作站，关闭计算机，关闭 Agilent 1200 各模块电源开关。

5.24.4　仪器保养

① 氙灯是易耗品，应最后开灯，不分析样品立即关灯。

② 色谱柱长时间不用，存放时，柱内应充满溶剂，两端封死（乙腈-甲醇适用于反相色谱柱，正相色谱柱使用相应的有机相）。

③ 流动相瓶不能干涸，而且流动相使用前必须进行脱气处理，可用超声波振荡 $10\sim$

15min；同时，流动相使用前必须过滤，不要使用存放多日的蒸馏水（易长菌）。

　　④ 排气时，打开排气阀，当用 100％水，泵流量 5mL·min^{-1} 时，若此时显示压力＞10^{6}Pa，则应更换排气阀内玻璃料。

5.25　快速制备液相色谱仪

5.25.1　概述

柱色谱是一种分离混合物中各个组分的有效方法，是利用吸附原理，混合物的各个组分随着流动相通过固定相时，利用固定相对各个组分吸附能力的差异使混合物中的各个组分得到分离的一种技术。固定相、流动相和被分离的物质构成柱色谱分离技术的三要素，彼此紧密相连。硅胶是柱色谱分离技术中最常用的固定相，俗称硅胶柱色谱，它有便宜易得、吸附能力强等优点，它适用于多种流动相，其他的固定相有中性或者碱性三氧化二铝、C18 等。根据固定相和流动相的极性不同，通常有正相和反相之分。如果是极性固定相和相对非极性的流动相，就称为正相，反之为反相。常用的硅胶柱色谱，由于硅胶是极性固定相，因此使用的是非极性流动相，可以是一种溶剂，也可以是两种甚至多种溶剂的混合体系。在硅胶柱色谱中，最常用的溶剂体系是石油醚和乙酸乙酯的混合体系，还可以使用二氯甲烷和甲醇的混合溶剂体系。使用三氧化二铝作为弱极性固定相，柱色谱也可使用非极性溶剂体系。然而，C18 作为非极性固定相，使用的是极性流动相，通常是水和甲醇的混合体系。

柱色谱分离的常用操作方式有常压分离、减压分离和加压分离 3 种方式。常压分离，顾名思义，就是让流动相在没有外加压力的情况下，流过固定相，这种分离方式方便简单，但是洗脱时间很长；减压分离，就是让流动相在负压的情况下流过固定相，这种分离方式会使气体通过固定相，分离效果相对较差，但是更为困难的是需要在负压状态下和样品的收集交替中进行，操作不便。最为常用的操作方式是加压分离技术，让流动相在外加正压的情况下流过固定相，这种分离技术的关键是压力的来源，通常有双链球、空气泵等。在双链球或者空气泵的使用过程中，通常需要手动控制压力，体力损耗较大。

随着科技的发展，很多公司开发出了基于柱色谱分离技术的制备色谱仪，最主要的特点是实现柱色谱加压分离技术的自动化，即实现了两种溶剂的自动混合后在机械泵作用下通过固定相，在检测器的帮助下完成样品的自动收集，它可以大大减少人力成本，提高效率。如图 5-30 所示，

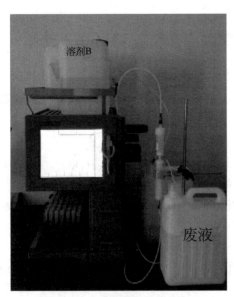

图 5-30　Isolera 快速制备色谱仪

Biotage 公司的 Isolera 快速制备色谱仪，具有操作方便、分离效果好、样品纯度和回收率高等优点，已经广泛地应用到化学、医药和生物样品的制备分离中。

5.25.2　Isolera 快速制备色谱仪组成

快速制备液相色谱仪由进样器、梯度泵、控制单元、紫外检测器、色谱柱以及馏分收集

器组成。除此以外，还需要配备四个溶剂桶和一个废液桶。

5.25.3　Isolera 快速制备色谱仪的操作

（1）准备工作

① 对所分离样品进行 TLC 分析，选择合适的展开剂，使所需要样品点的 R_f 值在 0.2～0.3 左右。对于含有多个所需化合物的样品，需要知道每个化合物的 R_f 值在 0.2～0.3 左右的展开剂比例。

② 根据分离样品量和样品中所需要化合物的数量，选择合适的硅胶柱。表 5-2 为硅胶柱型号和 ΔR_f 与分离量的对应关系，表 5-3 为硅胶柱型号和流速、柱体积的对应关系，本书采用的硅胶柱是常州三泰科技有限公司的 SEPAFLASH® 标准系列快速分离柱，也可以根据自己实际情况，用空的样品柱自行装填硅胶。

表 5-2　硅胶柱型号和 ΔR_f 与分离量的对应关系

进样量/g　规格 ＼ ΔR_f	0.01～0.05	0.05～0.1	0.1～0.15	0.15～0.2	0.2～0.25	0.25～0.3
12g	0.024～0.12	0.12～0.24	0.24～0.36	0.36～0.48	0.48～0.6	0.6～0.72
25g	0.05～0.25	0.25～0.5	0.5～0.75	0.75～1.0	1.0～1.25	1.25～1.5
40g	0.08～0.4	0.4～0.8	0.8～1.2	1.2～1.6	1.6～2	2～2.4
80g	0.16～0.8	0.8～1.6	1.6～2.4	2.4～3.2	3.2～4	4～4.8

③ 样品的准备工作　一般情况下，有两种方法：干法和湿法。干法是指将所分离样品溶解到一定的溶剂中，加入一定量的硅胶，除去溶剂得到样品均匀分散于硅胶的干样。一般情况下，建议使用 3～5 倍质量比的硅胶，如果样品量较大，可以先试着加入 1 个质量比的硅胶，观察除去溶剂是否得到样品均匀分散于硅胶的干样，如果不能，酌情增加硅胶量，建议使用 100～200 目硅胶。将干样直接装入空的上样柱中；如果干样量较少，可以在上样柱中装入一定量的硅胶，从而减少上样柱上方裸露的空间，减少溶剂的使用。湿法上样是在上样柱中装入一定量的硅胶，将样品均匀地加到硅胶上。通常情况下，对样品量较大且流动性较好的液体样品建议使用湿法上样。

④ 洗脱体系的确定　根据分离样品量、样品中所需要化合物的数量和 R_f 值 0.2～0.3 左右的展开剂比例来确定洗脱体系。通常情况下，梯度洗脱体系的建议设置是：初始溶剂比例为展开剂比例的 1/4，逐渐增加到展开剂比例，需要 4～5 个柱体积的溶剂，然后在展开剂比例恒定的情况下，需要 10 个柱体积的溶剂，然后增加到展开剂比例的 2～3 倍，需要 4～5 个柱体积的溶剂。对于只含有一个所需化合物的样品，可以适当减低所需柱体积的溶剂量。

表 5-3　硅胶柱型号和流速、柱体积的对应关系

型号	建议流速/(mL·min^{-1})	平均柱体积/mL
12g	25	20
25g	25	32
40g	30	50
80g	40	100

（2）操作步骤

① 打开电源，启动 Isolera 快速制备液相色谱仪。

② 在正式操作仪器前，检查试管架上的试管、洗脱溶剂的量和废液桶。

③ 正确连接上样柱和硅胶柱。

④ 进入仪器操作界面，点击"Chemistry"按钮。

⑤ 在"Gradient"下，建立一个新的方法，点击"New"

⑥ 根据硅胶柱的规格，选择合适的型号，选择后，点击"OK"即可。由于系统内置的是 SNAP 系列硅胶柱，对 SEPAFLASH® 标准系列快速分离柱，可以统一选择 SNAP 25g 硅胶柱。

⑦ 根据确定的洗脱体系，选择相应的数值。

⑧ 在"Parameters"下，设置洗脱体系的两种溶剂，试管架的类型（Rack Type），最大馏分收集量（Max Fraction Volume），流速等。

⑨ 在"Collection"下，设置检测器的波长和馏分收集设定值，第一波长为 254nm，第二波长建议设为 224nm。如果检测器检测到馏分中的波长吸收超过设定值，将切换到新的试管进行收集，并且在结果中有显示。

⑩ 全部设定结束后，点击"Run"即可运行程序。

⑪ 点击"Run"后，需要选择所需要的试管架。再点击"Equilibrate"。

⑫ 待"Equilibrate"结束，点击"Gradient"后，程序运行。

⑬ 柱色谱结束后，收集所有试管，重点分析在两个波长下有吸收的试管。

⑭ 待结束程序运行结束后，点击"Main Menu"进入主界面。

⑮ 点击"Shut Down"，再点击"Yes"，即可关闭仪器。

5.26　高分辨质谱仪

5.26.1　质谱仪原理

质谱（mass spectrometry，MS）通过测定具有一定质量且带有一定电荷的离子的质荷比（mass-to-charge-ratio，m/z）来研究原子、分子等物质的分子量和结构特征。质谱分析的直接研究对象是离子，可用于研究离子的形成和离子的反应等过程。通过对离子的形成过程和反应过程的研究，可以对与离子相关的原子、分子等物质的性质进行分析。质谱分析的关键在于两个方面：①离子的形成；②离子的质荷比测定。

5.26.2　质谱仪的主要组成部分

按照质谱仪的工作原理，质谱仪主要分为以下几个部分。

① 进样装置　将待分析样品引入质谱仪；

② 离子源　将样品离子化形成离子；

③ 离子传输装置　将离子导入质量分析器；

④ 质量分析器　将离子按照不同的质荷比进行分离；

⑤ 检测器　将分离后的离子转化为电信号并记录；

⑥ 真空系统　为需要在真空条件下工作的器件提供真空环境；

⑦ 控制系统　控制质谱仪整机协调工作并与工作站连接双向传输信息和数据。

质谱仪各部分的常见形式如下。

（1）进样装置

根据应用的需要，不同的质谱仪可以配备不同的进样装置。如：引入气体或液体的毛细管或喷雾针等，引入固体的直接进样杆或样品板等。

（2）离子源

根据应用的需要，不同的质谱仪可以配备不同的离子源，如：电子电离源（electron ionization，EI）、化学电离源（chemical ionization，CI）、电喷雾电离源（electrospray ionization，ESI）、大气压化学电离源（atmospheric pressure chemical ionization，APCI）、大气压光电离源（atmospheric pressure photoionization，APPI）、基质辅助激光解吸电离源（matrix-assisted laser desorption/ionization，MALDI）、电感耦合等离子体（inductively coupled plasma，ICP）、快原子轰击电离源（fast atom bombardment，FAB）等。不同的离子源具有不同的适用范围和离子化特性，可根据样品的性质和分析目的选择合适的离子源。

（3）离子传输装置

不同的质谱仪可以有不同的构造，如：圆环电极、四极杆、六极杆或八极杆、毛细管、锥孔、离子漏斗、离子隧道等。不同的离子传输装置可以独立使用也可以搭配使用。

（4）质量分析器

根据应用的需要，不同的质谱仪可以配备不同的质量分析器。如：扇形磁场（magnetic sector，B）、四极杆（quadrupole，Q）、四极离子阱（quadrupole ion trap，QIT）、线性离子阱（linear ion trap，LIT）、飞行时间（time-of-flight，TOF）、傅立叶变换离子回旋共振（Fourier transform ion cyclotron resonance，FT-ICR）、轨道阱（orbitrap）等。不同的质量分析器具有不同的工作原理和功能以及性能。质量分析器可以独立使用，也可以多个组合使用构成空间串联二级质谱（mass spectrometry/mass spectrometry，MS/MS）或多级质谱（MS^n）。具有储存离子功能的质量分析器（QIT、LIT、FT-ICR）能够独立实现时间串联二级质谱（MS/MS）或多级质谱（MS^n）功能。具有高分辨能力的质量分析器（B、TOF、FT-ICR、orbitrap）能够得到离子的精确质荷比。

（5）检测器

根据工作原理不同可以分为两类。一类是将经过分离的具有指定质荷比的离子引入到检测器内并转化为电子或光子，经过放大器放大，记录电信号（电流或光电流），得到对应质荷比离子的离子流强度，依次采集不同质荷比离子的离子流强度，绘制在一张图上得到质谱图。如：法拉第杯（Faraday cup）、打拿极-电子倍增器（dynode-electron multiplier）、微通道板（microchannel plate，MCP）等。另一类是采集所有不同质荷比离子同时进行回旋运动或往复震荡运动时电流随时间变化的时域信号，通过傅立叶变换（Fourier transform，FT）转换为频谱图，再根据离子质荷比与离子回旋/往复运动的频率对应关系，转换为质谱图。如：傅立叶变换离子回旋共振（FT-ICR）和轨道阱（orbitrap）。

（6）真空系统

质谱分析通常需要高真空或超高真空，因此多采用旋片式真空泵（rotary vane pump，RVP）与涡轮分子真空泵（turbopump）串联组合。有些质谱仪还设计有多级差分真空系统以满足不同部件对不同真空度的要求。

5.26.3　质谱分析方法

质谱分析，最基本也是最重要的功能是得到样品的质谱图（mass spectrum），并通过解析质谱图获得样品的分子量、分子式、结构等信息，质谱分析是重要的仪器分析方法。

质谱仪如果与色谱仪联用，就形成气相色谱质谱联用（gas chromatography-mass spectrometry，GC-MS）或液相色谱质谱联用（liquid chromatography-mass spectrometry，LC-MS）系统。质谱仪不仅可以与色谱仪联用，还能与其他分析仪器联用，如毛细管电泳质谱联用（capillary electrophoresis-mass spectrometry，CE-MS）、热重分析质谱联用（thermogravimetric analysis-mass spectrometry，TGA-MS）等。在色谱-质谱联用系统中，站在不同的角度，可以有不同的用法或看法。

站在质谱的角度，可以把色谱仪看成一个具有分离能力的进样装置。色谱进样装置能够实现混合物中各组分在时间维度上的分离，从而使各组分依次进入质谱仪，避免混合物直接进入质谱仪导致的不同组分相互干扰和抑制。

站在色谱的角度，可以把质谱仪看成一个检测器。工作在全扫描（scan）模式下的质谱仪可以看作是一种通用型检测器，能够对大多数有机物做出较高灵敏度的响应，并且能够得到对应组分的质谱图，对于混合物中的未知组分，尤其是微量组分的定性分析非常有利。工作在选择离子监测（selected ion monitoring，SIM）或者选择反应监测（selected reaction monitoring，SRM）模式下的质谱仪具有较高或超高灵敏度，并且具有独特的选择性/专一性，能够对目标物专一响应，从而排除绝大多数非目标物的干扰，同时还能显著降低与目标物共流出的其他物质导致分析结果假阳性的可能性。

5.26.4　maXis 质谱仪的结构

现以 Bruker Daltonics 公司生产的 ESI-Q-TOF 质谱仪（型号 maXis）为例简单介绍质谱仪的结构。

离子源是在液质联用系统中最为广泛采用的电喷雾离子源（ESI），可更换为选配的大气压化学电离源（APCI）。

离子传输系统由处于具有不同真空度的多级真空腔中的离子传输毛细管、双重离子漏斗、六极杆构成。

质量分析器由一个四极杆（Q）和一个飞行时间（TOF）串联构成。位于四极杆和飞行时间质量分析器之间的是碰撞池和冷却池。检测器是微通道板（MCP）。

5.26.5　maXis 质谱仪的工作模式

maXis 质谱仪的四极杆飞行时间串联（Q-TOF）质量分析器有两种基本工作模式：一级质谱（MS）模式和二级质谱（MS/MS）模式。

① 一级质谱模式下，第一级质量分析器 Q 工作在全通过模式，对由离子源生成并由离子传输系统传输来的离子流既不选择也不过滤，所有（不同质荷比的）离子全部通过四级杆到达碰撞池。碰撞池不施加碎裂能量，所有离子在冷却池中冷却（减小离子的动能分散和动量分散，有利于提高质量分辨率）后进入第二级质量分析器 TOF，由 TOF 将所有离子按照质荷比分离后分别到达检测器，检测器记录各种质荷比离子的离子流强度。得到样品经电喷雾电离生成的离子的高分辨质谱图。

② 二级质谱模式下，第一级质量分析器 Q 工作在过滤模式，只有指定质荷比的离子（前体离子）能通过四级杆到达碰撞池。前体离子在碰撞池中被碰撞诱导解离（collision-induced dissociation，CID）碎裂生成产物离子，所有产物离子在冷却池中冷却后进入第二级质量分析器 TOF，由 TOF 将所有产物离子按照质荷比分离后分别到达检测器，检测器记录各种质荷比离子的离子流强度。得到指定的前体离子经碰撞诱导解离生成的产物离子的高分

辨质谱图。

③ 除两种基本的工作模式以外，还有更灵活的工作模式，如自动二级质谱（Auto-MS/MS）模式。对于未知样品，要做二级质谱分析，必须先进样一次，进行一级质谱分析，然后在分析一级质谱的数据以后，再次进样，才能做二级质谱分析，否则无法事先指定二级质谱分析的前体离子，这就需要两次进样分析。自动二级功能能够实现一次进样，同时完成一级质谱分析和二级质谱分析。其工作原理为：首先进行一次一级质谱扫描，根据得到的一级质谱图结合给定的判定条件实时自动选择前体离子，并立即进行二级质谱扫描，然后再重新进行一级质谱扫描，并再次判定条件再次自动选择前体离子，再进行二级质谱扫描，如此重复循环。由于一个循环的时间周期显著小于一个组分的色谱峰宽，因此可以实现一次进样分析，同时得到所有组分的一级质谱图和二级质谱图。

按照分析的离子的极性，可以分为正离子和负离子两种模式，分别称为正模式和负模式。正负两种模式的区别仅仅在于离子所带的电荷极性：正模式只能分析带正电荷的离子，负模式只能分析带负电荷的离子。

有三种进样方式。分别是连续注入进样（infusion）、流动注射进样分析（flow injection analysis，FIA）、液相色谱进样（液质联用）。

① 连续注入进样　通过注射泵（infusion pump）将一定浓度的样品溶液以恒定的流速输入质谱仪，从而得到基本不随时间变化的稳定质谱信号。本进样方法通常仅用于注入标准品对质谱仪进行调谐和校正。

② 流动注射进样分析　用注射泵或者液相色谱仪的输液泵将不含有样品的纯溶剂以恒定的流速输入质谱仪，得到稳定的空白背景信号。再通过串联在管路中的六通阀的切换向连续溶剂流中引入一定体积（通常约 $20\mu L$）的溶液样品，溶液样品随溶剂流进入质谱仪，从而得到持续一小段时间（通常约 $5\sim10$ 秒钟）的样品质谱信号。本进样方法适用于具有较高纯度的样品中主要成分的分析。

③ 液相色谱进样　本进样方法实际构成了色谱-质谱联用系统，用液相色谱仪作为质谱仪的进样装置，色谱柱后的流出物直接接入质谱仪。本进样方法充分利用了色谱仪的分离能力，使得混合物样品中的各组分经过色谱分离后在不同的时间进入质谱仪，适用于复杂样品中微量组分的分析。

5.26.6　maXis 质谱仪操作使用方法

以用连续注入进样方式采集样品溶液的正模式一级质谱图（质荷比范围 $100\sim1000$）为例，操作步骤为：

① 载入方法　在质谱仪控制窗口（micrOTOFcontrol）中，选择菜单"Method ＞ Open…"或者用键盘组合键"Ctrl＋O"，打开方法调用对话框，根据需要选择"pos _ 100-1000. m"方法文件，载入方法参数。

② 打开质谱仪　点击质谱仪控制窗口左侧边栏顶部的"Operate"按钮，使质谱仪从待机（standby）状态转为正常工作（Operate）状态。

③ 注入标准品　用 $500\mu L$ 进样针吸取甲酸钠校正液，置于蠕动泵上，以 $180\mu L\cdot h^{-1}$ 的流速连续注入质谱仪，观察质谱仪控制窗口，等待实时刷新的质谱图信号稳定。

④ 选择校正液种类　在质谱仪控制窗口下部控制区，选择"Calibration（TOF）"标签，在显示出的校正界面中选择对应的校正液种类。在校正界面左上方"Reference List"

右侧的下拉列表中选择"Na Formate（pos）"。

⑤ 选择校正区间　在"Zooming"右侧的下拉列表中选择"±0.1％"。

⑥ 选择校正模式　在"Calibration Mode"下方的下拉列表中选择"Enhanced Quadratic"。

⑦ 质量校正　点击"Calibrate"按钮，程序自动将实时显示的质谱图中的质谱峰与校正液列表中的理论质荷比匹配并计算校正参数和校正结果。各离子的理论质荷比、实际测得的质荷比以及校正后的质荷比、校正值与理论值的偏差以及各质谱峰的信号强度都在左侧表格区域中显示，表格区域右侧显示校正结果的总评分。如果对校正结果满意，点击"Accept"按钮，校正参数立即生效。

⑧ 注入样品　用另一根 $500\mu L$ 进样针吸取样品溶液，置于蠕动泵上，以 $180\mu L \cdot h^{-1}$ 的流速连续注入质谱仪。

⑨ 记录质谱图　点击质谱仪控制窗口的工具栏中的"开始采集"按钮，开始将实时刷新的质谱图按照时间顺序连续记录并保存在文件中。根据需要和实际情况保持一段时间，确保样品的质谱图被记录在数据文件中。点击质谱仪控制窗口的工具栏中的"停止采集"按钮，停止保存实时刷新的质谱图。

⑩ 清洗进样针后可以更换其他样品进样分析，采集其他样品的质谱图。

⑪ 质谱仪待机　所有样品分析完成后，点击质谱仪控制窗口左侧边栏顶部"Operate"按钮下方的"Standby"按钮，使质谱仪从正常工作（Operate）状态转为待机（standby）状态。

⑫ 清洁工作　根据样品的性质，选择适当溶剂，清洗进样针，清洗管路和喷雾针。打开喷雾室，用溶剂浸湿一次性无尘纸，擦拭清洁喷雾室内表面和离子入口挡锥，关闭喷雾室。

⑬ 数据处理　在质谱仪数据处理窗口（DataAnalysis）中，打开采集并保存的数据文件。观察样品的质谱图，进行必要的后续处理和分析。

5.26.7　注意事项

① 分析的目标有机物应具有较强或中等极性（如有机盐、含有一个或多个杂原子的分子量大于 50 的有机分子、有机金属配合物等）。不符合条件的样品不适合用本仪器分析，应考虑用其他仪器或者经过适当衍生化后分析。

② 以固体（晶体、粉末）或液体纯品状态提交的样品应注明适用的溶剂种类，或说明在常见溶剂（如水、甲醇、乙腈等）中的溶解性，以方便配成溶液。用于直接进样或液质联用定性分析，提供的样品量不少于 1mg；用于液质联用定量分析，提供的样品量不少于 1g 或符合相关的方法和规程的规定。样品应具有代表性。

③ 以溶液状态提交的样品应根据分析目标控制合适的浓度，溶液体积不少于 1mL。使用的溶剂应考虑仪器和方法兼容性，并应注明使用的溶剂种类和溶液浓度。

④ 为避免出现仪器污染、堵塞等故障以及取得满意的分析结果，复杂样品应进行适当的前处理，除去无机盐、金属离子、表面活性剂、高分子聚合物等可能影响分析的非目标物质。

⑤ 送样时应提供必要的样品信息（物理化学性质等），详细描述分析目的。液质联用分析应提供参考色谱分离方法，必要时应提供参考色谱图。

⑥ 有潜在危险性的样品（化学毒性、生物毒性、放射性等），应在送样时清楚注明（如提供化学品安全说明书 MSDS 等）并依据相关规定妥善密封保管。

⑦ 对保存条件有特殊要求的样品（暴露在空气中易吸湿或氧化分解、见光易分解、热不稳定等），应在送样时清楚注明并妥善包装。

⑧ 要求定量分析的样品，送样时必须附有法定的分析方法和规程。需要进行分析方法开发的，应提供必要的样品信息并明确对分析方法的要求。

5.27　液相色谱-质谱联用仪

5.27.1　概述

液相色谱-质谱联用仪（Liquid Chromatograph-Mass Spectrometer，LC-MS），就是高效液相色谱仪与质谱仪联用的仪器。液相色谱仪用输液泵以不同的比例混合两种溶剂组成流动相，样品溶液经进样器进入流动相，由流动相带入色谱柱内，利用色谱柱内的填料（即固定相）对样品中各个组分吸附能力的差异，使混合物的各个组分在色谱柱内经过反复多次的吸附-解吸分配过程从而得到分离，依次进入检测器质谱仪。质谱仪用高能电子流等轰击样品分子从而使样品分子发生电离，电离后的离子在电场和磁场的作用下按照质量数与所带电荷数之比（质荷比）被分离并加以检测。质谱分析具有灵敏度高，样品用量少，分析速度快等特点，但更为重要的是通过分析质谱图可以获得化合物的分子量、化学式和化学结构等信息。

高效液相色谱仪具有的出色的分离能力和质谱仪在结构鉴定方面的出色表现，将分离技术与结构鉴定相结合是分离-分析科学发展史上的一项突破性进展。高效液相色谱仪与质谱仪联用并不是简单地将两台仪器相连接就可以，从高效液相色谱仪出来的是含有样品的溶液，然而质谱仪需要的只是样品，因此联机的关键在于适用接口的开发，必须在样品进入离子源前除去溶剂。随着科技的发展，目前接口的开发趋于完善，这也促使液相色谱-质谱联用仪在分析仪器中占有一个重要的地位。

接下来介绍的是岛津公司的液相色谱-质谱联用仪 LCMS-2020（见图 5-31）。液相色谱在高效液相色谱仪中已经介绍不再赘述。

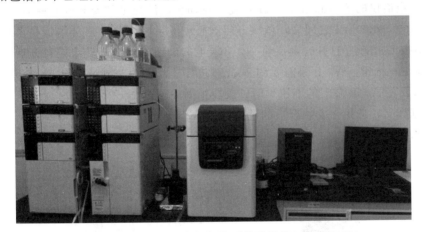

图 5-31　岛津公司的液相色谱-质谱联用仪 LCMS-2020

5.27.2　LCMS-2020 组成

液相色谱-质谱联用仪 LCMS-2020 主要由液相色谱仪、质谱仪和仪器控制系统（计算机）组成。另外，还有为质谱仪服务的真空系统和气体恒压系统（也可以用气体钢瓶代替）。液相色谱仪的主要由脱气机、两个输液泵、混合器、进样器、控制器、柱温箱、检测器等组成。LCMS-2020 液相部分用的是二极管阵列检测器（PDA）。离子化接口是液质联用的关键部分，它既要将流动相与样品雾化，分离除去流动相溶剂，也要完成对样品分子的电离。目前，主要使用大气压下的离子化技术（API），它包括电喷雾离子化（ESI）、大气压化学离子化（APCI）和大气压光离子化（APPI）等。作为一种常用的离子化方式，电喷雾电离是一种软电离技术，通常只产生准分子离子峰，即在正离子模式下得到 $[M+H]^+$ 的离子峰，有时也会有 $[M+Na]^+$ 或 $[2M+H]^+$ 的离子峰，在负离子模式下得到 $[M-H]^-$ 的离子峰。样品离子化以后，进入质谱分析器。目前常用的质量分析器类型有磁场和电场、四极杆、离子阱、飞行时间质谱、傅里叶变换离子回旋共振等。LCMS-2020 采用的是单级四极杆质量分析器，它具有扫描速度快、体积小的优点，在定量分析中表现优异，缺点是质量范围及分辨率有限，不能进行高分辨测定。

5.27.3   LCMS-2020 操作步骤

（1）准备工作

① 样品的准备工作   确保样品的相对分子质量在 50～2000；样品溶液为中性，不能含有无机盐和强酸强碱等物质；为了更好的分析结果，样品溶液的浓度尽量控制在 10～100mg·L^{-1}；尽量用甲醇或乙腈来溶解样品。

② 流动相   由于反相色谱柱在高效液相仪中比较常用，因此常用的两种流动相溶剂为甲醇-水或乙腈-水。

（2）开启仪器

仪器的开启有两种方式：日常开机和完全开机。完全开机是指仪器处于完全关闭的状态下开启仪器并使仪器正常运转的开机方式。在日常情况下，由于质谱仪需要维持很高的真空度，并且真空度的建立需要很长时间，因此真空泵在平时是不关闭的。日常开机是指在日常工作中，在质谱电源和真空泵未关闭的情况下，仅需要打开液相部分并使仪器正常运转。下面先介绍日常开机的操作步骤。

① 检查质谱仪的 Status 和 Power 灯亮、流动相储液充足和安装废液瓶后，确认氮气的压力控制在 690～800kPa 之间后，依次开启高压输液泵 A 与 B、进样器、柱温箱、检测器、控制器，即按 U 型顺序打开，随后将 A，B 泵上的旋钮逆时针旋转半圈打开后按 Purge 键，再按进样器 Purge 键。A，B 泵需要约 3min，进样器需要约 25min，待 A，B 泵及进样器显示 Ready 后，将 A，B 泵上的旋钮顺时针旋转半圈关闭 Purge 管路。

② 根据样品，选择并安装合适的色谱柱。

③ LCMS-2020 工作站的使用   在桌面右下角图标显示为绿色情况（表示仪器和电脑连

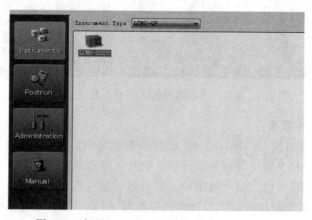

图 5-32   打开 Labsolution 快捷方式出现的界面

接正常）下，双击打开桌面 Labsolution 快捷方式出现如图 5-32 所示界面。Instrument 显示连接与电脑相连的所有仪器，Postrun 主要用于处理分析数据，Administration 用于系统的维护，Manual 显示 Labsolution 的帮助文件，点击 Instruments，再双击 LCMS-2020，显示出 Realtime Analysis 界面，用于设置数据采集参数与数据采集。

出现如图 5-33 所示界面，LC、PDA、MS 显示 Ready 状态，表示仪器一切正常。到此，日常开机结束。

图 5-33　LCMS-2020 开机完成

④ 如果需要完全开机，在打开所有电源后，完成①～③步骤，点击 Main 下面的 System Control，弹出窗口，点击 Auto Startup，0.5～2h 后完成抽真空工作，此时质谱仪面板上的 Status 显示为绿色，并且 LC、PDA、MS 均显示 Ready 状态。

（3）方法的创建

分离方法的建立，是确定一个样品能否得到完全分离和鉴定的关键因素。在大多数情况下，液质联用针对的是含有多个化合物的样品。首先，样品中的每一个化合物要在液相色谱中得到完全分离，在这里最为关键的是色谱柱的选择。每一根色谱柱都有自己的使用范围，如果不确定色谱柱是否适用于待测样品，只有尝试更多的色谱柱。当然，分离的效果也与流动相溶剂的选择、缓冲盐的添加、梯度的选择等有关。其次，由于在液质联用中使用的是大气压离子化技术，样品中的每一个化合物要能够在质谱中找到自己的准分子离子峰。质谱中出峰的关键在于离子化方式的选择。电喷雾离子化方式（ESI）适用于中极性到高极性的小分子化合物的电离，而大气压化学离子化（APCI）适用于低极性到中极性的小分子化合物的电离。除此以外，分离效果也与离子化模式的选择、电压的高低等有关。

① 点击 Main 下的 Data Acquisition，出现如图 5-34 所示界面。点击工具栏中的 New 按钮，询问是否保存当前方法时，选择 No。这样，就开始建立一个新的方法。

② 点击 Advanced，从左到右依次有 MS、Interface、Analog Ouput、Data Acquisition、LC Time Prog、Pump、PDA、Column Oven、Controller、Autosampler 和 AutoPurge。一般情况下，大部分设置采用默认设置。现在，只对几个需要更改的参数进行说明。

③ MS 参数的设置，如图 5-35 所示，Segment 下面可设置多级 Events，可以同时设置

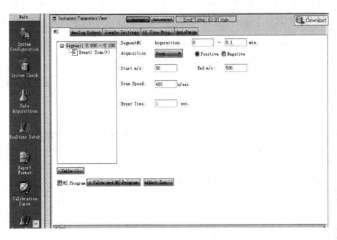

图 5-34　建立新方法

正离子扫描模式 Event1 Scan（＋）和负离子扫描模式 Event2 Scan（－）等。也可以在 Acquisition 下面选择 SIM 模式。SIM 模式就是选择目标物的特定离子进行扫描，定量的灵敏度较高。SCAN 模式就是对质谱的扫描范围进行全扫描，得到较为完全的质谱图。Acquisition 时间设置建议跟液相的时间设置相一致。Start m/z 和 End m/z 为质谱扫描的质荷比范围，不得超过 50～2000 范围。其他参数采取默认。

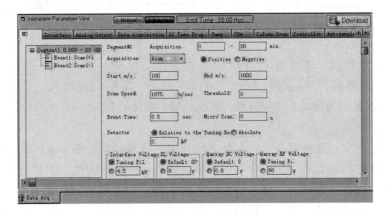

图 5-35　MS 参数的设置

④ 液相梯度的设置，如图 5-36 所示，点击 LC Time Prog，根据自己的要求来设置梯度模式。分别设置 Time、Module、Command 和 Value，来改变流动相在不同时间的混合比例。

⑤ 采集时间的设置，如图 5-37 所示，点击 Data Acquisition，根据液相梯度的设置，填写 LC 检测终止时间，点击 Apply to ALL Acuquisition Time，这个方法中所有的采集时间都是同一时间段。

⑥ 进样器中样品架的选择，点击 Autosampler，点击 Detect Rack，如图 5-38 所示。

⑦ 输液泵压力的范围，点击 Pump 的最大和最小压力。如果管路中的压力超过设定范围，输液泵将停止工作。

⑧ 点击工具栏中的 Save 按钮，将创建的方法保存到指定文件夹。

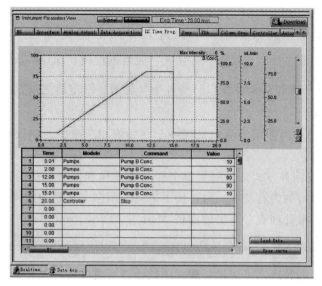

图 5-36　液相梯度的设置

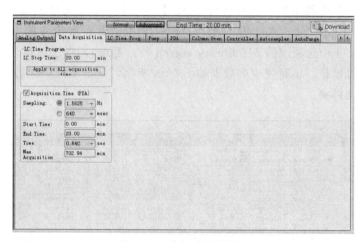

图 5-37　采集时间的设置

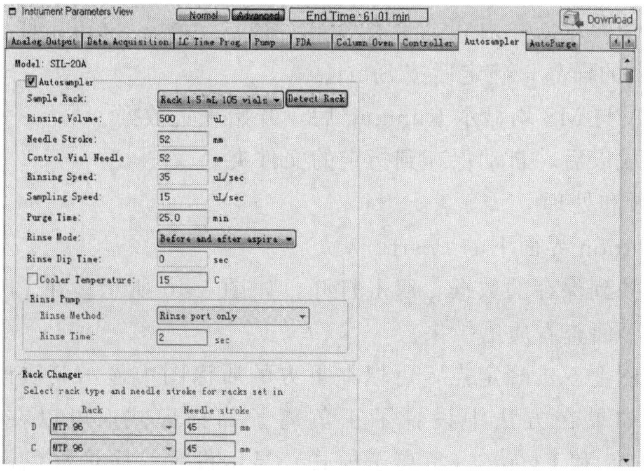

图 5-38　样品架的选择

（4）样品的测试

① 当各项准备工作完成以后，下面进入样品的测试过程。依次点击以下图标 ，依次开启干燥气、雾化气、脱溶剂模块、加热模块、离子标尺、质谱检测。开启输液泵 ，在仪器检测窗口，待各个参数到达设定值之前，为呈现黄色，达到设定值以后，黄色消失。

② 为了延长色谱柱的使用寿命和呈现一个好的液相色谱图，建议在样品测定之前，对色谱柱进行平衡处理。

③ 样品的进样有两种方式，分别是单个样品的进样和多个样品的进样。由于单个和多个样品的进样，所填写的内容基本一致，接下来只介绍多个样品的进样。

首先要创建一个批处理表，点击辅助栏 Main 中的 Realtime Batch，点击 New，开始创建新批处理表。如

Analysis	Vials	Tray Name	Sample Nam	Sample ID	Sample Type	Analysis Type	Method File	Data File	Level	Inj. Vol	Report	Report Format	Data Com
1					0: Unknown		24-1ml.lcm		0	10			

为了仪器的使用和管理，可对批处理表的模板进行更改。首先在批处理表的空白处右键点击，再点击弹出窗口的 Table Style，添加和移除相应的项目。在新建的批处理表，依次填写样品瓶在进样器中的托盘号（Tray）、位置号（Vial）、数据文件名和保存的位置（Data File）、进样体积（Inj. Vol，建议为 $5\mu L$），选择合适（或者新建）的方法，在 Analysis Type 中选择第 1~4 个选项（除 MS library search 外，都选），自己选择是否自动生成报告和选择合适的报告模板。填写完成的数据如图 5-39 所示，点击工具栏中的 Save 按钮，保存批处理表到指定文件夹。

Folder: F:\Batch
Data File Folder: F:\数据

Analysis	Vial	Data File	Advisor	Student	Inj. Vol	Method File	Analysis	Report	Report Format File	Tray
1	91	-31\empty.lcd	Liu Ruzhan	Liu Ruzhan	5	thod_20141108.lcm	MIT M	☑	F:报告 报告.lsr	1
2	91	15-05-20-2.lcd	Ruzhang Li	Ruzhang Li	5	_20150424-1ml.lcm	MIT M	☑	port format_2015_04_01.lsr	1
3	61	15-05-29-1.lcd	Ruzhang Li	Hua Ge	1	_20150424-1ml.lcm	MIT M	☑	port format_2015_04_01.lsr	1
4	62	15-05-29-2.lcd	Ruzhang Li	Hua Ge	1	_20150424-1ml.lcm	MIT M	☑	port format_2015_04_01.lsr	1
5	63	15-05-29-3.lcd	Ruzhang Li	Hua Ge	1	_20150424-1ml.lcm	MIT M	☑	port format_2015_04_01.lsr	1
6	64	15-05-29-1.lcd	Ruzhang Li	Peibei Zhu	1	_20150424-1ml.lcm	MIT M	☑	port format_2015_04_01.lsr	1
7	65	15-05-29-2.lcd	Ruzhang Li	Peibei Zhu	1	_20150424-1ml.lcm	MIT M	☑	port format_2015_04_01.lsr	1
8	66	-05-29-ben.lcd	Ruzhang Li	Yan Tang	1	_20150424-1ml.lcm	MIT M	☑	port format_2015_04_01.lsr	1
9	67	-05-29-yiji.lcd	Ruzhang Li	Yan Tang	1	_20150424-1ml.lcm	MIT M	☑	port format_2015_04_01.lsr	1
10	68	-shudingji.lcd	Ruzhang Li	Yan Tang	1	_20150424-1ml.lcm	MIT M	☑	port format_2015_04_01.lsr	1

图 5-39　更改批处理表的模板

④ 选中样品所在的行后，点击工具栏中的 （Start）按钮，此时跳出一个对话框，核对一遍是否是要做的样品，确定后按 Start。

⑤ 当 LC、PDA 与 MS 均显示 Running 后，开始采集数据。

⑥ 采集数据完成以后，自动保存到指定的文件夹。

（5）数据的查看和处理

① 点击 Labsolution 界面下的 Postrun。

② 在文件夹下找到保存的数据，双击打开，如图 5-40 所示。在 PDA Data 下查看液相结果，在 MS Data 下面查看质谱结果。

③ 在总离子流图上双击峰定点，可以在下方的质谱图中显示其质谱图，可以查看色谱峰对应的质荷比。如果在方法中设置了正负离子扫描模式，可以在左侧 Segment 切换 Event1（正离子模式）和 Event2（负离子模式）显示设置。质量数色谱图可以用鼠标左键实现其缩放功能，点鼠标右键选择 Initialize Zoom 或者 Undo Zoom 取消缩放。

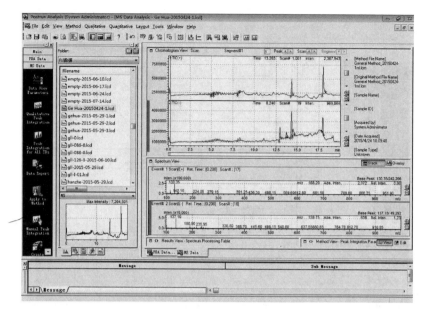

图 5-40　查看数据

在质量数色谱图中点击鼠标右键，选择 Data View Parameters。在 Fragment Table 界面下添加目标化合物的 m/z，这样可以查看在总离子流图中是否含有此质荷比的色谱峰，如图 5-41 所示。

④ 点击辅助栏 Main 中的 PDA Data 显示出与 MS 相对应的 PDA 图。

（6）关闭仪器

仪器的关闭也有两种方式，分别是日常关机和完全关机。完全关机是指仪器长时间不使用，关闭所有电源的方式。在日常使用过程中，通常只需要关闭液相部分和质谱部分的气体、DL、IG 和 MS 等，保持真空泵在开启状态。下面首先介绍日常关机的操作步骤。

① 数据采集结束以后，为了延长色谱柱的使用寿命，在关闭仪器之前，必须先清洗色谱柱。

② 依次关闭液相泵，IG、MS、HEAT 按钮，等 Heat Block 降温到 100℃ 以下再关闭 DRY 和 NEBU 气体，然后关闭 Labsolution 软件，按照与开机相反的顺序即倒 U 型顺序关闭液相各部分电源。

完全关机的步骤是点击 Main 下面的 System Control，弹出窗口，点击 Auto Shutdown，大约 0.5h 后完成卸真空工作，此时质谱仪面板上的 Status 显示为闪烁状态，关闭所有电源即可。

（7）仪器的维护。

良好的仪器维护习惯是保持仪器良好使用状态和延长仪器使用寿命的一个重要措施。写好仪器使用记录，是仪器使用跟踪的一个重要手段。液质联用仪器的日常维护如下：

① 每周清洗喷雾腔；

② 每 3000h 更换泵油；

③ 每月清洗加热模块；

④ 每年更换 ESI 毛细管；

⑤ 每半年更换 DL；

⑥ 每两个月清洗防尘网；

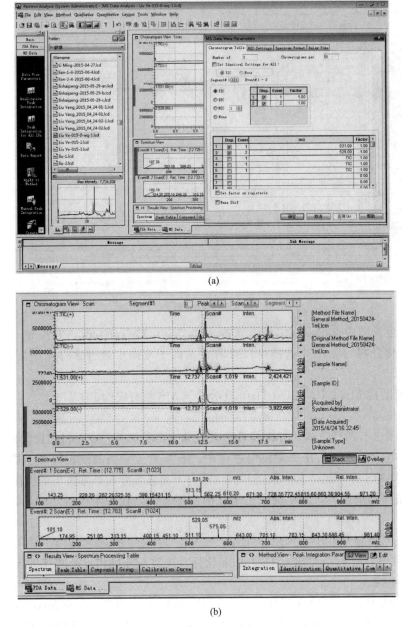

(a)

(b)

图 5-41　查看特定质荷比的色谱峰

⑦ 每星期真空泵排气 30min 等。

5.28　气相色谱-质谱联用仪

5.28.1　概述

　　气相色谱-质谱联用仪（Gas Chromatograph-Mass Spectrometer，GC-MS）就是气相色谱仪与质谱仪联用的仪器。气相色谱仪用惰性气体作为流动相，样品随着流动相（即气相）进入色谱柱后，利用样品中各组分的沸点、极性或吸附性能的不同，使样品中的各个组分在色谱柱内经过多次的吸附-解吸而得到分离，依次进入检测器质谱仪，检测器能够将各个组分的样品浓度转换成电信号传送到记录仪记录。气相色谱-质谱联用仪综合了色谱法的分离能力和质谱的定性优点，可在较短的时间内对多组分混合物进行定性分析。

现以安捷伦公司的气相色谱 7890B-质谱联用仪 5977A 为例简要介绍气-质联用的操作步骤。

5.28.2　安捷伦气-质联用（气相色谱 7890B-质谱联用仪 5977A）

气相色谱 7890B-质谱 5977A 联用仪（见图 5-42）主要由气相色谱仪、质谱仪和仪器控制系统（计算机）组成。另外，还有为气相色谱和质谱仪服务的气体系统（通常由气体钢瓶提供）和为质谱仪服务的真空系统。5977A 质谱部分用的电离源是电子轰击电离（EI）。EI 作为一种常用的离子化方式，采用高速或高能电子束冲击样品，从而使样品分子失去一个电子得到分子离子 M^+，在大多数情况下，分子离子 M^+ 继续受到电子轰击，从而引起化学键的断裂或分子重排，瞬间产生多种离子。因此，通过分析得到的多个离子峰，可以获得化合物的分子量、化学式和化学结构等信息。

图 5-42　安捷伦公司的气相色谱 7890B-质谱 5977A 联用仪

5977A 质谱部分采用的是单级四极杆质量分析器，它具有扫描速度快、体积小的优点，在定量分析中表现优异。缺点是质量范围及分辨率有限，不能进行高分辨测定。

5.28.3　GC-MS 操作步骤

（1）准备工作及注意事项

① 样品的准备工作，要了解样品中的待测成分及其沸点，沸点过高与不宜气化的样品不能进样，无机化合物、强极性物质、羧酸等也不能直接用 GC-MS 分析。一般情况下，样品可以先在气相色谱仪上找到最佳分离条件后，再使用气质联用。

② 由于气相进样口温度一般设为 300℃（最高可以设为 350℃），所以一般使用易挥发的低沸点有机溶剂来溶解样品。常用的溶剂有乙酸乙酯、丙酮、氯仿、二氯甲烷、甲醇等，但是水、DMF、DMSO 等溶剂不宜作为 GC-MS 检测溶剂。此外，石油醚是一系列烷烃的混合物，最好不要混入检测体系。

③ 进行检测前，样品需经过严格的除水操作，尽可能不进含水的样品，否则容易引起色谱柱内固定相流失，也会污染离子源等。

④ 样品溶液必须是澄清透明的。如果样品在选用的溶剂中溶解度不好，建议用 $0.22\mu m$

针式过滤器进行过滤。

⑤ 尽量一个样品一根进样针，防止交叉污染。

（2）开启仪器

仪器的开启有两种方式，分别是日常开机和完全开机。完全开机是指仪器处于完全关闭的状态下，开启仪器并使仪器正常运转的开机方式。

① 完全开机部分　打开氦气钢瓶，输出压力设置到 0.5MPa，打开气相色谱电源，打开质谱电源，待真空度达到指定要求，自检完成后仪器会显示仪器型号。双击图标"GC-MSD"，打开工作站，选择"仪器"菜单下的"调谐 MSD（U）"或直接点击工作站界面上的调谐按钮，仪器自动进行调谐，产生调谐报告，根据调谐报告判断仪器精确程度。

② 日常使用部分

a. 检查氦气钢瓶，确保输出压力在 0.5MPa 左右。

b 双击图标"GC-MSD"，打开工作站，工作界面如图 5-43 所示。当软件运行状态和仪器就绪状态显示绿色正常时，就可以进行 GC-MS 的使用。

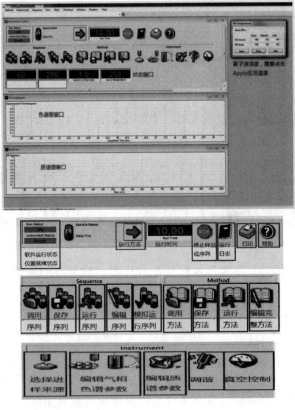

图 5-43　工作界面图

（3）方法的选择与创建

点击"调用方法"选择已有方法，或者点击"编辑完整方法"编辑一个新的方法。下面介绍如何编辑一个完整的方法。

点击"编辑完整方法"，按提示选择方法名称等，逐步对进样口、色谱柱、柱箱等气相参数进行设置（与一般气相色谱仪的使用完全相同），最后对质谱参数进行设置。条件未要求的部分不用更改，部分界面如图 5-44 所示。

(a) 设置进样口参数

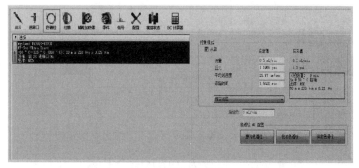

(b) 设置色谱柱参数

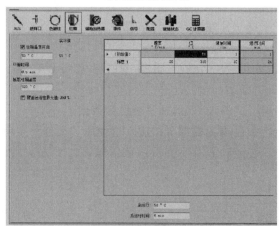

(c) 设置柱箱参数

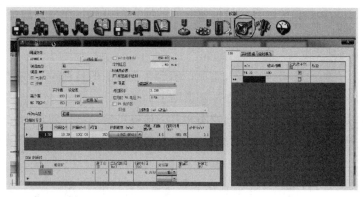

(d) 设置质谱参数

图 5-44　编辑完整方法

（4）样品的测试

① 点击"调用方法"选择合适的方法，等待软件运行状态和仪器就绪状态变成绿色可用状态，点击"运行方法"，编辑操作员姓名，数据路径，数据文件名称，样品名称等。进样类型为手动进样，进样量可以适当调节。

完成后点击"确定并运行方法"等待出现如图 5-45 所示视图即可注射进样。

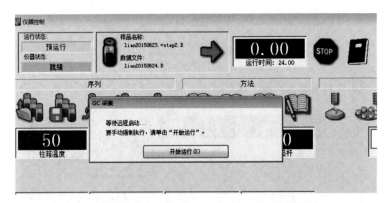

图 5-45　点击"确定并运行方法"后出现的视图

② 用注射器吸取一定量样品（一般为 $1\mu L$）完全扎入进样口后点击气相面板上的"start"进行远程启动。

③ 仪器开始运行，根据工作站观察运行情况。

（5）数据的处理

双击桌面上的"GC-MSD 数据分析"图标，打开数据分析软件。

① 调入数据文件

a. 点击"文件"菜单下"调入"，选择要查看的数据。

b. 若要查看正在运行中已得到的部分谱图，可使用"文件"菜单下的"抓屏"功能。

c. 在总离子流图中，右键双击需要查看的色谱峰，在下方的质谱图中得到该峰相应的质谱数据。

② 谱图检索功能

选择谱库　在"质谱图"菜单下选择"选择谱库"，点击"浏览"在目录下选择所需的谱库，点击确定。

在色谱峰的位置双击右键，得到该保留时间的质谱图以后，在得到的谱图区域任意位置双击鼠标右键，就可以得到该谱图在所选谱库中的检索结果（包含化合物名称、分子量和匹配度）。

在谱库中选择合适的检索结果点击完成，然后在质谱图的目标位置按住鼠标右键拖拽一个矩形，就可以将该化合物的结构式加注到谱图上。

如果谱库建议的化合物结构与待测物不相符，该峰可能是谱库建议的化合物，但是也有可能是所测化合物，只是谱库中没有该物质的数据，要根据质谱图运用相关知识去分析解决。

③ 百分比计算　打开谱图，在工具栏上，选择图标 ![图标]，从左到右分别是"自动积分"、"积分"和"积分参数"，按自己的要求对谱图进行积分操作。积分后如图选择

"色谱图"菜单下"百分比报告"。

百分比报告如图 5-46 所图。

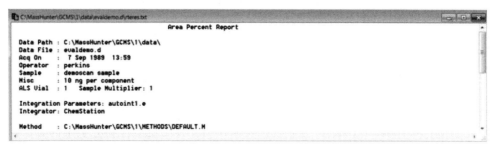

图 5-46　百分比报告

（6）报告的输出

选择菜单栏的"导出报告"菜单，如图 5-47 所示，根据自己的需要导出报告。

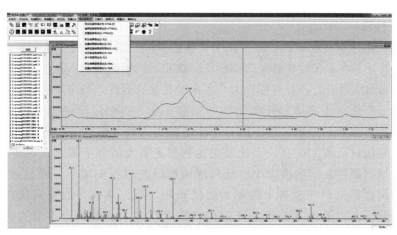

图 5-47　报告的输出

（7）关闭仪器

仪器的关闭也有两种方式，分别是日常关机和完全关机。完全关机是指仪器长时间不使用，关闭所有电源的方式。点击主页面下的"真空控制"，点击"放空"，待放空结束以后，关闭所有电源。

在日常使用过程中，若临时不使用仪器，只需要降低进样口的温度（可以延长进样口的使用寿命），降低氩气进气量，并且不关闭真空泵。

（8）仪器的维护

GC-MS 的维护主要是进样口的维护，进样口由隔垫、衬管顶部 O 形环，衬管、衬管底部密封垫、石墨垫五部分组成，如图 5-48 所示。

隔垫将样品流路与外部隔开，进样针插入时，能保持系统内压，防止泄漏，避免外部空气渗入污染系统。隔垫要根据使用次数更换，一般取样针抽插 200 次后要更换隔垫，以防出现漏气、样

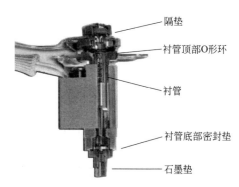

图 5-48　GC-MS 的进样口

品分解、样品损失、出鬼峰、柱效下降等问题。衬管是进样口的中心，样品在此气化。衬管要定期更换，否则峰形会受到影响，样品重现性会很差。衬管密封垫金属部分要注意清洗，橡胶 O 形圈视其老化情况更换，以防止水、空气等进入体系污染色谱柱，破坏质谱仪，出现鬼峰。

5.29　凝胶色谱仪

凝胶渗透色谱法（gel permeation chromatography，GPC）也称为体积排除色谱（size exclusion chromatography，SEC），是目前广泛采用的一种测定聚合物分子量的方法。它的分离机理是建立在体积排除上。对于样品分子量，GPC 的分离结果是通过淋出体积获得。这一方法的特点是快速、简便、重现性好、进样量少、自动化程度高，从而可以快速、自动地测出聚合物的平均分子量和分子量分布，并可用作制备窄分布聚合物试样，因而是高分子化学、有机化学、生物化学等领域内一种重要的分离和分析手段。

5.29.1　分离机理

GPC 的分离机理有多种解释，通常认为"体积排除"的分离机理起主要作用。首先是由于大小不同的分子在多孔性填料中占据的空间体积不同而造成的。在色谱柱中，装填的多孔性填料的表面和内部有着各种各样、大小不同的孔洞和通道，当溶液随着溶剂进入色谱柱后，聚合物分子在流动相和填料孔隙之间渗透和扩散。由于浓度的差别，所有聚合物分子都力图向填料内部孔洞渗透。较小的分子除了能进入较大的孔外，还能进入较小的孔；较大的分子就只能进入较大的孔；而比最大的孔洞还要大的分子则完全不进入孔洞内部，就只能停留在填料颗粒之间的空隙中。随着淋洗液淋洗过程的进行，经过多次渗透-扩散平衡，最大的聚合物分子在载体上停留的时间最短，率先从载体的粒间流出，后流出的是尺寸较小的分子。因最小的分子是所有的孔洞都能进，在载体上停留的时间最长，因而最后从载体上洗提出来。这样就达到了大小不同的聚合物分子分离的目的。

色谱柱的总体积由三部分体积所组成，即 V_0、V_i、V_s，V_0 为柱中填料的空隙体积或称粒间体积；V_i 为柱中填料小球内部的孔洞体积之和；V_s 为填料的骨架体积。$V_0 + V_i$ 相当于柱中溶剂的总体积。柱子的总体积 V_t 即为此三种体积之和。

$$V_t = V_0 + V_i + V_s$$

根据色谱理论，试样分子的保留体积 V_R（或淋出体积 V_e）可用下式表示

$$V_e = V_0 + K_d V_i$$

$$K_d = c_p / c_0$$

式中，c_p、c_0 分别表示平衡状态下凝胶孔内、外的试样浓度。

因此，K_d 相当于填料分离范围内某种大小的分子在填料孔洞中占据的体积分数，即进入填料内部孔洞体积 V_{ic} 与填料总的内部孔洞体积 V_i 之比，称为分配系数。

$$K_d = V_{ic} / V_i$$

大小不同的分子，有不同的 K_d 值。当高分子体积任何孔洞都不能进入时，$K_d = 0$，$V_e = V_0$，相当于柱的上限。当分子体积比渗透上限还要大时，没有分辨能力。当高分子体积很小，它在柱中活动的空间与溶剂分子相同，$K_d = 1$，$V_e = V_0 + V_i$，相当于柱的下限。对于小于下限的分子，同样没有分辨能力。因而，在 GPC 柱中，只有 $0 < K_d < 1$ 的分子，

才能进行有效分离。

　　溶质分子体积越小，其淋出体积越大，没有考虑溶质和载体之间的吸附效应，也不考虑溶质在流动相和固定相之间的分配效应，其淋出体积仅仅由溶质分子尺寸和载体的孔洞尺寸决定，分离过程完全是由于体积排除效应所致，故称为体积排除机理。

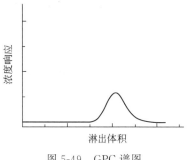

　　为了测定聚合物的分子量分布，不仅需要按照分子量的大小分离出来，还需测定各级分的含量和各级分的分子量。对于凝胶色谱来说，级分的含量即是淋出液的浓度，即可通过与溶液浓度有线性关系的某种物理性质来测定溶液的浓度。常用的方法是用示差折光仪测定淋出液的折射率与纯溶剂的折射率之差 Δn，用以表征溶液的浓度。因为在稀溶液范围内，Δn 与溶液浓度 c 成正比。如图 5-49 GPC 谱图，其纵坐标是淋出液与纯溶剂折射率之差，相当于淋出液的浓度。横坐标是淋出体积，它表征着分子尺寸的大小，所以 GPC 谱图反映试样的分子量分布。如果把谱图中的横坐标 V_e 换算成分子量 M，就成为分子量分布曲线了。

图 5-49　GPC 谱图

　　分子量的测定有直接法和间接法。直接法是在测定淋出液浓度的同时测定其黏度或光散图射，从而求出其分子量。间接法是利用其淋出体积和分子量的关系，GPC 是用间接法求出聚合物分子量。

5.29.2　标定曲线

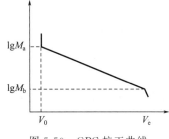

　　用一组分子量不等的、单分散的标准样品（如单分散的聚苯乙烯样品），测定它们的淋出体积。实验表明，$\lg M$ 对 V_e 的校正曲线图如图 5-50，图中直线部分称为分子量-淋出体积标定曲线，这时的曲线方程为：

$$\lg M = A - BV_e, \qquad \text{或 } \ln M = A' - B'V_e$$

图 5-50　GPC 校正曲线

　　式中，A、B、A'、B' 在一定实验条件下是常数，A、B 可以通过作图求出，也可以用最小二乘法求出，B 是直线段的斜率，其值越小，色谱柱的分辨率越高，当分子量 $M > M_a$，溶质全都不能进入孔洞，淋洗体积就是载体的粒间体积 V_0（这时 $K_d = 0$）。当分子量 $M < M_b$ 时，其淋出体积与分子量的关系变得很不敏感，其淋洗体积已经接近 $V_0 + V_i$（这时 $K_d = 1$）。图中得到的在 V_0 和 V_e 才有分离作用。

　　上述得到的 $\lg M$-V_e 标定曲线只能用于和"标样"化学结构相同的聚合物。如欲测定不同的聚合物，必须用不同的标样，而聚合物的标样不容易得到，因而借助于"普适校正曲线"，即以一个通用的分子尺寸参数代替分子量。实验证明，比较成功的一个参数是分子的流体力学体积。对于相同的分子流体力学体积，在同一保留时间流出，即流体力学体积相同。

　　两种柔性链的流体力学体积相等：

$$[\eta]_1 M_1 = [\eta]_2 M_2$$

　　式中，$[\eta]_1$、M_1 是已知标样；η_2、M_2 是被测试样。

$$K_1 M_1^{\alpha_1 + 1} = K_2 M_2^{\alpha_2 + 1}$$

两边取对数，整理得：

$$\lg M_2 = \frac{\alpha_1 + 1}{\alpha_2 + 1} \lg M_1 + \frac{1}{\alpha_2 + 1} \lg \frac{K_1}{K_2}$$

即如果已知标样 M_1（如单分散聚苯乙烯）和被测物在测定条件下的 K、α 值，就可以标定被测试样的相对分子质量 M_2。依次，可得到被测试样的标定曲线，即普适曲线。

5.29.3　分子量及分子量分布

关于从 GPC 谱图求算平均分子量和分散系数，可分为以下两种情况：

① 若试样的分子量分布是窄的，由淋出体积 V_e，根据相应的标定曲线得到分子量。

② 一般情况下，聚合物的分子量分布是宽分布的，常用的求算法有下面两种方法：

a. 函数适应法　若谱图符合正态分布函数，则

$$\overline{M_n} = M_p \exp(-B^2 \sigma^2 / 2)$$

$$\overline{M_w} = M_p \exp(B^2 \sigma^2 / 2)$$

$$\overline{M_z} = M_p \exp(3B^2 \sigma^2 / 2)$$

$$d = \overline{M_w} / \overline{M_n} = \exp(B^2 \sigma^2)$$

式中，M_p 为峰位置的分子量；$\overline{M_n}$ 为数均分子量；$\overline{M_w}$ 为重均分子量；$\overline{M_z}$ 为 Z 均分子量；σ 为标准偏差，$\sigma = 1/4W$；B 为校准曲线 $\ln M = A - B V_e$ 的斜率。

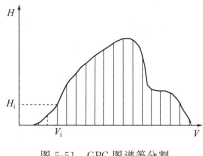

图 5-51　GPC 图谱等分割

若谱图不对称或者出现多峰，则此法不适用。

b. 加和法（或定义法、条法）　当实验得到的是离散型的数据或者 GPC 谱图不对称时，把谱图切割成与纵坐标平行的长条，假如把谱图切割成 n 条（$n \geqslant 20$），并且每条的宽度都相等，而每条的高度用 H_i 表示见图 5-51，相当于把试样分成 n 个级分，每个级分的体积相等。

从 GPC 谱图上，在相同的淋洗体积间隔处读出谱线对基线的高度 H_i，H_i 与聚合物浓度成正比，每个级分中聚合物在总样品中所占的质量分数为 W_i：

$$W_i(V_R) = \frac{H_i}{\sum\limits_i H_i}$$

再根据标定曲线或普适标定曲线读出对应于各保留体积间隔的分子量 M_i。最后根据各种平均分子量的定义可计算出各种平均分子量和多分散系数。

$$\overline{M_w} = \sum_i M_i \frac{H_i}{\sum\limits_i H_i}$$

$$\overline{M_n} = \left[\sum_i \left(\frac{1}{M_i} \frac{H_i}{\sum\limits_i H_i} \right) \right]^{-1}$$

$$\overline{M_\eta} = \left[\sum_i \left(M_i^\alpha \frac{H_i}{\sum\limits_i H_i} \right) \right]^{1/\alpha}$$

$$\overline{\frac{M_w}{M_n}} = \sum_i \left(M_i \frac{H_i}{\sum_i H_i} \right) \sum_i \left(\frac{1}{M_i} \frac{H_i}{\sum_i H_i} \right)$$

5.29.4 凝胶色谱仪的主要组成部分

以安捷伦科技有限公司的 Agilent 1100 型色谱仪为例，其主要组成部分为：手动进样器、单元泵、柱温箱（色谱柱）、示差折光检测器、化学工作站等。

（1）手动进样器

手动进样器由手动进样阀、固定杆、底板、组合底盘等组成。Agilent 1100 手动进样器使用 Rheodyne 7725i 七通进样阀。样品经阀前的进样口打入外接于阀的 $20\mu L$ 样品环。阀内有陶瓷固定片和 Vespel™ 进样密封（pH 为 10 以上，可用 Tefzel™ 密封）。当阀在进样和充样位置之间来回切换时，固定片上的先合后开通路确保流量不被中断。

在充样位置［图 5-52(a)］，泵直接和柱子连接（孔 2 和孔 3 连接），并且针口和样品环连接。至少 2 到 3 倍样品环体积（对于更高的精度要求需要更多倍样品环体积）的样品通过针口注入，以便达到好的精度。样品填入环内，过量的样品通过和孔 6 连接的排放管排出。

在进样位置［图 5-52(b)］，泵和样品环联接（孔 1 和孔 2 联接），将全部样品从环冲洗到柱。针口和排泄管（孔 5）联接。

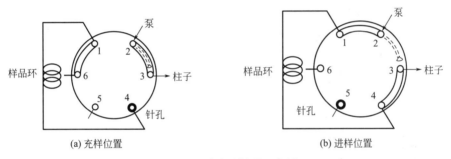

（a）充样位置　　　　　　　　　（b）进样位置

图 5-52　手动进样器示意图

（2）单元泵

Agilent 1100 单元泵是一个双通道、两个活塞串联的设计，这种设计能满足泵输送溶剂的全部功能，一个可以产生 40MPa 压力的泵部件把计量的溶剂送到高压端。泵部件包括一个泵头和一个主动输入阀，在此阀上装有过滤用的小柱，还有一个出口阀，有一个缓冲单元放在两个泵腔之间，一个带有 PTFE 过滤芯的清洗阀装在泵的出口处，便于往泵头灌注流体。

当单元泵使用浓的缓冲溶液作流动相时，可以使用带冲洗附件的密封圈。

液体从溶剂瓶流到主动阀，泵有两个基本相同的注射泵单元，两个泵单元有一个球形驱动器和一个泵头及一个蓝宝石活塞，在里面作往复运动。用一个伺服-控制可变磁阻电机从两个方向来驱动两个球形螺旋驱动器，球形螺旋驱动器的齿轮有不同的周长（比例为 2:1），使第一个活塞运动速度为第二个的两倍，溶剂从最底部进入泵头，从顶部离开泵头，泵头的外径比泵头腔的内径要大一些，这样可以让溶剂充满单元泵。第一个活塞的冲程体积大约为 $20\sim100\mu L$ 之间，取决于流速，处理器把流速控制在 $1\mu L \cdot min^{-1} \sim 10mL \cdot min^{-1}$。第一个泵入单元的进口和主动输入阀相连，这一主动输入阀的启闭受处理器的控制，使溶剂进入第一个活塞泵单元。第一个活塞泵单元通过输入球形阀和阻尼器与第二个泵单元进口相连。清洗阀部件的出口连接到色谱系统。

（3）柱温箱（色谱柱）

Agilent 1100 系列柱温箱是 LC 的叠放式温度控制柱温箱。它既可单独使用又可作为 Agilent 1100 系列系统的一部分使用。用它来加热或冷却色谱柱，以达到最高保留时间重现性的要求。它的主要特点是在低于环境温度 10℃ 和高至 80℃ 范围内能快速进行珀尔帖加热和冷却，应用具有极大的灵活性和稳定性；可同时安装 3 根 30cm 长的色谱柱。在做 GPC 测试时，根据所测样品是水性还是油性系列及样品分子量的范围选择合适的色谱柱。

（4）示差折光检测器

示差折光检测器是凝胶色谱仪的检测系统。

Agilent 1100 系列折光检测器是一个差动式折射计，测量一个流通池里某一液体样品和参照物之间由于折射率的不同而出现的折射率之差。

一束从灯发出的光通过流通池，流通池按对角线分为两半，一半为样品池，另一半为参比池，在流通池后面有一面镜子，光线反射到流通池里，并通过一个调零镜，此调零镜影响光线到达光接收器的光程，光接收器有两个二极管，每一个二极管产生一定的光电流，光电流的大小和进入二极管的光强成比例关系（见图 5-53）。

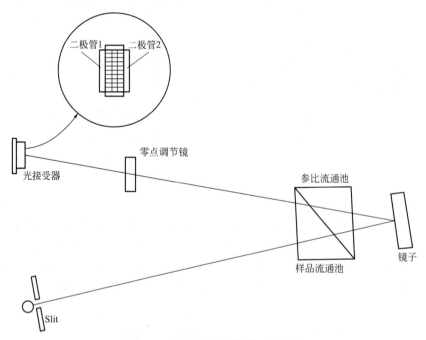

图 5-53　示差折光检测器工作原理

开始时用流动相冲洗样品流通池和参比流通池，然后把参比流通池关闭，流动相只通过样品流通池。当两个流通池中全是流动相时，折射率相同，用零点调节器把检测器调节为光平衡，此时落在两个二极管的光强是一样的。

当色谱柱流出物进入样品流通池时，折射率改变，这一改变影响通过流通池的光量，从而使落入每个二极管的光量不同，因而产生光电流，把此电流放大之后经过校准值变为检测器的信号。用纳折射率（nRIU）来表示这一信号，相当于样品流通池的样品和参比流通池中的流动相折射率之差。

（5）化学工作站

化学工作站是集仪器控制、数据采集及数据分析评价于一体的工作系统，除此以外，还有附加的仪器模块、数据处理模块及单纯数据处理软件等。

5.29.5　凝胶色谱仪的使用操作

以 Agilent 1100 型色谱仪测试悬浮聚合的聚苯乙烯为例，简述凝胶色谱仪的使用步骤。

① 测试前的准备

流动相（淋洗液）的准备　将色谱纯的四氢呋喃（THF）超声脱气 20min；

聚苯乙烯标样溶液及待测聚苯乙烯样品溶液的准备　将 5 个或 5 个以上已知的不同分子量（从小到大排列）的聚苯乙烯标样用 THF 配制成 $1mg \cdot mL^{-1}$。用同样方法配制待测样品。

将上述淋洗液和配制的溶液用 $0.45\mu m$ 的滤膜过滤，待用。

② 开启电脑及仪器，打开 Purge 阀，预热 20min。打开 online。

③ 开启单元泵，排气泡（这时流速可为 $5mL \cdot min^{-1}$），待气泡排除后，关闭 Purge 阀。调整泵的流速为 $1mL \cdot min^{-1}$，设置柱温箱温度、示差检测器中的温度等相关参数。冲洗流通池，待基线稳定后，在 Run and Control|Sample 中填写样品信息，设定数据采集时间，点 Balance，进样，采集数据。依次进样，得聚苯乙烯标样和待测样品的谱图。

④ 制作校正曲线

打开 Offline，并将窗口切换到 "Data Analysis" 画面，调取第一个已测的标样谱图，在菜单上点 GPC|Activate GPC，激活 GPC。在 GPC|GPC Settings⋯中检查并修改 GPC 设置，其次将 GPC|Calcuate GPC Results 打开，在 Editor 中填写样品的分子量等信息。

根据峰保留体积和已知的分子量建立校正曲线：

a. 在 Window|Calibration 中创建一个空的 Calibration，在 File|New 下产生新的校正文件；

b. 激活 Elugram Window 窗口，在 X 轴下右键单击谱图的峰顶，并选择 Find Maximun，点击相应的分子量，点击 Add to calibration，即可将相应的点添加到 calibration 中，并在 Calibration 窗口中显示出来。将其他的标样谱图用同样的方法进行处理，最后再在 Calibration 窗口进行拟合，从而制得校正曲线，在 File|Save as 下保存。

如果制作普适校正曲线，只需要知道待测样品在某一温度下的 K、α 值即可。

⑤ 在 Data Analysis 界面下调取待测样品的谱图，在 GPC|GPC Settings⋯中选取新作的校正曲线，再打开 GPC|Calcuate GPC Results，在 Window|Raw Data 窗口下打开已经设置好的基线（选中谱图的起始位置和终点位置），最后在 Window|Mass Distribution 得到待测样品的分子量和分子量分布。

⑥ 测试结束，关闭化学工作站、仪器及电脑。

5.29.6　注意事项

（1）流动相（淋洗液）和样品溶液需用滤膜过滤，避免使用已经氧化的 THF，淋洗液在使用前需要脱气。

（2）在关闭 Purge 阀之前一定要排气，不可以把气泡带入色谱柱中。

（3）环境温度及流速的改变对基线的稳定性有一定影响。

5.30　离子色谱

5.30.1　基本原理

离子色谱（ion chromatography，IC）是高效液相色谱（HPLC）的一种，是分析阴离子和阳离子的一种液相色谱方法。

离子色谱的分离机理主要是离子交换，有三种分离方式，分别为高效离子交换色谱（HPIC）、离子排斥色谱（HPIEC）和离子对色谱（MPIC）。用于三种分离方式的柱填料的树脂骨架基本都是苯乙烯-二乙烯基苯的共聚物，但树脂的离子交换功能基和容量各不相同。HPIC用低容量的离子交换树脂，HPIEC用高容量的树脂，MPIC用不含离子交换基团的多孔树脂。三种分离方式分别基于不同分离机理。HPIC的分离机理主要是离子交换，HPIEC主要是离子排斥，MPIC主要基于吸附和离子对的形成。

离子色谱系统的构成与高效液相色谱相同，主要由流动相传送系统、分离系统、检测系统和数据处理系统四部分组成，在需要抑制背景电导的情况下通常还配抑制器。离子色谱与高效液相色谱主要的不同之处是离子色谱的流动相要求耐酸碱腐蚀以及在与水互溶的有机溶剂（如乙腈、甲醇和丙酮等）中不溶胀。因此，凡是流动相通过的管道、阀门、泵、柱子及接头等均不宜用不锈钢材料，而是用耐酸碱腐蚀的PEEK材料的全塑系统。

5.30.2　操作步骤

瑞士万通940离子色谱仪的操作规程如下。

① 实验准备　实验所用液体及样品必须经过$0.45\mu m$滤膜过滤，并经超声脱气后使用。

② 开机　依次打开控制电脑、940后面板电源、打印机电源；双击电脑桌面上"MagIC Net 3.1"后进入"配置"，当"状态"栏显示"OK"即为仪器自检完毕，可进行一下操作。

③ 平衡机器　"工作平台"界面中点击"平衡"，在新页面中选取"方法"，选择适当的方法后点击"启动硬件"，仪器开始平衡，时间约1h。

④ 编辑"测量序列"　在"工作平台"界面选择"测量序列"，双击每个样品编辑检测方法、名称、样品类型等。选中"样品执行结束后停止硬件"在样品检测后自动关机。

⑤ 分析测定　"测量序列"编辑完成后，点击"开始"按钮，开始测量，在测定过程中，可对批处理表中未测定的信息进行编辑。

⑥ 数据处理　在"数据库"界面选中标准溶液及样品，点击右键选择"再处理"进入数据处理，选择相应的处理方法进行数据处理。

⑦ 报告　在"数据库"界面选中样品数据，点击"文件"，选择"打印"、"报告"、选择报告类型、输出目标等。

⑧ 关机　退出操作软件，依次关闭940离子色谱仪、控制电脑、打印机电源。

5.30.3　注意事项

① 离子色谱用水要求电阻$>18\Omega M$，无颗粒（必须用小于$0.45\mu m$的滤膜过滤）。

② 离子色谱所用试剂纯度要求分析纯以上，最好是优级纯，标准品应是离子色谱专用。

③ 淋洗液、再生液、冲洗液应保持新鲜，定期更换，用前超声脱气。

④ 淋洗液瓶应一直加装CO_2吸收管，内装半管CaO（碱石灰、钠石灰），不要装得过满。

⑤ 长期（1 周以上）不用，当重新开机时，先用新配的淋洗液冲洗管路后再安装分离柱。

5.31　古埃磁天平

5.31.1　基本原理

磁化率的测量方法很多，常用的有古埃法、昆克法和法拉第法等。古埃法测量原理见图 5-54。

设样品的截面积为 A，非均匀磁场在 Z 轴方向的磁场强度的梯度为 $\dfrac{\partial H}{\partial Z}$，则样品中某一小体积元 V 沿磁场梯度方向受到的作用力 F 为：

$$\mathrm{d}F = (\chi - \chi_0)H\,\frac{\partial H}{\partial Z}\mathrm{d}V = (\chi - \chi_0)AH\,\mathrm{d}H$$

式中，χ 和 χ_0 分别为样品及周围介质（常为空气）的磁化率；通常 $\chi \gg \chi_0$，若样品底部正好位于磁极中心（磁场最强，并设此点磁场强度为 H_c）处，且样品管足够长，样品顶端磁场强度 H_0 近似为零，可以忽略不计，可以积分如下：

$$F = \int_{H_0}^{H_c}(\chi - \chi_0)AH\,\mathrm{d}H = \frac{1}{2}(\chi - \chi_0)A(H_c^2 - H_0^2)$$

或

$$F = \frac{1}{2}\chi A H_c^2$$

若试样密度为 ρ，则

$$F = \frac{1}{2}\chi_m \rho A H_c^2$$

但

$$\rho = \frac{m}{V} = \frac{m}{A_1}$$

则

$$F = \frac{1}{2}\chi_m \frac{m}{l}H_c^2$$

式中，m 为样品的质量；l 为样品的长度。

又因为 $\chi_M = \chi_m M$，则

$$F = \frac{1}{2}\frac{\chi_M}{M} \times \frac{m}{l}H_c^2$$

式中，M 为被测样品的摩尔质量。可知：

$$\chi_M = \frac{2}{H_c^2} \times \frac{MlF}{m}$$

式中，F 为样品在磁场中受到的作用力，即 $F = \Delta W \cdot g$，其中 g 为重力加速度；ΔW 为样品有无外磁场时重力的变化值，kg。将 F 值代入并重排后得：

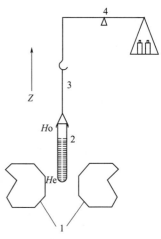

图 5-54　古埃磁天平测量原理图
1—电磁铁；2—样品管；
3—吊丝；4—天平

$$\chi_M = \frac{2g}{H_c^2} \times \frac{Ml\,\Delta W}{m}$$

式中，m、l、ΔW 可由实验测得。通过高斯计测得 H_c，即可根据上式计算物质的摩尔磁化率 χ_M。H_c 也可以通过标准物质标定。常用的标准物质是莫尔盐 $[(NH_4)_2SO_4 \cdot FeSO_4 \cdot 6H_2O]$。

已知莫尔盐的摩尔磁化率为：

$$\chi_M = \frac{9.5M}{T+1} \quad (\text{单位为 } kg \cdot mol^{-1})$$

式中，T 是热力学温度；M 是莫尔盐的摩尔质量。标定时，只要测得标定物质的长度 l、质量 m 和有无磁场时重量的变化值 ΔW，可求得被标定的磁场 H_c：

$$H_c = \sqrt{\frac{2gMl\,\Delta W}{m\chi_M}} = \sqrt{\frac{2gl\,\Delta W(T+1)}{9.5m}}$$

磁天平系统包括电磁铁、稳压电源、GT5 型高斯计、仪表开关、照明系统、水冷却系统及整体机架等。

5.31.2 磁天平的使用

① 磁天平在工作前必须接通冷却水，以保证励磁线圈处于良好的散热状态。

② 励磁电流的升降应平稳、缓慢，严防突发性的断电，以防励磁线圈产生的反电动势将晶体管等元件击穿。

③ 正确使用电光天平。

5.31.3 CT5 型高斯计

CT5 型高斯计是根据霍尔效应原理，并采用晶体管恒流电路和集成电路直流放大器设计而成的磁电系多量程测磁感应强度的仪器。它能快速测量直流磁通密度。仪器的核心部件是霍尔探头，霍尔探头是否处于最佳位置是仪器测量精度的关键。图 5-55 是 CT5 型高斯计面板图。

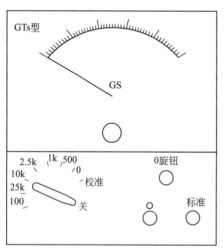

图 5-55 CT5 型高斯计面板图

高斯计的使用方法如下。

① 未接通电源前先进行机械零点调节，将旋钮拨离"关"挡，放在任何一挡上，旋转表盖中央的调零器，使指针指零。

② 接通电源，高斯计处于工作状态，恒流器产生的电流通过霍尔元件。

③ 通电 5min 后，将旋钮旋至"校准"，调节校准旋钮，使指针准确指在校准线上。在测量时应反复调节校准。

④ 将旋钮置于"0"挡，调节"0"位旋钮，使指针准确指在"0"位线。

⑤ 将旋钮逐次旋至 $500 \sim 25k$ 各挡，用"调零"旋钮使指针准确指在"0"位线上。重复步骤③、④的调节，使高斯计处于可测量的工作状态，置霍尔元件于最佳位置。

先将固定夹嵌入电磁铁两极的铜板上，插入霍尔探头，这时霍尔探头可作前后、左右、上下和自身转动等调节。将表盘上的量程开关拨至"1k"挡，旋转调节器的旋钮，任给一励磁电流，使得高斯计指针偏移超过 $\frac{1}{2}$ 量程，对于三种自由度挪移霍尔探头，使指针偏移最大，则霍尔片处于最佳位置，此时霍尔元件必然与两磁铁中心连线相垂直。固定好探头，便可直接测量某励磁电流所对应的磁场强度。

⑥ 使用完毕后，应将 CT5 型高斯计的量程调节开关置于"关"后，方可切断电源。

⑦ 在整个使用过程中，霍尔探头不能用力太大，不可压、挤、钮、弯和碰撞等，以免损坏元件，无法使用。

5.32　核磁共振波谱仪

5.32.1　核磁共振原理

核磁共振（nuclear magnetic resonance，NMR）是一种用来研究物质的分子结构及物理特性的光谱方法，它的研究对象是具有磁矩的原子核。原子核能否产生核磁共振信号与其自旋量子数 I 相关。

原子核可按 I 的数值分为三类：①质量数、质子数均为偶数的原子核，如 ^{12}C、^{16}O、^{32}S 等，$I=0$；②质量数为偶数、质子数为奇数的原子核，如，^{2}H、^{14}N 等，I 为整数；③质量数为奇数的原子核，如 ^{1}H、^{13}C、^{15}N、^{19}F、^{31}P 等，I 为半整数。除第一类原子核外，其他原子核都能产生核磁共振信号，其中，$I=1/2$ 的原子核由于电荷呈球形对称，不具有四极矩效应，对检测分析核磁共振信号非常有利。目前核磁共振谱学中研究最多、应用最广的原子核即为此类中的 ^{1}H 核和 ^{13}C 核。

自旋量子数不为零的原子核存在着自旋。当处在静磁场中时，自旋轴与磁场方向保持某一夹角而绕静磁场进动，称为拉莫尔进动，与陀螺在地球引力作用下的运动相似。拉莫尔进动的频率与原子核的磁旋比（γ）和静磁场的磁感应强度成正比，方向由 γ 决定。

磁场中原子核的拉莫尔进动可导致核磁信号的产生。目前，一般用能量吸收和电磁感应两种理论对其进行解释。

（1）能量吸收

该观点倾向于从量子力学的角度来解释核磁现象，认为拉莫尔进动时核自旋轴与磁场的不同夹角反映了原子核存在着不同的能级，此时如果有某一电磁波施加到自旋系统上，且频率与系统相邻能级的能级差相匹配时，就会诱发核磁共振吸收。

（2）电磁感应

电磁感应观点将核磁共振现象看成是经典电磁学范围内的问题。由于原子核是带正电荷的，而带电体的转动必定会产生磁矩，因此每一自旋不为零的原子核本质上可以看成是一个微观磁矩。在没有磁场的情况下，自旋系统中磁矩的方向是杂乱无章的，宏观上观测不到任何核磁信号。但如果将含有磁性原子核的物质放置于均匀磁场中，这些微观磁矩会在一定时间内沿着磁场方向排列，从而变无序为有序，这样便在宏观上形成了原子核的磁化强度，通常记为 M_0。在核磁中，通常将外加均匀磁场 B_0 的方向定为实验室坐标系中的 z 方向，平衡中的磁化强度 M_0 也就沿 z 轴取向。建立起磁化强度之后，如果沿 x 方向施加一功率很强的射频脉冲，它将沿着 x 轴进行转动，撤掉射频脉冲后，M_0 将不再转动，但仍沿着 z 轴进动，因而在 y 方向线圈中产生一无线电信号，这种信号叫做自由感应衰减（free induction decay，FID）信号。由于受弛豫影响，这一信号不仅是交变的，而且按指数形式衰减。

在核磁共振研究中，能量吸收和核磁感应两种观点均使用广泛，并且在很多问题上相互配合，使核磁理论更加完善。但是，对于核磁共振信号的产生这一特定的问题而言，能量吸收观点远离实验现实，不利于正确地认识仪器构造，核磁感应理论相对占有更重要的位置。

5.32.2 核磁共振波谱仪主要组成部分

第一台商业化核磁共振仪器于 1953 年推出。早期的磁体采用永久磁铁或电磁铁，磁场磁感应强度从 1.41T，1.87T，2.20T 到 2.23T，所对应质子的共振频率分别为 60MHz，80MHz，90MHz 到 100MHz，仪器为连续扫描方式，即采用固定静磁感强度改变扫描电磁波频率或固定电磁波频率扫描静磁感强度使不同核依次发生共振。为了使谱图不发生畸变，扫描速度必须很慢（如常用 250s 记录一张氢谱），以使整个扫描期间核自旋体系与周围介质保持平衡。当样品量较少或观测天然丰度较小的原子核时，为了得到足够强的信号，必须进行累加（信噪比与累加次数的平方根成正比）。这样不仅耗时很长，而且由于谱仪难于在长时间内保证稳定，经常导致信号发生漂移。

为了得到更高的信噪比和更好的分辨率，后来人们采用超导材料在低温下产生强磁场（液氦冷却的超导磁体），并发展了脉冲傅里叶变换技术。现在广泛使用的仪器均属此类。核磁共振波谱仪主要由磁体系统、机柜和操作控制台三部分组成。

（1）磁体系统

磁体系统包括磁体、锁场匀场系统、前置放大器和探头。

① 磁体　磁体是谱仪中最重要的部分。磁体常根据氢原子核共振信号的频率进行分级。

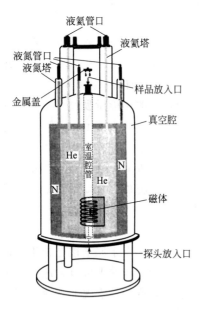

图 5-56　核磁超导磁体剖面图

氢核的共振频率越高，对应磁体的磁感应强度越强。例如 600.13MHz 的磁体表示其磁感应强度为 14.1T，即当把一个化学样品放入磁体进行分析时，样品中的氢原子将产生一个非常接近 600.13MHz 的频率信号。常用的磁体的频率信号在 300～600MHz 之间。

核磁超导磁体剖面图如图 5-56 所示，磁体外层为真空，内表面镀银（这和热水瓶的保温原理相同）。超导磁体的核心是一个浸泡在液氦（4K，-269℃）中的超导螺旋管，线圈中心利用电流产生一个非常强的静磁场，样品就是被放在这个磁场中进行分析的。液氦腔的外部为液氮腔，温度保持低于 77.35K（-195.8℃）。液氮腔的存在大大降低了液氦腔与外界间的温度梯度，减少了液氦的挥发，保证磁体线圈处于超导状态。液氦腔和液氮腔之间以及液氮腔与环境之间分别各通过一个内表面镀银的真空腔进行热隔离。

② 锁场匀场系统　锁场系统的目的是保证样品周围磁场不会由于漂移或受外界信号干扰而改变。核磁共振分析需要精确测定原子核拉莫尔进动的频率，而进动频率与磁场的磁感应强度成正比，也就是说，如果磁场改变，检测到的核磁信号也跟着改变。因此，在采样期间用户需要确保样品处磁场的磁感应强度总是精确地维持不变，这个要求是通过锁场实现的。锁场系统不间断的测量参照信号并与标准频率进行比较，如果磁场没有变化，那么参照信号应该等于标准频率。反之，如果两者间出现差值，此

差值即被反馈到磁体并通过增加或减少辅助线圈的电流来矫正磁场的磁感应强度。需要指出的是，标准频率应该离我们感兴趣的信号很远，实验中一般选择氘信号，此时锁场系统本质上是一个用来观察氘的独立谱仪。由于氘的频率每秒被测量数千次，当系统被锁定后，用户可以认为采样期间的场强是常量。如果氘的信号不合适，可以使用氟核进行锁场。

实验过程中不仅需要磁场稳定，还要求样品中不同位置的原子核感受到的磁场保持一致。仪器通过调整安装在磁体下端的若干组载流线圈（称为匀场线圈）电流的大小来补偿磁场不均匀度，这个过程称为磁体匀场，它是影响核磁信号分辨率和灵敏度的非常重要的因素。

③ 探头　探头被插入到磁体的底部，位于室温匀场线圈的内部。它的功能是支撑样品、发射激发样品的射频信号并检测共振信号。发射激发脉冲和接收信号是通过固定在探头上的同一套射频线圈进行的。常见的线圈有选择性线圈和宽带线圈，前者仅能激发和观察特定频率的原子核，后者则可以分析某一较宽共振频率范围内的原子核。

探头种类很多。根据它所能支撑的样品管直径，可分为 5mm 探头、10mm 探头等。根据内线圈（观察线圈）种类，可分为正相探头和反相探头等。内线圈为探头中最接近样品的一个线圈，它决定了探头所能完成的核磁实验类型及所得谱图的质量。正相探头的内线圈是宽带线圈，可以观测多种原子核，故又称为多核探头；反相探头的内线圈一般为氢线圈，主要用来观测氢原子核。

在对化合物进行分析时，需要使用特定频率（谐振频率）的信号对其进行激发。不同核需要使用不同频率进行激发，这需要调整探头内部的电路以获取对关注频率的最大灵敏度，同时需对探头进行匹配，以尽可能减少激发信号和 FID 的反射（浪费）。调谐和匹配是相关的，不能分开进行。

④ 前置放大器　前置放大器的功能是把激发信号从探头同轴电缆传送至探头，并把核磁信号从样品处传回接收器。由于从探头线圈中出来的样品核磁信号一般非常微弱，通过前置放大器使低能核磁信号与高能射频脉冲分离，并尽早对其进行放大（从微伏到毫伏），以减小其在电缆传输中的衰减，从而使所得谱图具有更好的信噪比。另外，前置放大器还传送和接收氘（或者氟）的锁场信号。

（2）机柜

机柜容纳了一台现代数字谱仪相关的大部分电子硬件，主要有采样控制系统、控温单元和各种功放等。根据不同的系统配置，这个单元可能是单柜或者双柜。

采样控制系统内的各个单元分别负责发射激发样品的射频脉冲，并接收、放大、数字化样品产生的核磁共振信号。当数据被接收和数字化后，信息被传输到主机进行进一步的处理和储存。在某种程度上，可以把采样控制系统看成一台计算机。这台计算机最靠近谱仪硬件，并在实验进行期间完全控制谱仪的操作，从而保证操作指令不间断并进而保证采样的真实性和完整性。

控温单元可以是一个独立单元或者被合并进其他单元，其功能是通过可控制的方式改变样品温度或者保持温度恒定。

激发样品需要相对大的信号振幅，这就需要功放的参与。功放可以是内置的（合并在采样控制系统机架内）或者外置的（独立单元）。射频脉冲从功放输出经前置放大器传给样品。功放主要有两种：选择性功放（也称为 ^{1}H 或质子功放）是专门设计用来放大 ^{1}H 和 ^{19}F 的高频信号。宽带功放（也被称为 X 功放）主要用来放大宽范围内的频率信号（除

了 ^1H 和 ^{19}F）。

（3）操作控制台

操作控制台用来运行谱仪控制程序，包括计算机主机（或服务器）、显示器和键盘等。核磁实验的所有操作，从实验的设计和执行到数据的存储和分析，从放入、旋转和取出样品到控制锁场匀场系统等基本操作，都可以由实验人员在操作控制台输入指令控制完成。

5.32.3 核磁共振分析方法

核磁共振中观测最多的是 ^1H 核与 ^{13}C 核。^1H 是核磁共振信号最灵敏的原子核，在 20 世纪 70 年代以前核磁共振氢谱几乎就是核磁共振谱的代名词。自脉冲傅里叶仪器问世以来，核磁共振碳谱的重要性不断增加，并与氢谱相互补充。

（1）氢谱

从氢谱中我们所能得到的参数主要有化学位移、自旋-自旋耦合常数和积分面积等。其中化学位移主要反映原子核所处的不同化学和物理环境；自旋-自旋耦合常数反映同一分子内基团与基团间的连接关系；积分面积反映谱峰所对应氢核的相对含量。

（2）碳谱

在测试碳谱时常采用对氢全去耦方法，因此每种化学等价的碳原子通常只有一条谱线。由于不同核的弛豫时间不同，而且核 overhauser 效应（nuclear overhauser effect，NOE）也有差别，故在全去耦碳谱中，积分面积不能定量反映碳原子的数量，化学位移是最重要的信息。

全去耦碳谱通过对氢去耦虽然大大增强了碳原子的信号，但也损失了碳原子级数的信息，给化合物结构的确定带来了一定的困难。DEPT 实验可帮助我们获得这些信息。在 DEPT45 实验中，CH、CH_2、CH_3 均出正峰；在 DEPT90 实验中，CH 出正峰，CH_2、CH_3 不出峰；在 DEPT135 实验中，CH、CH_3 出正峰，CH_2 出负峰；季碳原子在三种 DEPT 实验中都不出峰。这样我们只需选取两种 DEPT 实验，如 DEPT90 和 DPPT135，并与全去偶碳谱对照就可以得到碳原子级数的信息。

（3）二维核磁共振谱

二维核磁共振谱的出现是核磁共振技术发展史上一个非常重要的里程碑，它使通过核磁共振技术获得的化合物结构信息更加充分、客观和可靠。与一维谱中只有一个时间变量、傅里叶变换后反映的是谱线强度与频率的关系不同，二维核磁共振谱有两个独立的时间变量，经两次傅里叶变换得到的是两个独立的频率变量之间的关系（二维谱也包含有强度这一维度，不过这一维度隐含在二维图谱的等高线中）。在二维谱中，一般将横坐标标识为 F2 维，对应着直接采样（或称为真实采样）的 $t2$ 维，将纵坐标标识为 F1 维，对应着间接采样的 $t1$ 维。

虽然二维核磁实验类型多种多样，但脉冲序列在时间轴上均由以下四个部分组成：①预备期，等待一段时间使体系回到平衡状态，然后发射激发脉冲制备出实验所需的横向磁化强度；②演化期，在时间变量 $t1$ 内使横向磁化强度在化学位移和/或耦合作用下进行自由演化，以获得 F1 维的信息；③混合期，通过磁化强度的相干转移和/或极化转移得到 F1 维和 F2 维的相关信息；④检测期，在时间 $t2$ 内检测 FID 信号，获得 F2 维的信息。

从物理机制上，二维谱分为基于耦合的相干转移谱和基于动力学过程的极化转移谱两大类。从实验的角度看，又可以分为同核和异核实验、梯度场实验和不用梯度场的实验等。以下是几个常用的二维核磁实验。

① ^{1}H-^{1}H COSY（^{1}H-^{1}H 位移相关谱，Correlated Spectroscopy）：一般为正方形，当 F1 和 F2 谱宽不等时则为矩形。正方形中有一条对角线（一般为左下-右上），对角线上的峰称为对角峰，对角线外的峰称为相关峰或交叉峰。每个相关峰或交叉峰反映了两个峰组间的 ^{3}J 耦合关系。

② ^{1}H-^{1}H NOESY（^{1}H-^{1}H NOE 谱，Nuclear Overhauser Effect Spectroscopy）谱：它与 ^{1}H-^{1}H COSY 谱非常相似，在 F2 维和 F1 维上的投影均是氢谱，都有对角峰和交叉峰，图谱解析的方法也相同，唯一不同的是图中的交叉峰并非表示两个氢核之间有耦合关系，而是表示两个氢核之间存在 NOE 效应（一般说来，两个原子核间的空间距离小于 0.5nm 时会产生 NOE 效应）。由于 NOESY 实验是由 COSY 实验发展而来的，因此图谱中往往出现 COSY 峰，即 J 偶合交叉峰，故在解析时需对照它的 ^{1}H-^{1}H COSY 谱将 J 偶合交叉峰扣除。在相敏 NOESY 谱图中交叉峰有正峰和负峰，分别表示正的 NOE 效应和负的 NOE 效应。

^{13}C-^{1}H HSQC［（检测 ^{1}H 的）异核单量子相干，^{1}H-detected Heteronuclear Single-Quantum Coherence］谱是 ^{13}C 和 ^{1}H 核之间的位移相关谱。图谱中的交叉峰或相关峰反映了对应的 ^{13}C 和 ^{1}H 核直接相连，因此季碳不出现相关峰。HSQC 谱图中不存在对角峰。

^{13}C-^{1}H HMBC［（检测 ^{1}H 的）异核多键相关，^{1}H-detected Heteronuclear Multiple-Bond Correlation］谱也是 ^{13}C 和 ^{1}H 核之间的位移相关谱，将相隔两至四个化学键的 ^{13}C 和 ^{1}H 核关联起来，这些关联甚至能跨越季碳、杂原子等，因而对于推测和确定化合物的结构非常有用。

5.32.4　仪器操作使用方法

现以安捷伦公司 400MR/DD2/VNMRS with VnmrJ 3.0 上采集一维氢谱为例，其操作步骤如下。

① 选用适当的氘代溶剂将样品溶解在核磁样品管中，溶液中应无不溶物及气泡。

② 将待测样品管插入转子中，并用量深器量好样品管的高度，然后打开提升气流，等听到气流声后往磁体里放入转子及样品管，待转子稳定后，关闭提升气流，让转子轻轻落入磁体中。

③ 点击"Experiments"，在下拉菜单中选择"Proton"。

④ 在参数面板"Start-Sample Info"中填写样品名称，选择溶剂，对应的实验记录本信息以及待检物描述信息。

⑤ 调谐匹配探头后，在参数面板"Start-Lock"中点击 Find Z0，系统将进行自动锁场。完成后，硬件面板 Lock 按钮将出现蓝色数值，表明场被锁住。

⑥ 在参数面板"Start-Shim"中点击"Start shim"，默认为 Z 方向上自动匀场。

⑦ 在参数面板"Start-Spin/Temp"在"Spinner：liuids"下输入所需转速；在"Temperature"下输入所需温度。

⑧ 在参数面板"Acquire-Default H1"在"Number of scans"下输入所需采样次数。默认"Autogain"前面打勾，点击"Go"即可。

⑨ 在参数面板"Process-Basic"点击"Autoprocess"，系统自动完成谱图处理。

⑩ 在参数面板"Process-plot"选择打印参数，点击"Auto plot preview"系统生成 pdf 文件。

5.32.5　注意事项

（1）样品

用来做核磁测试的样品不能含铁磁性物质，当未知样品进行结构鉴定时，样品纯度应尽可能高（一般含量至少大于90%）。

如测定氢谱，需准备3~10mg样品。对于分子量较大的样品，有时需要浓度更大的溶液，但浓度太大会因饱和或者黏度增加而降低分辨率。对于碳谱和杂核，样品浓度至少为氢谱的5倍。

对于二维实验，为了获得较好的信噪比，样品应具有较高的浓度。一般说来，25mg样品足以完成所有实验，包括氢碳相关实验，但如果样品只有1~5mg，则只能完成氢氢相关实验，与碳相关的实验至少需要过夜。

样品的高度或者体积最好保持一致，这将减少换样品后的匀场时间。对于5mm核磁管，通常样品体积应大于0.5mL或者高度大于4cm。

核磁管必须干燥清洁，避免污染，在实验前应检查核磁管外壁是否干净。

（2）氘代溶剂

样品大都溶解在溶剂中进行测试，而溶剂中大量的氢核会对谱图质量造成很大影响，因而实验中一般选择氘代溶剂（即用同位素氘取代其中氢核的试剂），这样也便于对样品进行锁场和匀场。常用的氘代试剂有重水、氘代氯仿、氘代二甲基亚砜和氘代苯等。

选择氘代溶剂时应综合考虑氘代试剂对样品的溶解性、有无干扰及其熔沸点、黏度以及价格等因素。常用氘代溶剂残留 ^1H 和 ^{13}C 的化学位移列于表5-4。

表 5-4　常用氘代溶剂残留 ^1H 和 ^{13}C 的化学位移

名　　称	分子式	$\delta_{^1H}$	$\delta_{^{13}C}$	名　　称	分子式	$\delta_{^1H}$	$\delta_{^{13}C}$
氘代丙酮	CD_3COCD_3	2.05	206.0,29.8	氘代甲醇	CD_3OD	4.84	—
氘代苯	C_6D_6	7.16	128.0			3.31	49.9
氘代氯仿	$CDCl_3$	7.26	77.0	氘代乙腈	CD_2CN	1.94	118.3
重水	D_2O	4.80	—			8.71	149.9
氘代二甲基亚砜	CD_3SOCD_3	2.50	39.5	氘代吡啶	C_5D_5N	7.55	135.5
						7.19	123.5

5.33　顺磁共振波谱仪

5.33.1　顺磁共振原理

（1）顺磁共振信号的产生

电子顺磁共振（electron paramagnetic resonance，EPR）是波谱学的一项技术，与核磁共振技术类似，都是研究磁场中磁矩与电磁辐射之间的相互作用。所不同的是，顺磁共振研究的不是原子核的磁矩，而是核外未成对电子的磁矩。

依照量子力学理论，电子除了围绕原子核做轨道运动外，还在不停地做自旋运动，这两种运动都会产生角动量和磁矩。由于电子的磁矩主要是由自旋磁矩贡献的，因此电子顺磁共振也常称为电子自旋共振（electron spin resonance，ESR）。依照Pauli不相容原理：在同一个轨道上，最多只能容纳两个自旋相反的电子。如果分子中所有的轨道都已填满电子，它们的自旋磁矩将相互抵消，这种分子就是逆磁性的，不能直接给出EPR信号。要想对它们进行顺磁研究，必须进行自旋标记。只有含未成对电子的分子才会产生 EPR 信号。

下面以自由电子为例来说明顺磁共振信号的产生。如图 5-57 所示，当一个自旋量子数 $s=1/2$ 的自由电子处在一个可变的磁场 H 中时，随着外磁场从 0 逐渐增大，电子的自旋能级从简并态逐渐分裂成两个能级。较高能级的磁量子数 $m_s=+1/2$，能量 $E=+1/2g_e\beta_e H$。式中，$g_e=2.0023$，为一无量纲因子，β_e 是电子的玻尔磁子。较低能级的磁量子数 $m_s=-1/2$，能量 $E=-1/2g_e\beta_e H$。高低两能级间的能量之差 $\Delta E=g_e\beta_e H$。

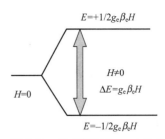

图 5-57　自旋量子数 $s=1/2$ 的自由电子在磁场 H 中的能级图

当在垂直于外磁场方向上施加一个中心频率为 ν 的射频场 H_1，且满足 $h\nu=\Delta E=g_e\beta_e H$ 时，处于低能级上的电子就会吸收射频场的能量向高能级跃迁，这就产生了顺磁共振信号。但是，如果谱图中只有一条 $g=g_e$ 的谱线，顺磁共振也就没有什么可研究的了。幸运的是，电子实际所感受到的有效磁场，不仅仅是外加磁场，还有自旋体系本身存在的由未成对电子的轨道运动贡献的局部磁场。邻近的不同偶极子引起的局部磁场变化使 g 因子成为一个变化的值，使顺磁共振产生出花样繁多的谱线，从而为我们提供了丰富多彩的微观结构信息。

（2）顺磁共振的研究对象

顺磁共振技术具有独特的识别顺磁物质的能力。只要样品中含有未成对电子或通过紫外照射、氧化还原反应等方式能够产生未成对电子即可利用顺磁共振技术进行相关研究。由于 EPR 对局部区域环境非常灵敏，可用来阐明不成对电子附近的分子结构，研究分子的运动或流动的动态过程，因而它在化学、物理、材料、生物、医药等许多领域获得了广泛的应用。

① 单电子自由基　即含有一个未成对电子的原子或分子，包括有机分子自由基、芳香离子自由基、碎片自由基等。如环辛四烯是一个非平面分子，用碱金属还原可生成环辛四烯负离子自由基，所得 EPR 谱线是间距相等且强度比为 $1:8:28:56:70:56:28:8:1$ 的九重峰，表明环辛四烯负离子环上的八个质子是等性的，说明环辛四烯经单电子转移反应生成负离子基后，构型发生变化，呈平面结构。

② 过渡金属离子　原则上，过渡金属原子轨道上含有未成对电子，是 EPR 的研究对象。它们常以配合物或盐的形式存在，使 EPR 谱线很宽，理论处理比较复杂，解析时常常要考虑配位场的对称性和场强大小等。

③ 含两个（或两个以上）未成对电子的分子　除过渡金属外，含两个（或两个以上）未成对电子的分子主要分为两类。a. 三重态分子。这类化合物的分子轨道上有两个未成对电子，且彼此间的距离很近，有很强的相互作用。如二苯次甲基分子、氧分子等。还有些分子基态本身并非三重态，但在某些条件（如光照）下，可从逆磁性分子变成顺磁性分子（也称激发三重态分子），因此也可以用顺磁方法进行研究。如萘、蒽等许多芳烃分子。b. 分子轨道上有两个（或多个）未成对电子的化合物，即双基或多基化合物。它们与三重态分子的区别在于分子中所含的两个或两个以上的未成对电子相距较远，相互作用很弱，以至于它们的 EPR 波谱一般不呈现出精细结构。

④ 其他（如色心、生物组织、半导体等）　色心指的是固体的某些晶格缺陷，主要是点缺陷，如在晶格中有空位、在（取代或间隙）晶位中的杂质原子或离子、俘获电子中

心、俘获空穴中心等。在这些缺陷中，空位本身虽然并非顺磁性，但它的存在会形成某些顺磁中心，其他大部分缺陷则是顺磁性的。从 EPR 谱图中一般都能鉴别出点缺陷的品种和结构。

在生物医学领域，细胞代谢过程、酶反应机理及许多病理过程如衰老、癌变等都与自由基密切相关。此外，利用 EPR 对半导体掺杂进行研究，可指导采用不同的掺杂技术获取不同性质的半导体。

5.33.2　顺磁共振仪器

从 $\Delta E = h\nu = g_e\beta_e H$ 这个式子来看，有调频式和调场式两种 EPR 波谱仪。然而，由于在微波频率内，至今仍未制造出宽频带、低噪声的振荡源，因此 EPR 仪器只能固定频率扫描磁场。即采用调场式。顺磁共振仪器主要由微波系统、磁铁系统、谐振腔、信号检测系统等部分组成。其基本结构框图如图 5-58 所示。

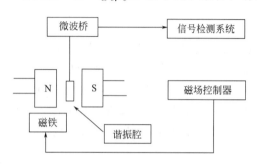

图 5-58　顺磁共振仪器的主要结构框图

（1）微波系统

迄今为止，已在 $0 \sim 100T$（相当于 3.0×10^{12} Hz）的磁场范围内检测到了顺磁共振吸收信号。目前商品化 EPR 谱仪所用的电磁波频率属于微波区域。所谓微波是指在 300MHz 到 300GHz 之间的电磁波，可以划分为分米波、厘米波和毫米波，实验中亦可根据其波长将其划分为许多波段，每个波段用一个拉丁字母来代替。EPR 波谱仪中最常用的微波系统属于 X 波段，一般称为 3cm 波段，其中心频率为 9.4GHz，中心波长为 3.2cm，其优点在于：①该波段微波元器件工艺成熟，性能好，便于大量生产；②谐振腔的尺寸大小适中，可以放置一定容积的被测样品；③灵敏度和分辨率都比较高；④满足共振需要的电磁铁大小适中、容易制造且均匀度足够高。

微波系统提供自旋系统发生能级跃迁所需要的辐射能量。微波常采用各种不同的特殊的振荡管产生，其中最佳、最通用的微波源是速调管。

（2）磁铁系统

EPR 谱仪的磁铁系统主要由电磁铁、磁铁电源和磁场控制器组成。通常能提供磁场的磁铁有三种：永久磁铁、电磁铁和超导磁体。目前的 EPR 波谱仪中，大多数用电磁铁来产生磁场。磁铁的作用是给样品提供一个均匀、稳定和连续可调的磁场，使自旋系统发生能级分裂，并配有快、慢扫描装置以搜集共振信号。磁体必须具备很高的稳定度和均匀度，在时间上和空间上（样品的周围）的变化不超过 $\pm 1\mu T$，只有这样，才能分辨出很窄的顺磁谱线，得到正确的谱图。

要使磁场达到高度稳定，供给电磁铁的电源必须高度稳定。由于磁滞现象的存在，磁场强度与磁铁的电流必定是非线性的关系，因此仪器必须适时地检测场强并控制磁铁电路，这一般是通过装有一个 Hall 探头的磁场控制器来实现。

（3）谐振腔

谐振腔是 EPR 谱仪的核心部件，被测样品就置于腔内。谐振腔的功能是把微波能量集中于样品处，并使其在外磁场作用下产生共振吸收。谐振腔分为标准腔、双腔与辐照腔等。

（4）信号检测系统

信号检测系统是谱仪中的高频调制和信号检测、显示、记录系统。通常，样品在谐振腔中吸收微波能量而使检波晶体的电流发生变化，在谐振腔中用较高的频率和较小的振幅对该电流信号进行磁场调制，称为高频小调场。采用高频小调场能降低输出信号的噪声，提高仪器的灵敏度。经调制的电流信号进行相敏检波后不再是吸收曲线，而是吸收曲线的一次微分谱线。一次微分谱线可直接送至计算机储存，便于以后读取谱图或进行数据处理。

（5）脉冲顺磁共振波谱仪

常规的连续波 EPR 波谱仪不能直接检测短寿命自由基和浓度特别低的自由基。短寿命自由基一般采用自旋捕捉法或低温冷冻法，但存在一些不足：①存在一定的捕捉时间，无法检测原初反应过程产生的自由基；②捕捉剂和样品处理过程可能产生干扰，给波谱分析带来困难；③不能反映诱导电子转移反应的中间产物、动态过程和瞬间信息等。为了改善这些问题，人们发展了脉冲顺磁共振技术，目前已经有商品化的仪器推出，但其价格非常昂贵，是连续波仪器的 3～4 倍。

脉冲顺磁共振仪器的原理是先通过速调管或耿氏二极管产生连续的微波源（约 10GHz），经一设置好脉冲程序的电脑控制脉冲开关输出后，由行波管将功率放大到约 10kW 量级，然后输入磁场的谐振腔去激发自旋体系（样品）产生共振吸收。

脉冲顺磁共振波谱仪的优势是：①数据收集效率高。所有谱线可以同时检测，缩短了多次扫描的时间，提高了信噪比；②时间分辨。一个单脉冲谱在约 $1\mu s$ 内就能被记录，使顺磁可以对扩散、相变、分子间的能量传递等开展研究，并成为动力学研究中强有力的工具；③弛豫时间测量效率高；④多种脉冲技术的引入及其组合，使更多更高级顺磁实验的出现成为可能。与核磁共振一样，目前顺磁共振波谱中也发展出了二维相关谱、交换谱等，在这些实验都离不开脉冲技术。

5.33.3　顺磁共振参数

顺磁共振技术中应用最多的有 g 因子、超精细结构、自旋浓度、线型和线宽等，通过对它们的分析，可以得到未成对电子周围环境的许多物理和化学性质。

（1）g 因子

g 因子不仅表明了顺磁共振谱线的出现位置，还能够反映顺磁分子中电子自旋运动和轨道运动之间的相互作用，即自旋角动量和轨道角动量的贡献大小。当 $g=1$ 时，磁矩由纯轨道运动贡献，$g=2$ 时，磁矩由纯自旋运动贡献。通过测量 g 因子，有助于我们了解顺磁信号的来源和磁性粒子的性质。

对于自由电子，它只有自旋角动量而无轨道角动量，或者说它的轨道角动量已经完全猝灭，所以 $g_e=2.0023$。对于大部分自由基而言，它们自旋的贡献占 99% 以上，其 g 值都十分接近 g_e。但大多数过渡金属离子及其化合物的 g 值就偏离 g_e，这主要是因为其轨道角动量对电子磁矩的贡献不等于零。如过渡金属离子的 g 值一般可以反映出 d 壳层电子填充的情况，其规律是：$g\approx g_e$ 时，d 壳层电子填充为半充满，如 Fe^{3+}，其电子组态为 $3d^5$；$g>g_e$ 时，d 壳层电子填充大于半充满，如 Fe^{2+}，其电子组态为 $3d^6$；$g<g_e$ 时，d 壳层电子填充小于半充满，如 Ti^{3+}，其电子组态为 $3d^1$。

轨道角动量对电子磁矩的贡献是由于激发态掺入基态引起的，这种掺入通过电子的自旋角动量和轨道角动量进行偶合。对于大多数分子，激发态的掺入与取向有关，从而使 g 因子具有各向异性，并依赖于所在分子的几何构型及其对称性。如果顺磁粒子具有很高的对称性（如球形、正八面体、正立方体等），它们的 g 张量几乎可以看成是各向同性的（即 $g_x = g_y = g_z$）；若对称性较低，如畸变八面体、四面体等具有 C_{4v}、D_{4h} 对称的，则 $g_x = g_y \neq g_z$（即 $g_x = g_y = g_\perp$，$g_z = g_\parallel$）；若对称性进一步降低，如具有 C_{2v}、D_{2h} 等对称，则 $g_x \neq g_y \neq g_z$。

g 因子的测量通常采用比较法，一般利用 DPPH 和锰标等已知 g 因子的标准样品与待测未知样品同时测量，通过对照求得未知样品的 g 值。目前的仪器一般都配有 g-mark 附件和标样。

实验时先将 g-mark 标样插入 g-mark 附件，安装在谐振腔上，再将待测样品置于谐振腔中，然后同时对两样品进行测定，得到的谱图中会同时显示待测样品和 g-mark 标样的信号。在确定 g-mark 标样的 g 值在允许范围内后，直接从谱图中读出样品 g 值即可。

（2）超精细结构

顺磁物质的分子中，未成对电子不仅与外磁场有相互作用，而且还与附近的磁性核存在磁相互作用。所谓磁性核，就是具有自旋角动量的核，它们的核自旋量子数 I 不为零，可以是 1/2，1，3/2，2，…，与之相对应的有 $2I+1$ 个核自旋状态。未成对电子与磁性核之间的磁相互作用被称为超精细相互作用。超精细相互作用使原来单一的 EPR 谱线分裂成多重谱线，这种分裂被称为超精细分裂或超精细结构（hyperfine structure，hfs）。

未成对电子与磁性核之间有偶极-偶极超精细相互作用和 Fermi 接触超精细相互作用两种。偶极-偶极超精细相互作用是指邻近的磁性核在电子处产生的局部磁场作用。对于各向异性的自旋体系，由于电子的磁偶极子在空间的各个不同位置上受到局部磁场作用的大小、方向都不同，因此偶极-偶极超精细相互作用比较明显。只有当磁性核上电子出现的概率为非零值时才会存在 Fermi 接触超精细相互作用。由于只有 s 轨道在空间的分布是各向同性的，其他轨道（p、d、f 轨道）都在核上有节点，因此只有 s 轨道中的电子在核上有非零的电子云密度，才存在 Feimi 接触超精细相互作用，同时也说明这是一种各向同性的相互作用。溶液自由基出现复杂的超精细结构就是 Fermi 接触超精细相互作用引起的。

通过分析超精细谱线中的谱线数目、谱线间距及其相对强度，可以判断与未成对电子相互作用的磁性核的自旋种类、数量及相互作用的强弱。在许多情况下，由于未成对电子的轨道常常分布到多个原子核，因此必须考虑到未成对电子可能与几个核同时有相互作用：①若有 n 个自旋量子数为 I 的等性核与未成对电子相互作用，则产生 $2nI+1$ 条等间距的谱线，其强度正比于 $(1+x)^n$ 的二项式展开系数；②若未成对电子与多种不同的核相互作用，如果其中 n_1 个核自旋为 I_1，n_2 个核自旋为 I_2，…，n_k 个核自旋为 I_k，则能产生的最多谱线为 $(2n_1 I_1 + 1)(2n_2 I_2 + 1) \cdots (2n_k I_k + 1)$。

对于存在多组不等价磁性核的自旋体系，超精细分裂的谱线往往产生重叠变宽而难以分辨，而离得较远、超精细相互作用很弱的核，超精细结构有时又显示不出来，更不可能提供有价值的信息。为解决这一问题，Feher 提出并建立了电子-核双共振（electron-nuclear double resonance，ENDOR）技术。它的原理是在垂直于外磁场的方向上加两个辐射电磁场，一个是微波场，用来激发电子跃迁，该微波场要足够强，使 EPR 跃迁出现部分饱和现象；另一个是射频辐射场，用来激发核的自旋跃迁，使处于饱和状态的电子自旋能级的分布居数重新分布。因此 ENDOR 观察的是发生核磁共振时，顺磁共振信号的变化。在 ENDOR

谱中，谱线的数目只与磁性核的种类有关，与同性核的数量无关，从而有效地提高了分辨率，大大简化了谱图。由 ENDOR 谱线的频率可精确测定出超精细偶合常数。

（3）自旋浓度

顺磁样品中的自旋浓度用单位质量或单位体积中所含未成对电子的数目（自旋数）表示，如自旋数·g^{-1}、自旋数·mL^{-1}。样品中未成对电子在受到电磁波辐射且满足共振条件时，发生共振跃迁。如果样品的未成对电子数量多，则共振吸收的总能量就多，获得的 EPR 信号强度也大（微波二极管电流变化大），也就是说 EPR 的吸收谱线包含的面积会增大。如果实验记录的是一次微分谱线，谱线的面积则用二次积分法求出。

实验中通常用比较法测量自旋数，即将已知自旋数的标准样品的谱图与未知样品的谱图进行比较，从而求出未知样品的自旋数。实验中，许多检测条件，如微波功率、调制幅度、时间常数、测量温度等都会影响信号强度，所以在测量时，要求两样品处于相同的条件。如果 EPR 谱具有超精细结构，则需把所有谱线的积分面积求和后再进行比较。如果未知样品与标准样品的线型和线宽都相同，则测量自旋数时只要计算两者谱线的高度比即可。

（4）线型和线宽

根据共振条件，EPR 谱线的宽度似乎可以无限窄，但事实上任何谱线都有一定的形状和宽度。从理论上分析，EPR 线型分为两种：Lorentz 线型和 Gause 线型，两者的区别在于前者有较长的拖尾现象。Lorentz 线型通常意味着体系中所有自由基共振于同一磁场（均匀加宽），Gause 线型则是各顺磁粒子在稍有不同的磁场下共振的结果。实际谱图往往是这两种线型的混合型谱线。

线宽一般用吸收谱线的半高宽或一次微分谱中峰-峰极值间的宽度来表示。不同样品的谱线增宽可以有很大差别，有的只有 $0.1G(10^{-5}T)$，有的宽到数百高斯。谱线增宽是寿命增宽和其增宽的总效应，它们分别由自旋-晶格相互作用和自旋-自旋相互作用引起。

5.33.4 仪器操作使用方法

以德国 Bruker 公司 A300-10/12 型顺磁共振波谱仪为例，其操作步骤如下。

① 开机。依次打开联机电脑，循环水冷机、主机控制器、磁体电源。在开机 1h 后，谱仪性能达到最佳状态。

② 把样品装入合适的样品管，仔细清洁样品管外壁，以免污染谐振腔。小心地把样品管插入谐振腔内，使样品处于腔的中心部位。

③ 设置仪器工作参数，选择恰当的微波功率、中心磁场、扫场范围、调制幅度、时间常数、扫场时间和信号放大倍数等参数。

④ 调谐微波桥和谐振腔，使其处于临界偶合状态。

⑤ 记录 EPR 谱，进行数据处理。

⑥ 实验结束后，依次关闭磁体电源、主机控制器、循环水冷机与联机电脑。

5.34 荧光倒置显微镜

5.34.1 基本原理

荧光倒置显微镜由荧光附件与倒置显微镜有机结合构成，主要用于细胞等活体组织的荧光、相差观察。倒置显微镜（inverted microscope）是为了适应生物学、医学等领域中的组织培养、细胞离体培养、浮游生物、环境保护、食品检验等显微观察。由于这些活体被检物体均放置在培养皿（或培养瓶）中，要求倒置显微镜的物镜和聚光镜的工作距离很长，能直接对培养皿中的被检物体进行显微观察和研究。因此，物镜、聚光镜和光源的位置需要颠倒过来，故称为"倒置显微镜"。倒置显微镜多用于无色透明的活体观察，在倒置显微镜的基础上添加一套荧光附件：激光激发块、荧光光源、荧光照明器、激发块切换装置，即可进行倒置荧光观察。

荧光显微镜利用一个高发光效率的点光源，经过滤色系统发出一定波长的光（如紫外光365nm 或紫蓝光 420nm）作为激发光，激发标本内的荧光物质发射出各种不同颜色的荧光后，再通过物镜和目镜放大进行观察。这样在强烈的对衬背景下，即使荧光很微弱也易辨认，敏感性高，主要用于细胞结构和功能以及化学成分等的研究。

5.34.2 荧光倒置显微镜的使用

（1）荧光倒置显微镜的光学参数

① 观察头　宽视野倾斜双目镜筒。

② 物镜　物镜转盘（电动六孔物镜转盘；编码型六孔物镜转盘）。

③ 调焦　扭动距离为 10mm。

④ 聚光镜　电动长工作距离聚光镜：W.D.27mm，NA0.55，7 孔位电动聚光镜转盘（3 孔用于 30mm，2 孔用于 38mm）；长工作距离万能聚光镜：W.D.27mm，NA0.55，5 孔位聚光镜转盘（3 孔用于 30mm，2 孔用于 38mm）；长工作距离浮雕相衬聚光镜：NA0.55，W.D.45mm，4 孔位聚光镜转盘（用于 50mm，浮雕相衬光学元件）；超长工作距离聚光镜：NA0.3.W.D.73mm，4 孔位聚光镜转盘（用于 29mm）。

⑤ 照明系统　光路选择：左侧端口：观察口的值有三种选择：0：100、50：50 和100：0；照明灯倾斜结构为 30°倾斜；聚光镜架为 88mm 的扭动距离，重新聚焦结构；视场光阑可以调节，4 个滤色片架；光源：12V 100W 卤素灯，高色彩重现 LED 光源；带复眼透镜的 L 形荧光照明器；L 形荧光照明器；荧光照明器；荧光光源：130W 汞灯光纤照明，100W 汞灯复消色差灯箱和变压器，100W 汞灯灯箱和变压器，75W 氙灯灯箱和变压器。

（2）荧光倒置显微镜的使用方法

① 倒置荧光显微镜开关机顺序

开机顺序　a. 开电脑；b. 开启显微镜电源；c. 开启荧光电源，荧光光源启动后需预热30min 后才开始操作；d. 开启控制软件。

关机顺序　a. 关闭荧光电源，荧光光源关闭后须等 30min 才能重新启动；b. 关闭显微镜电源；c. 关闭电脑。

② 明视野影像拍照顺序

a. 透过显微镜目镜确认拍照目标，将目标置于视野中央。

b. 启动控制软件 SimplePCI 6，快捷方式置于电脑桌面。

c. SimplePCI 6 启动完成，按下左上方启动 Capture Menu 视窗与 Image Display 视窗。

d. 在 Capture Menu 视窗中，进入 OLYMPUS-IX2 分页，选择欲使用的物镜倍数。

e. 在 Capture Menu 视窗中，进入 Sensor 分页。

f. 将 Capture Menu 视窗中，中间上方"单色/多色拍照切换选项"切换至 Mono：1

Channel。

g. 在 Sensor 分页中，Filter 选项选择"BF"。

h. 在 Sensor 分页中，按下"Auto Expose"进行自动曝光时间测量。

i. 在 Capture Menu 视窗中，按下右方"LIVE"，在 Image Display 视窗取得 LIVE 影像（此时 LIVE 选项变成 Abort）。

j. 用 Image Display 视窗中的 LIVE 影像进行焦距的调整。

k. 焦距调整完成，按下"Abort"停止 LIVE 影像的撷取。

l. 按下"Capture 1"，完成照相，会有一新视窗（Image1 or 2 or … *）显示照出来的影像。

m. 若曝光时间不佳，回到 Capture Menu 视窗 Sensor 分页中，调整曝光时间，重新拍摄一次。

n. 在完成拍照的视窗，按下 Save 键，选择 Original Image 8bit，选择储存格式（建议使用 TIF 8-bit），储存位置以及文档名。

③ 荧光视野影像拍照顺序

a. 完成明视野拍照后，在 Capture Menu 视窗中，中间上方"单色/多色拍照切换选项"依需求切换至 RGB color：2-band；RGB color：3-band；Mono：2，3，4，5 Channel（RGB color：2-band 单一照片，双重荧光染色，直接 Merge 完成；RGB color：3-band 单一照片，三重荧光染色，直接 Merge 完成；Mono：2 Channel 两种荧光染色，分别在两张照片，需套色；Mono：3 Channel 三种荧光染色，分别在三张照片，需套色；Mono：4 Channel 四种荧光染色，分别在四张照片，需套色；Mono：5 Channel 五种荧光染色，分别在五张照片，需套色）。

b. 在 Sensor 分页中，选择出实验需要的荧光滤镜。

c. 按下"Auto Expose"旁的小方块，启动 Auto Expose Parameters 窗口。

d. 在 Auto Expose Parameters 视窗中，选择 Darkfield，然后按下 OK。

e. 按下 Capture 提取荧光 Live 影像（可跳过不做）。

f. 按下 Capture 1 拍照。

g. 若曝光时间不佳，回到 Capture Menu 视窗，Sensor 分页中，调整曝光时间，重新拍摄一次。

h. 在完成拍照的视窗，按下 Save 键，选择 All components 24bits，选择储存格式，储存位置以及文档名。

5.33.3　注意事项

① 使用仪器前要经过使用培训，得到使用许可后方可独立操作本仪器。

② 每次使用时认真填写仪器登记表，发现仪器问题请勿私自处理，及时通知相关负责老师。

③ 荧光显微镜用到汞灯，在使用时，两次开启光源间隔要在 30min 以上，要不然会缩短汞灯的使用寿命。

④ 不可让水溶液，特别是酸、碱或其他试剂、染色液等流到载物台上，更不要沾到镜头上。若出现上述情况，及时擦干。

⑤ 每次使用结束及时清理台面，保持仪器和实验室整洁。

5.35　偏光显微镜（DMLP）

5.35.1　基本原理

　　偏光显微镜是目前研究材料晶相显微结构最有效的工具之一，是鉴定物质细微结构光学性质的一种显微镜。偏光显微镜的特点，就是将普通光改变为偏振光进行镜检的方法，以鉴别某一物质是单折射性（各向同性）还是双折射性（各向异性）。

　　偏光显微镜最重要的部件是偏光装置——起偏器和检偏器。过去两者均为尼科尔（Nicola）棱镜组成，由天然的方解石制作而成，但由于受到晶体体积较大的限制，难以取得较大面积的偏振，偏光显微镜则采用人造偏振镜来代替尼科尔棱镜。人造偏振镜是以硫酸喹啉又名 Herapathite 的晶体制作而成，呈绿橄榄色。当普通光通过它后，就能获得只在一条直线上振动的直线偏振光。偏光显微镜有两个偏振镜，装置在光源与被检物体之间的叫"起偏镜"；装置在物镜与目镜之间的叫"检偏镜"，有手柄伸缩镜筒或中间附件外放以便操作，上有旋转角度。从光源射出的光线通过两个偏振镜时，如果起偏镜与检偏镜的振动方向互相平行，即处于"平行检偏位"的情况下，则视场最为明亮。反之，若两者互相垂直，即处于"正交检偏位"的情况下，则视场完全黑暗，如果两者倾斜，则视场表现出中等程度的亮度。由此可知，起偏镜形成的直线偏振光，如其振动方向与检偏镜的振动方向平行，则能完全通过；如果偏斜，则只能通过一部分；如若垂直，则完全不能通过。因此，在采用偏光显微镜时，原则上要使起偏镜与检偏镜处于正交检偏位的状态下进行。

　　在正交情况下，视场是黑暗的，如果被检物体在光学上表现为各向同性（单折射体），无论怎样旋转载物台，视场仍为黑暗，这是因为起偏镜形成的线偏振光的振动方向不发生变化，仍然与检偏镜的振动方向互相垂直的缘故。若被检物具有双折射特性或含有具双折射特性的物质，则具双折射特性的地方视场变亮，这是因为从起偏镜射出的直线偏振光进入双折射体后，产生振动方向不同的两种直线偏振光，当这两种光通过检偏镜时，由于另一束光并不与检偏镜偏振方向正交，可透过检偏镜，就能使人眼看到明亮的像。光线通过双折射体时所形成两种偏振光的振动方向，由于物体的种类不同而不同。

　　双折射体在正交情况下，旋转载物台时，双折射体的像在 360°的旋转中有四次明暗变化，每隔 90°变暗一次。变暗的位置是双折射体的两个振动方向与两个偏振镜的振动方向一致的位置，称为"消光位置"。从消光位置旋转 45°，被检物体变为最亮，这就是"对角位置"，这是因为偏离 45°时，偏振光到达该物体时，分解出部分光线可以通过检偏镜，故而明亮。根据上述基本原理，利用偏光显微术就可能判断各向同性（单折射体）和各向异性（双折射体）物质。在正交检偏位情况下，用各种不同波长的混合光线为光源观察双折射体，在旋转载物台时，视场中不仅出现最亮的对角位置，而且还会看到颜色。出现颜色的原因主要是由干涉色造成（当然也可能被检物体本身并非无色透明）。干涉色的分布特点决定于双折射体的种类和它的厚度，是由于相应推迟对不同颜色光的波长的依赖关系，如果被检物体的某个区域的推迟和另一区域的推迟不同，则透过检偏镜光的颜色也就不同。

5.35.2　DMLP 偏光显微镜的使用

　　（1）偏光显微镜的构成

　　镜臂　镜臂呈弓形，其下端与镜座相连，上部装有镜筒。

反光镜　反光镜是一个拥有平、凹两面的小圆镜，用于把光反射到显微镜的光学系统中去。当进行低倍研究时，需要的光量不大，可用平面镜，当进行高倍研究时，使用凹镜使光少许聚敛，可以增加视域的亮度。

下偏光镜　下偏光镜位于反光镜之上、从反光镜反射来的自然光，通过下偏光镜后，即成为振动方向固定的偏光，通常用 PP 代表下偏光镜的振动方向。下偏光镜可以转动，以便调节其振动方向。

锁光圈　锁光圈在下偏光镜之上，可以自由开合，用来控制进入视域的光量。

聚光镜　聚光镜在锁光圈之上，是一个小凸透镜，可以把下偏光镜透出的偏光聚敛成锥形偏光。聚光镜可以自由安上或放下。

载物台　载物台是一个可以转动的圆形平台。边缘有刻度（0～360°），附有游标尺，读出的角度可精确至 0.1°。同时配有固定螺丝，用来固定物台。物台中央有圆孔，是光线的通道。物台上有一对弹簧夹，用来夹持光片。

镜筒　镜筒为长的圆筒形，安装在镜臂上。转动镜臂上的粗动螺丝或微动螺丝可用以调节焦距。镜筒上端装有目镜，下端装有物镜，中间有试板孔、上偏光镜和勃氏镜。

物镜　物镜由 1～5 组复式透镜组成的。其下端的透镜称前透镜，上端的透镜称后透镜。前透镜越小，镜头越长，其放大倍数越大。每台显微镜附有 3～7 个不同放大倍数的物镜。每个物镜上刻有放大倍数、数值孔径（N. A）、机械筒长、盖玻璃厚度等。数值孔径表征了物镜的聚光能力，放大倍数越高的物镜其数值孔径越大，而对于同一放大倍数的物镜，数值孔径越大则分辨率越高。

目镜　由两片平凸透镜组成，目镜中可放置十字丝、目镜方格网或分度尺等。显微镜的总放大倍数为目镜放大倍数与物镜放大倍数的乘积。

上偏光镜　其构造及作用与下偏光镜相同，但其振动方向（以 AA 表示）与下偏光镜振动方向（以 PP 表示）垂直。上偏光镜可以自由推入或拉出。

勃氏镜　位于目镜与上偏光镜之间，是一个小的凸透镜，根据需要可推入或拉出。

（2）偏光显微镜的使用方法

① 使用前先检查仪器各个连接是否正常，然后开机。

② 灯光照明　接通电源，打开电源开关，调节亮度旋钮，直到获得所需亮度。一般情况，不要将照明调至最强状态，否则，灯泡满负荷下工作寿命将大大缩短。

③ 调焦　观察试样时，一般先用低倍物镜观察，先调节粗动手轮使载物台上升让试样接近物镜，然后边观察边使试样下降直到观察到图像，最后用微调手轮精细调焦至物像清晰为止。转换至其他倍率物镜，基本可达到齐焦。

④ 调整载物台和物镜中心重合　对试样调焦清晰，在视域内打一明显目标点，使之位于目镜十字线交点上，旋转载物台，若物镜光轴与载物台旋转中心有偏移，目标点将绕某一中心 S（即物台旋转中心）旋转，其轨迹为一圆圈，此时将目标点转至 O_1 点，调节物镜中心，使 O_1 点移至 S 点并重合，再转动工作台，观察两点是否重合，如仍有偏移，重复调整。

⑤ 孔径光阑中心调节　取下目镜，观察物镜后焦面亮圆，缓缓开缩孔径光阑，观察光阑与亮圆的同心度，如有偏移，可调节聚光镜中心调节螺钉而达到两者的重合。

⑥ 正交偏光观察　调好像后，由于起偏镜一直处于光路中，此时为单偏光状态，再推入检偏镜，使其刻度处于"0"位，起偏镜刻度也必须对准"0"位，此时，两偏振镜处于正

交，即检偏镜偏振方向为南北向，起偏镜为东西向。使用 10× 及 10× 以下物镜时，应将拉索镜打下，并适当下降聚光镜。使用 25× 以上物镜时，应推上拉索镜，聚光镜应上升至高。根据需要可将石膏试板、λ/4 云母试板或石英楔子插入补偿器插口，进行光性测定。

⑦ 锥光观察　锥光观察一般使用 25× 以上的高倍物镜，在正交偏光状态下，推入勃氏镜并推上位索镜，调整勃氏镜中心，观察试样的锥光特性。

⑧ 清洁工作　光学部分的擦拭顺序：吸耳球吹——毛笔、刷子和羽毛轻刷——擦镜纸轻擦——擦镜纸蘸二甲苯轻擦。镜头表面发霉和发雾可用擦镜纸蘸少量酒精-乙醚混合液（3：7）轻擦。内表面发霉和发雾，一般无法清除。机械部分的擦拭：用干净的软布擦拭，或用擦镜纸蘸二甲苯轻擦，不得用酒精和乙醚，因为这些试剂会侵蚀油漆，容易把油漆擦掉。

5.35.3　注意事项

① 使用仪器前要经过使用培训，得到使用许可后方可独立操作本仪器。

② 每次使用时认真填写仪器登记表，发现仪器问题请勿私自处理，及时通知相关负责老师。

③ 不可让水溶液，特别是酸、碱或其他试剂、染色液等流到载物台上，更不要沾到镜头上。若出现上述情况，及时擦干。

④ 每次使用结束及时清理台面，保持仪器和实验室整洁。

5.36　场发射扫描电子显微镜

5.36.1　扫描电子显微镜基本原理和结构

图 5-59 为 Zeiss Supra55 场发射扫描电子显微镜。由三极电子枪发出的电子束经栅极静电聚焦后成为直径为 50mm 的电光源。在 2～30kV 的加速电压下，经过 2～3 个电磁透镜组成的电子光学系统，电子束会聚成孔径角较小，束斑为 5～10mm 的电子束，并在试样表面聚焦。末级透镜上边装有扫描线圈，在它的作用下，电子束在试样表面扫描。高能电子束与样品物质相互作用产生二次电子、背反射电子、X 射线等信号。这些信号分别被不同的接收器接收，经放大后用来调制荧光屏的亮度。由于经过扫描线圈上的电流与显像管相应偏转线圈上的电流同步，因此，试样表面任意点发射的信号与显像管荧光屏上相应的亮点一一对应。也就是

图 5-59　Zeiss Supra55 型场发射扫描电子显微镜

说，电子束打到试样上一点时，在荧光屏上就有一亮点与之对应，其亮度与激发后的电子能量成正比。扫描电镜是采用逐点成像的图像分解法进行的。光点成像的顺序是从左上方开始到右下方，直到最后一行右下方的像元扫描完毕就算完成一帧图像。这种扫描方式叫做光栅扫描。

扫描电镜由电子光学系统、信号收集及显示系统、真空系统及电源系统组成。

（1）电子光学系统

电子光学系统由电子枪、电磁透镜、扫描线圈和样品室等部件组成，其作用是用来获得扫描电子束，作为产生物理信号的激发源。为了获得较高的信号强度和图像分辨率，扫描电子束应具有较高的亮度和尽可能小的束斑直径。

① 电子枪　电子枪利用阴极与阳极灯丝间的高压产生高能量的电子束。目前大多数扫描电镜采用热阴极电子枪。其优点是灯丝价格较便宜，对真空度要求不高，缺点是钨丝热电子发射效率低，发射源直径较大，即使经过二级或三级聚光镜，在样品表面上的电子束斑直径是 $5 \sim 7 nm$，因此仪器分辨率受到限制。现在，高等级扫描电镜采用六硼化镧（LaB_6）或场发射电子枪，使二次电子枪的分辨率达到 $2 nm$。但这种电子枪要求很高的真空度。

② 电磁透镜　电磁透镜主要是把电子枪的束斑逐渐缩小，使原来直径约为 $50 mm$ 的束斑缩小成一个只有数纳米的细小束斑，其工作原理与透射电镜中的电磁透镜相同。扫描电镜一般有三个聚光镜，前两个透镜是强透镜，用来缩小电子束光斑尺寸，第三个聚光镜是弱透镜，具有较长的焦距，在该透镜下方放置样品可避免磁场对二次电子轨迹的干扰。

③ 扫描线圈　扫描线圈提供入射电子束在样品表面上以及阴极射线管内电子束在荧光屏上的同步扫描信号。改变入射电子束在样品表面扫描振幅，以获得所需放大倍率的扫描像。扫描线圈试扫描点晶的一个重要组件，它一般放在最后两透镜之间，也有的放在末级透镜的空间内。

④ 样品室　样品室中主要部件是样品台，除了能进行三维空间的移动，还能倾斜和转动，样品台移动范围一般可达 $40 mm$，倾斜范围至少在 $50°$ 左右，转动 $360°$。样品室中还要安置各种型号的检测器。信号的收集效率和相应检测器的安放位置有很大关系。样品台还可以带有多种附件，例如样品在样品台上加热、冷却或拉伸，可进行动态观察。近年来，为适应断口实物等大零件的需要，还开发了可放置尺寸在 $\varPhi 125 mm$ 以上的大样品台。

（2）信号收集及显示系统

其作用是检测样品在入射电子作用下产生的物理信号，然后经视频放大作为显像系统的调制信号。不同的物理信号需要不同类型的检测系统，大致可分为三类：电子检测器、应急荧光检测器和 X 射线检测器。在扫描电子显微镜中使用最普遍的是电子检测器，它由闪烁体、光导管和光电倍增器所组成。当信号电子进入闪烁体时将引起电离；当离子与自由电子复合时产生可见光。光子沿着没有吸收的光导管传送到光电倍增器进行放大并转变成电流信号输出，电流信号经视频放大器放大后就成为调制信号。这种检测系统的特点是在很宽的信号范围内具有正比于原始信号的输出，具有很宽的频带（$10 \sim 10^6 Hz$）和高的增益（105～106），而且噪音很小。由于镜筒中的电子束和显像管中的电子束是同步扫描，荧光屏上的亮度是根据样品上被激发出来的信号强度来调制的，而由检测器接收的信号强度随样品表面状况不同而变化，那么由信号监测系统输出的反映样品表面状态的调制信号在图像显示和记录系统中就转换成与样品表面特征一致的放大的扫描图。

（3）真空系统及电源系统

真空系统的作用是为保证电子光学系统正常工作，防止样品污染，提供高的真空度，一般情况下要求保持 $10^{-5} \sim 10^{-4} mmHg$ 的真空度。电源系统由稳压、稳流及相应的安全保护电路组成，其作用是提供扫描电镜各部分所需的电源。

5.36.2　扫描电子显微镜的应用

扫描电子显微镜是一种多功能的仪器，具有很多优越的性能，是用途最为广泛的一种仪器。它可以进行如下基本分析。

① 三维形貌的观察和分析。

② 在观察形貌的同时，进行微区的成分分析；观察纳米材料；进口材料断口的分析；直接观察大试样的原始表面；观察厚试样；观察试样的各个区域的细节；在大视场、低放大倍数下观察样品，用扫描电子显微镜观察试样的视场大；进行从高倍到低倍的连续观察，放大倍数的可变范围很宽，且不用经常对焦；观察生物试样；进行动态观察；从试样表面形貌获得多方面资料。

5.36.3　扫描电子显微镜的使用和操作

德国 Zeiss Supra55 场发射扫描电子显微镜（见图 5-60）的操作方法如下。

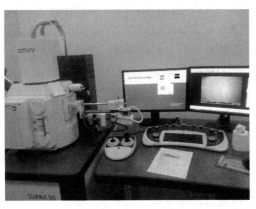

图 5-60　Zeiss Supra55 型场发射扫描电子显微镜

（1）开机步骤

冷启动步骤如下。

① 启动 UPS　打开墙上空气开关，确认 UPS 后面电池开关打开，按前面面板上 On 键至两个绿灯亮。

② 启动循环水冷机　a. 按 On 键，确认水泵 1 和制冷指示灯亮；b. 检查出水口压力在 200～300kPa。出水口压力可由压力表下方阀门调节；c. 若有报警，检查水位，按 Res 键。

③ 启动空气压缩机　确认空气压缩机上启动阀门上开关为"I"状态。检查输出气压为 5～6bar。

④ 确认主机后两个电源开关状态为 On，此时，主机前面板上红灯亮。

⑤ 按下黄键，说明：前级真空泵进入工作状态，分子泵、潘宁计和离子泵自动顺序启动。

⑥ 按下绿键。按下绿键后，电脑会自动启动，输入计算机密码。

⑦ 启动 SmartSEM 软件。

⑧ 检查真空值，等待真空就绪。注意：当 System Vacuum$<2\times10^{-3}$Pa 时，会自动打开 CIV 阀门，并启动离子泵. 当 Gun Vacuum$\leqslant5\times10^{-7}$Pa 时，可启动灯丝。若长期停机，需做烘烤；

⑨ 开启灯丝。

⑩ 开 TV，检查样品台。

⑪ 装样品。

⑫ 加高压（EHT）。

⑬ 观察样品。

（2）待机状态

① 关闭高压（EHT）。

② 关闭 SmartSEM 软件。注意：分两步，先关用户界面 User Interface，后关后台程序

EM Server。

③ 关 Windows。

④ 必要时，关能谱、EBSD。

⑤ 按下黄键，电子光学系统、样品台及检测系统电源关闭，电镜真空系统和灯丝继续工作。

（3）待机状态启动

① 按下绿键。按下绿键后，电脑会自动启动，输入计算机密码。

② 启动 SmartSEM 软件。

③ 检查真空值。

④ 换样或加高压观察样品。

（4）关机步骤

① 关高压（EHT）和灯丝。

② 关 SmartSEM 软件。注意：分两步，先关用户界面 User Interface，后关后台程序 EM Server。

③ 关 Windows。

④ 关能谱、EBSD。

⑤ 按下黄键，等待 10s 左右。等待电子光学系统、样品台及检测系统电源关闭。

⑥ 按下红键。

⑦ 关循环水冷机。

⑧ 必要时，关氮气总阀门。

⑨ 必要时，关 UPS。

⑩ 必要时，关墙上空气开关。

（5）烘烤步骤

① 确认高压（EHT）和灯丝关闭。

② 拔出高压电线。先松开四颗螺丝，拔出高压头。

③ 打开监控软件 Gun Monitor。

④ 设置监控 Gun Vacuum 和 System Vacuum 参数，时间间隔 1s。

⑤ 开始烘烤 菜单栏 Tools——go to panel——bakeout，打开 Bakeout 界面，设定加热时间 8~20h，冷却时间设为 2h，开始。

⑥ 烘烤完成 结束后检查枪真空值，一般小于 1×10^{-7} Pa。关闭 Gun Monitor。插入高压头，锁紧。

（6）换样品

① 装试样 在备用样品座上装好样品，并记录样品形状、编号和位置。注意：各样品观察点高度基本一致。确认样品不会脱落，并用吸耳球吹一下。

② 关高压。

③ 检查插入式探测器状态。

④ 打开 TV，将 EBSD 等插入式探测器拉出。

⑤ 放气 点 Vent 等待几分钟。注意：确认 Z move on vent 选上，这样，放气时样品台会自动下降。

⑥ 拉开舱门 注意：拉开舱门前，确认样品台已经降下来，周围探测器处于安全位置。

⑦ 更换样品座　注意：抓样品座时戴手套，避免碰触样品。

⑧ 关上舱门　注意：舱门上 O 圈有时会脱落，关门时勿夹到异物。

⑨ 抽真空　点击 Pump，等待真空就绪（留意 Vacuum 面板上真空状态）。

⑩ 等待过程中，可先移动样品台初步定位样品。

⑪ 换样完成　加高压，观察样品。

（7）成像初步

① 定位样品　打开 TV，移动样品台，升至工作距离约在 5～10mm 处，平移对准样品（可打开 stage navigation 帮助定位）。

② 开高压　根据检测要求和样品特性，设定加速电压。

③ 观察样品，定位观察区。

④ 全屏快速扫描（点击工具栏上）；选择 Inlens 或 SE2 探头。

⑤ 缩小放大倍数至最小，聚焦并调整亮度和对比度（Tab 键可设置粗调 Coarse 或细调 Fine）。

⑥ 读取 WD 数值；必要时升降样品台，WD 常用 5～10mm；移动样品台 X、Y，或使用 Centre Point（Ctrl＋Tab 键）定位，聚焦，放大至～5kX、再聚焦、定位。

⑦ 必要时，调光阑对中。

⑧ 选区快速扫描，Aperture 面板上，选上 Wobble，调 Aperture X 和 Y，消除图像水平晃动，完成后取消 Wobble。

⑨ 消像散　选区扫描，依次调 Stigmation X、Y 和聚焦，直到图像最清晰。

⑩ 成像

a. 进一步放大至约 50kX，并进一步聚焦和消像散。

b. 全屏扫描，调亮度和对比度，用 Beam Shift 或 Ctrl＋Tab 定位成像位置。

c. 点击 Mag 设置所需放大倍数，Scanning 面板选择消噪模式（一般用 Line Avg），选择扫描速度和 N 值（使 cycle time 在 40s 左右为宜）。

d. 确认 Freeze on＝end frame；点击 Freeze；等待扫描完成。

⑪ 存储

a. 点击鼠标中键（滚轮）或右键，弹出快捷菜单——Send to——Tiff file。

b. 设置文件夹，取文件名，设置文件名后缀，点 Save。

c. 同一样品图片再次存储，直接左键点击工具栏上相应按钮。

d. 存储结束后，点击 unfreeze，点击相应按钮快速扫描。

5.37　透射电子显微镜

5.37.1　透射电子显微镜成像原理

透射电子显微镜的成像实质是用不带有信息的电子衍射线，在通过样品时与样品发生相互作用，而当电子射线在样品另一方重新出现时，已带有相关样品的信息，然后进行放大处理，使人们能够看见并进行解释。从电子枪发射出的电子入射样品时，与样品物质原子及核外电子发生弹性散射或非弹性散射，产生很多带有样品信息的电信号，如透射电子、散射电子、二次电子等。入射电子在样品中的运动、扩散、激发作用和能量传递过程如图 5-61 所示。

人眼对光强度（振幅反差）和波长（色反差）的变化是敏感的，它能直接解释光学显微镜给出的信息，但对于电子显微镜来说却不能直接解释。目前只能把电子所带的信息转变成光强度的振幅反差形成黑白图像。电子波长无法转变成颜色，因此电子显微镜照片都是单色的。

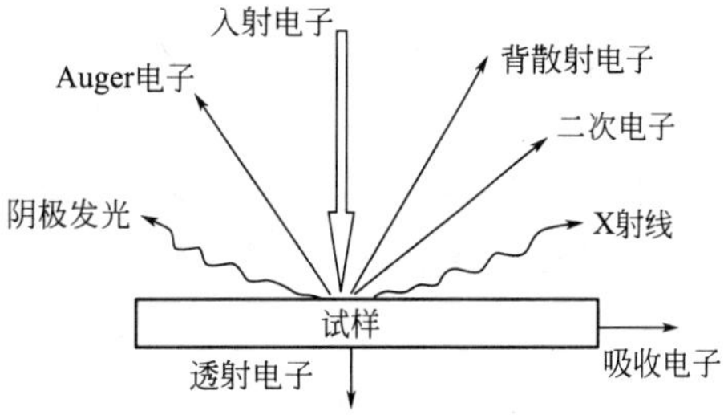

透射电子显微镜的成像原理可归纳为以下两点：

① 使用电子枪发射出了波长极短的电子波；

② 利用电磁透镜可对电子束进行聚焦、放大和成像。

图 5-61　入射电子的作用形式

5.37.2　透射电子显微镜特点

透射电子显微镜的特点是分辨率高，已接近或达到仪器的理论极限分辨率（点分辨率 0.2~0.3nm，晶格分辨率 0.1~0.2nm）；放大倍率高，变换范围大，可从几百倍到上百万倍；图像为二维结构平面图像，可以观察非常薄的样品（样品厚度为 50~70nm）；样品制备以超薄切片为主，操作比较复杂。透射电镜适用于样品内部显微结构及样品外形（状）的观察，也可进行纳米样品粒径大小的测定。

5.37.3　透射电子显微镜结构

透射电子显微镜（见图 5-62）是一种高性能的大型精密电子光学仪器，对光源、电源、真空度、机械稳定性等都有较高的要求，结构很复杂，但基本可分为三大部分，即电子光学部分、真空排气部分、电气部分。

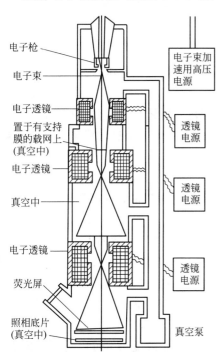

图 5-62　透射电子显微镜结构示意图

（1）透射电子显微镜电子光学部分

透射电子显微镜的电子光学部分是透射电镜的主体，由照明系统、样品室、成像放大系统（物镜、中间镜、投影镜）、观察记录系统组成。

① 照明系统　照明系统主要由电子枪和聚光镜、聚光镜消像散器、合轴线圈组成。电子枪即电镜的电子发射源，作用相当于光学显微镜的照明光源，由阴极、栅极和阳极组成。电子枪要求有足够的发射强度，电子束截面积小和束流强度可以调节，为减少色差，要求加速电压要有高的稳定度。聚光镜的作用是汇聚来自电子枪的电子束并以最小的能量损失投射到样品上，可以控制照明束斑及孔径的大小。聚光镜由聚光镜、聚光镜光阑、偏转线圈、消像散器等组成；合轴线圈装在聚光镜下部，这两组线圈是用来使经聚光镜汇聚后的电子束做倾斜或平移，最终使照明束与物镜光轴合轴。

② 样品室　样品室位于聚光镜之下，物镜之上，可以承载样品和移动样品。样品室的作用是使样品保持稳定与光轴垂直并在垂直于光轴的平面上水平移动，始终精确地保持在同

一个物面上，它装有一气锁装置，可以在不破坏镜筒真空的情况下更换样品。

③ 成像放大系统　由电子枪发射出的电子束经聚光镜会聚，照射到样品上并与样品相互作用，在样品的另一方就带有样品内部消息，此信息由物镜放大，形成第一次放大像，再经中间镜和投影镜进行多级放大，成像于荧光屏上，并可由屏下照相底板将终像记录下来。

④ 观察记录系统　观察和记录系统包括荧光板、放大镜、底片箱、照相机、控制曝光装置等。

（2）透射电子显微镜真空排气部分

电镜要求电子通道必须是真空，这个真空度的优劣是决定电镜能否正常工作的重要因素之一，真空一般是指"低于大气压的特定空间状态"。真空是用真空泵来获取的，真空泵能降低相连容器中的压力，使容器中的分子密度降低。衡量真空泵的性能有两个指标，一个是由空间向外排气的速度；另一个是空间内达到的真空度。常用的真空泵有两种，一种叫作旋转式机械泵，另一种是油扩散泵，电镜中的真空是将两种泵串接起来同时工作，共同完成的。

（3）透射电子显微镜电气部分

电镜的电路主要由五个部分组成：高压电源（用于电子束加速、灯丝加热）、透镜电源（用于各级电子透镜励磁）、偏转线圈电源（用于电子束偏转）、其他电源（用于真空系统、照相机构等）以及一套安全保护电路。电镜中使电子束加速的电源是小电流高压电源；用于聚焦与成像的励磁透镜是大电流低压电源；它们有任何波动都将引起像的变化，从而降低分辨率，因此要求它们具有很高的稳定度，高稳定的电源必须由多稳定电路取得。其他偏转线圈，消像散线圈电源也需稳定，只是要求可略低一些，可采用一级稳定电路。

5.37.4　透射电子显微镜主要技术参数

① 加速电压　加速电压的高低决定了电子束穿透样品的能力。电压越高，越能穿透更厚的样品。

② 灯丝种类　现在最常用的灯丝依然是 LaB_6，最近场发射枪电子显微镜开始普及。

③ 分辨率，又叫分辨本领　其中又分为点分辨率、线分辨率、信息分辨率等多个参数。通常我们最关心的是点分辨率。

④ 放大倍率　增加中间镜的数量，几乎可无限制地增加电子显微镜的放大倍率。但是，电子显微镜的分辨率是由加速电压、物镜球差、色差数等参量决定的，无限制地增加放大倍率只能得到一张模糊的图像。

⑤ 样品台倾转角　在研究晶体材料时，需要倾转样品，以寻找合适的电子束入射方向。转角的大小取决于样品台和物镜极靴种类。作为分析型透射电子显微镜，我们通常需要较大的倾角，在两个方向上均大于 $30°$。但是大角度倾转需较大的物镜极靴空间，而这样做要以降低分辨率为代价。因此，必须根据自己工作的要求找到一个适合的平衡点，购买适合自己工作需要的透射电子显微镜。

⑥ 其他附加设备　作为一个综合性分析仪器，透射电子显微镜除了可以进行图像观测和进行衍射分析外，还可以通过附加一些设备以增强其功能。常见的附件包括：X-ray 能谱仪、能量损失谱仪、冷冻电镜附件、扫描透射 STEM 等。

5.37.5　透射电子显微镜主要表征手段和技术

① 利用质厚衬度（又称吸收衬度）像，对样品进行一般形貌观察。

② 利用电子衍射、微区电子衍射、会聚束电子衍射物等技术对样品进行物相分析，从而确定材料的物相、晶系，甚至空间群。

③ 利用高分辨电子显微术可以直接"看"到晶体中原子或原子团在特定方向上的结构投影这一特点，确定晶体结构。

④ 利用衍衬像和高分辨电子显微像技术，观察晶体中存在的结构缺陷，确定缺陷的种类、估算缺陷密度。

⑤ 利用透射电子显微镜所附加的能量色散 X 射线谱仪或电子能量损失谱仪对样品的微区元素成分进行分析。

⑥ 利用带有扫描附件和能量色散 X 射线谱仪的透射电子显微镜，或者利用带有图像过滤器的透射电子显微镜，对样品中的元素分布进行分析，确定样品中是否有成分偏析。

5.37.6　透射电子显微镜的使用和操作

以日本电子 JEOL-2100 型透射电子显微镜（见图 5-63）为例，简要介绍其操作流程。

（1）操作步骤

① 加液氮　在冷阱中加入液氮，第一次加满后盖上盖子 5min 后液氮会喷出，再加一次。仪器运行中，隔 4h 要加一次。一旦加了液氮，晚上不使用时必须烘烤冷阱。

② 升高压

a. 点 HT ON，电压自动升到 120kV；

b. 程序升高电压，Target HT 160kV，间隔 0.1kV，1s，约 6.7min，点 START；

c. 程序升高电压，Target HT 180kV，间隔 0.1kV，2s，约 13.4min，点 START；

d. 程序升高电压，Target HT 200kV，间隔 0.1kV，3s，约 20.1min，点 START；

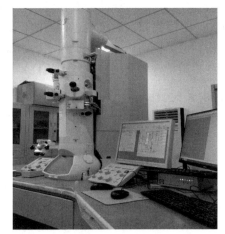

图 5-63　日本电子 JEOL-2100 型
透射电子显微镜

③ 放样品　样品杆中放入待观察样品，单倾杆是铜网正面向上，双倾杆是铜网反面向上。在软件上选择合适的样品杆名称，放样品杆可与升高电压过程同时进行。

④ 开灯丝　电脑屏幕上显示 HT ON，Filament ready 状态下，点击 Filament ON，开始观察。在使用过程中需时刻观察离子泵的真空度是否正常。

（2）样品制备

样品一般分散在水或乙醇中，取少量滴在碳膜铜网上，根据样品的需求在控温台灯下进行烘干，湿的样品不可以进样。

（3）样品杆的拔出和插入

① 样品杆拔出　a. 注意复位；b. 拔样品杆：拔出样品杆至拔不动时，逆时针转动样品杆，微拔，再逆时针转动样品杆至转不动为止，放下放气开关，手握样品杆，等待弹出。

② 样品杆插入　插入样品杆至推不动，阀门响一声，将抽气开关拔上，此时黄灯亮，听到"咕噜声"后手再放开，等待绿灯指示灯亮后再等待 5～10min，然后将样品杆顺时针转动，缓推进，再顺时针转动（比第一次转动角度大），样品杆会被吸进。待 SIP 气压表指针＜4×10^{-5}Pa 时（已稳定），点击灯丝电流"On"即可观察样品。

5.38 原子力显微镜

5.38.1 基本原理

原子力显微镜（Atomic Force Microscope，AFM）利用微悬臂感受和放大悬臂上尖细探针与受测样品原子之间的作用力，从而达到检测的目的，具有原子级的分辨率。由于原子力显微镜既可以观察导体，也可以观察非导体，从而弥补了扫描隧道显微镜的不足。原子力显微镜是由 IBM 公司苏黎世研究中心的格尔德·宾宁于 1985 年发明的，其目的是使非导体也可以采用类似扫描探针显微镜（SPM）的方法观测。原子力显微镜与扫描隧道显微镜最大的差别是原子力显微镜不利用电子隧穿效应，而是检测原子之间的接触、原子键合、范德华力或卡西米尔效应等来呈现样品的表面特性。

原子力显微镜的基本原理是：将一个对微弱力极敏感的微悬臂一端固定，另一端有一微小的针尖，针尖与样品表面轻轻接触，由于针尖尖端原子与样品表面原子间存在极微弱的排斥力，通过在扫描时控制这种力的恒定，带有针尖的微悬臂将对应于针尖与样品表面原子间作用力的等位面而在垂直于样品的表面方向起伏运动。利用光学检测法或隧道电流检测法，可测得微悬臂对应于扫描各点的位置变化，从而获得样品表面形貌的信息。

5.38.2 工作模式

原子力显微镜的工作模式是以针尖与样品之间的作用力的形式来分类的。主要有以下 3 种操作模式：接触模式（contact mode）、非接触模式（non-contact mode）和敲击模式（tapping mode）。

① 接触模式　从概念上理解，接触模式是 AFM 最直接的成像模式。AFM 在整个扫描成像过程之中，探针针尖始终与样品表面保持紧密的接触，而相互作用力是排斥力。扫描时，悬臂施加在针尖上的力有可能破坏试样的表面结构，因此力的大小范围在 $10^{-10} \sim 10^{-6} \mathrm{N}$。若样品表面柔嫩不能承受这样的力，便不宜选用接触模式对样品表面进行成像。

② 非接触模式　非接触模式探测试样表面时悬臂在距离试样表面上方 $5 \sim 10 \mathrm{nm}$ 的距离处振荡。这时，样品与针尖之间的相互作用由范德华力控制，通常为 $10^{-12} \mathrm{N}$，样品不会被破坏，而且针尖也不会被污染，特别适合于研究柔嫩物体的表面。这种操作模式的不利之处在于要在室温大气环境下实现这种模式十分困难，因为样品表面不可避免地会积聚薄薄的一层水，它会在样品与针尖之间搭起一个小小的毛细桥，将针尖与表面吸在一起，从而增加尖端对表面的压力。

③ 敲击模式　敲击模式介于接触模式和非接触模式之间，是一个杂化的概念。悬臂在试样表面上方以其共振频率振荡，针尖仅仅是周期性地短暂接触或敲击样品表面。这就意味着针尖接触样品时产生的侧向力被明显减小了。因此当检测柔嫩的样品时，AFM 的敲击模式是最好的选择之一。一旦 AFM 开始对样品进行成像扫描，装置随即将有关数据输入系统，如表面粗糙度、平均高度、峰谷峰顶之间的最大距离等，用于物体表面分析。同时，AFM 还可以完成力的测量工作，通过测量悬臂的弯曲程度来确定针尖与样品之间的作用力大小。

5.38.3 NS3A＋型原子力显微镜的使用

① 开电源插座；

② 打开电脑和两个显示器；

③ 打开 SPM 电控柜（SPM Controller）；

④ 打开 XY 样品台控制器（XY-Stage Controller）；

⑤ 打开白光光源（Light Source）（右侧显示器后面）；

⑥ 打开 XEC 视频软件；

⑦ 打开 XEP 软件；

⑧ 调整 XY 光学镜，并调节光学焦距，找到探头。在 X-Y Stage 显示器上显示出探针；

⑨ 打开激光光源，调整光束的 XY 向，使之垂直照射在悬梁的探针前端；

⑩ 调整反射镜，使 Monitor Box 窗口中的红点落在 PSPD 中心，并且使 $A+B>2V$，$A-B<500mV$；

⑪ 将样品水平移动至探针下方，尽量在光斑最下方；

⑫ 激光定位和样品放好后，按下 Laser 图标。Head mode 选 NC-AFM。XY voltage mode 选 low，$1\mu m$ 以上选 high。Z voltage mode 较平选 low 否则选 high。Z scanner range 无需改变；

⑬ 放好样品后，先调光学焦点，通过 Focus Stage 先找到探针，在向下调焦距，看清样品就停止，记录探针和工件的大体位置。再调整光学焦距，使焦点上移。上下移动探针，使探针逼近工件，但不要移至光学焦点上方，否者可能会撞针；

⑭ 多次反复进行操作⑬，使探针在样品 $100\sim200\mu m$ 高度后，需再次确认 $A+B$，$A-B$，有偏差需调整，无误后，继续使探针逼近至工件上方 $100\mu m$。按 Approach 钮，自动逼近。直到 Z scanner 图标一半蓝色一半白色为止。如果不是，重新抬起针尖，调整 Setpoint 后再次逼近；

⑮ 逼近完成后，输入扫描区域大小，一般为 $5\mu m$；

⑯ 调整扫描频率（Scan Rate），这个频率意味着在 1s 内，X-Y 扫描器在 fast scan 方向中，来回移动了多少次；

⑰ 调整 Z 轴伺服增益（Z Servo Gain），使振动曲线的轮廓吻合；有必要时可以微调 setpoint 值；

⑱ 扫描控制窗口（Scan Control）的说明

Repeat　重复的扫描获取连续的图像；

Two way　二选一的改变"low scan"方向；

XY　选择 X 或 Y 向的"fast scan"；

Slope　通过软件纠正扫描表面的倾斜度；

Scan OFF　停止 XY 扫描器的移动但是同时保持 Z 轴扫描器的反馈；

Offset XY　调整 XY 轴扫描器的中心位置偏移量；

Rotation　旋转扫描方向；

Z Servo　如果这个选项没有被选中，那么 Z 轴扫描器的反馈就停止；

Z Servo Gain　Z 伺服系统反馈增益；

Set Point　接触模式下，显示探针上的接触压力；非接触模式下，显示探针逼近样品时候的工作振幅；

Tip Bias　探针上外加电压；

Sample Bias　样品上外加电压；

⑲ 调整倾斜度，使线的轨迹在 X 轴和 Y 轴上成水平，然后按下 image 按钮开始测量；

⑳ 如果"automatic image storing"图标按下那么测量的数据将被自动保存到下面的"buffer"窗口和设定好的文件夹里；

㉑ 使用 XEI 程序，分析图像；

㉒ 使用完毕，抬升探针，关闭激光光源，关闭白光光源；

㉓ 关闭 XEC 视频软件和 XEP 软件；

㉔ 关闭 SPM 电控柜和 XY 样品台控制器；

㉕ 关闭电脑，关闭电源插排。

5.38.4 注意事项

① 使用仪器前要经过使用培训，得到使用许可后方可独立操作本仪器。

② 手动调节样品底座向针尖趋近时，一定要慢慢趋近，不得回调，并保证趋近和退离针尖时松开蝴蝶螺母。

③ 操作时，手要稳，动作要轻，要细心仔细。

5.39 全自动气体吸附仪

颗料和粉末材料特别是超细粉和纳米粉体材料的表面特性通常用两个指标来表征，一个是比表面积，即单位质量粉体的总表面积；另一个是孔径分布，即粉体表面孔体积随孔尺寸的变化。研究级超高性能全自动气体吸附仪 Micromeritics ASAP 2020HD88 是一种利用气体物理吸附法来分析测试粉体材料比表面积和孔径分布的仪器，它可以进行微孔分析，用于探测孔隙结构和表面能量特性的精微细节，并已广泛应用于金属有机骨架材料、分子筛、活性炭、催化剂等领域内材料的尖端研究。

5.39.1 基本原理

材料真正的表面面积包括表面的不规则和孔洞的内部，它不能从颗粒大小的信息中计算而来，而是在原子的级别上通过吸附某种不活动的或惰性的气体（通常是氮气）来确定。吸附（adsorption）是物质在两相界面上浓集的现象，它是由吸附质和吸附剂分子间作用力所引起，即范德华力。吸附的量，不仅仅是一个暴露表面的总量的函数，还是温度、气体压力、以及气体和固体之间发生反应的强度的函数。由于多数气体和固体之间相互作用微弱，必须要使表面得到充分的冷却使其发生相当的吸附，因此测试过程通常在低温（77K）下进行。

气体吸附法测定比表面积原理，是利用静态容量法，在一定的压力下，被测样品颗粒（吸附剂）表面在低温下对气体分子（吸附质）具有一定的吸附，存在确定的平衡吸附量，通过测定出该平衡吸附量，获得被吸附气体的体积与相对饱和平衡气压之间的实验曲线，即等温吸附曲线。等温吸附曲线是对吸附现象以及固体的表面与孔进行研究的基本数据，对其进行转换，就可以得到累积的或微分孔径分布图，可从中研究表面与孔的性质，利用吸附质的密度，就可以计算出其所占的体积，相应地可以计算出样品的总孔体积。再利用各种理论模型来等效求出被测样品的比表面积。由于实际颗粒外表面的不规则性，严格来讲，该方法测定的是吸附质分子所能到达的颗粒外表面和内部通孔总表面积之和。将吸附过程逆向操作，从体系中逐步减少气体量，也可以得到脱附等温线。由于吸附和脱附机理不同，吸附和脱附等温线很少能够重叠，等温线的迟滞现象与固体颗粒的孔形有关。

5.39.2　等温线类型

国际纯粹与应用化学联合会（IUPAC）提出的物理吸附等温线分为以下六种（见图 5-64）。

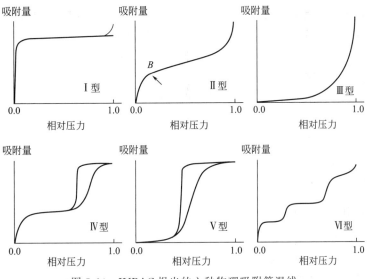

图 5-64　IUPAC 提出的六种物理吸附等温线

Ⅰ型等温线的特点是在低相对压力区域，气体吸附量有一个快速增长。这是由于发生了微孔填充过程。随后的水平或近水平平台表明，微孔已经充满，没有或几乎没有进一步的吸附发生。达到饱和压力时，可能出现吸附质凝聚。外表面相对较小的微孔固体，如活性炭、分子筛沸石和某些多孔氧化物，表现出这种等温线。

Ⅱ型等温线一般由非孔或宏孔固体产生。B 点通常被作为单层吸附容量结束的标志。

Ⅲ型等温线以向相对压力轴凸出为特征。这种等温线在非孔或宏孔固体上发生弱的气-固相互作用时出现，而且不常见。

Ⅳ型等温线由介孔固体产生。一个典型特征是等温线的吸附分支与等温线的脱附分支不一致，可以观察到迟滞回线。在 p/p_0 值更高的区域可观察到一个平台，有时以等温线的最终转而向上结束。

Ⅴ型等温线的特征是向相对压力轴凸起。与Ⅲ型等温线不同，在更高相对压力下存在一个拐点。Ⅴ型等温线来源于微孔和介孔固体上的弱气-固相互作用，微孔材料的水蒸气吸附常见此类线型。

Ⅵ型等温线以其吸附过程的台阶状特性而著称。这些台阶来源于均匀非孔表面的依次多层吸附。液氮温度下的氮气吸附不能获得这种等温线的完整形式，而液氩下的氩气吸附则可以实现。

5.39.3　比表面积的测定与计算

吸附温度 T 一定时，描述吸附平衡条件下 V 与 p 的关系方程主要有三个：Langmuir 方程、BET 方程和 Freundlich 方程。Langmuir 等温方程描述单层吸附平衡体系下的 V 与 p 的关系，BET 方程描述多层吸附平衡体系下的 V 与 p 的关系。利用这两种关系可以分别得到 Langmuir 比表面积和 BET 比表面积。

（1）Langmuir 吸附等温方程

建立 Langmuir 等温方程的模型条件：

① 吸附剂表面是理想的、均匀的，各吸附中心的能量相同；

② 吸附粒子之间无相互作用力或可忽略；

③ 吸附粒子只有碰撞于空的吸附位上才可被吸附。一个吸附粒子只占据一个吸附中心（这一条件意味着化学反应动力学中所述的质量作用定律适用于吸附体系，被称之为表面质量作用定律）；

④ 吸附是单层的、定位的；

⑤ 当吸附速率与脱附速率相等，吸附达到平衡。

Langmuir 等温方程：

吸附速率：$r_a = k_a p(1-\theta)$

脱附速率：$r_d = k_d \theta$

吸附平衡时：$k_d \theta = k_a p(1-\theta)$

$\dfrac{\theta}{1-\theta} = Kp$，其中 $K = k_a/k_d$

得到 $\theta = \dfrac{Kp}{1+Kp}$　　$V = \dfrac{V_m Kp}{1+Kp}$

式中，V 为气体吸附质的吸附量；V_m 为单分子层饱和吸附容量，$mol \cdot g^{-1}$；p 为气体的分压；K 为吸附平衡常数或吸附系数；k_a 为吸附速率常数；k_d 为脱附速率常数；$\theta = V/V_m$，为吸附剂表面被气体分子覆盖的分数，即覆盖度。

整理可得　　　　　　　　　　　$p/V = p/V_m + 1/KV_m$

以 p/V-p 作图，可以得到理想表面上等温吸附过程中吸附量和压力的函数关系。

吸附很弱或 p 很低时，$Kp \ll 1$，$V = V_m Kp$，吸附量与吸附质的压力成正比，在 Langmuir 等温线的开始阶段接近一条直线，根据斜率和截距，可以求出 K 和 V_m 值（斜率的倒数为 V_m）；

当吸附很强或 p 很高时，$Kp \gg 1$，$V = V_m$，相当于材料的活性位全部被覆盖，达到饱和吸附，在吸附等温线末端趋近一水平线。

吸附剂具有的比表面积为：

$$S_{Langmuir} = V_m A \sigma_m$$

式中，A 为 Avogadro 常数，$6.023 \times 10^{23} \cdot mol^{-1}$；$\sigma_m$ 为一个吸附质分子的截面积，N_2 的截面积为 $16.2 \times 10^{-20} m^2$，即每个氮气分子在吸附剂表面上所占面积。

（2）BET 吸附等温方程

BET 方程是在 Langmuir 吸附理论基础上发展建立、适用于物理吸附的模型，BET 理论认为物理吸附可分多层方式进行，且不等表面第一层吸满，在第一层之上发生第二层吸附，第二层上发生第三层吸附，……，吸附平衡时，各层均达到各自的吸附平衡。这个理论适用于化学性质均匀的表面，表面吸附相互作用比吸附质分子间的相互作用力强。

建立 BET 等温方程的两个假设：

① 第一层的吸附热 Q_1 是常数；

② 第二层及以后各层的吸附热都相同，而且等于液化热 Q_L。

以 S_0，S_1，S_2，S_3，…，S_i 分别表示被 0，1，2，…，i 层分子所覆盖的面积，由分

子运动论得，第一层情况：

　　吸附速率＝$a_1 p S_0$

　　脱附速率＝$b_1 S_1 \exp(-Q_1/RT)$

　　Boltzman 定律如果一个分子被吸附时放热 Q_1，则被吸附分子中具有 Q_1 以上的能量的分子就能离开表面而跃回气相。根据即在 S_1 上的吸附速度等于从 S_2 上的脱附速度。

　　第 i 层为：$a_i p S_{i-1} = b_i S_i \exp(-Q_L/RT)$

　　吸附剂的总面积：$S = S_0 + S_1 + S_2 + \cdots + S_i + \cdots = \sum\limits_{i=0}^{\infty} S_i$

　　相应地，被吸附气体的总体积为

$$V = V_0(S_1 + 2S_2 + \cdots + iS_i + \cdots) = V_0 \sum_{i=0}^{\infty} iS_{i'}$$

　　V_0 是 1cm^2 表面上覆盖单分子层时所需气体的体积，所以：

$$\frac{V}{S} = V_0 \sum_{i=1}^{\infty} iS_i \Big/ \sum_{i=0}^{\infty} iS_i$$

　　因为整个表面覆盖单分子层时的吸附量为 V_m，即 $V_m = SV_0$，于是有：

$$\theta = \frac{V}{V_m} = \frac{V}{SV_0} = \sum_{i=1}^{\infty} iS_i \Big/ \sum_{i=0}^{\infty} iS_i$$

　　此时 θ 可以大于 1。

　　由于 $S_1 = \dfrac{a_1 p S_0}{b_1 \exp(-Q_1/RT)}$

　　令 $y = \left(\dfrac{a_1}{b_1}\right) p \exp(Q_1/RT)$，可简化为 $S_1 = yS_0$

　　令 $x = \left(\dfrac{a_2}{b_2}\right) p \exp(Q_2/RT) = \left(\dfrac{p}{g}\right) \exp(Q_L/RT)$，可简化为 $S_2 = xS_1$

　　同理：$S_3 = xS_2 = x^2 S_1$

　　　　　$\cdots\cdots$

　　　　　$S_i = x^{i-1} S_1$

　　得到 $S_i = yx^{i-1} S_0 = cx^i S_0$，其中 $C = \dfrac{y}{x} = \left(\dfrac{a_1}{b_1}\right) g \exp\left(\dfrac{Q_1 - Q_L}{RT}\right)$

　　于是 $S = \sum\limits_{i=0}^{\infty} S_i = S_0 + S_1 + S_2 + \cdots + S_i + \cdots = S_0 + \sum\limits_{i=1}^{\infty} S_i$

$$= S_0 + \sum_{i=1}^{\infty} Cx^i \cdot S_0 = S_0\left(1 + C\sum_{i=1}^{\infty} x^i\right)$$

　　所以 $\dfrac{V}{V_m} = \dfrac{C\sum\limits_{i=1}^{\infty} ix^i}{1 + C\sum\limits_{i=1}^{\infty} ix^i}$

　　因为 $\sum\limits_{i=1}^{\infty} ix^i = x\dfrac{d}{dx}\sum\limits_{i=1}^{\infty} x^i = \dfrac{x}{(1-x)^2}$

　　所以 $\dfrac{V}{V_m} = \dfrac{Cx}{(1-x)(1-x+Cx)}$

因为原假设在固体表面上的吸附层可以无限多，所以吸附量不受限制。只有当压力等于凝结液的饱和蒸气压（即 $p=p_0$）时，才能使 $V\rightarrow\infty$。从上式可知，只有 $x=1$，$V\rightarrow\infty$。

因为：$x=\left(\dfrac{p}{g}\right)\exp(Q_L/RT)$，所以将上述关系代入 x 得：$1=\left(\dfrac{p_0}{g}\right)\exp(Q_L/RT)$

这说明 x 就是相对压力（即 $x=p/p_0$），将 $x=p/p_0$ 代入，得到：

$$V=\frac{V_m C_p}{(p_0-p)\left[1+(C-1)p/p_0\right]}$$

这就是著名的 BET 二常数公式。

式中，V_m 是单分子层饱和吸附量，$mL\cdot g^{-1}$；C 是常数。

为便于验证，可改写为

$$\frac{p}{V(p_0-p)}=\frac{1}{CV_m}+\frac{C-1}{CV_m}\cdot\frac{p}{p_0}$$

根据实验数据用 $p/V(p_0-p)$ 对 P_0 作图，若得直线，则说明该吸附规律符合 BET 公式，且通过直线的斜率 $(C-1)/V_m C$ 和截距 $1/V_m C$ 可计算出二常数 V_m 和 C，$V_m=1/$（截距＋斜率）。

吸附剂具有的比表面积为：$S_{BET}=V_m\cdot A\cdot\sigma_m$

式中，A 为 Avogadro 常数（$6.023\times10^{23}\cdot mol^{-1}$）；$\sigma_m$ 为一个吸附质分子截面积（N_2 的截面积为 $16.2\times10^{-20}\,m^2$），即每个氮气分子在吸附剂表面上所占面积。

（3）Freundlich 吸附等温方程

大多数系统都不能在比较宽广的 θ 范围内符合 Langmuir 等温式，因此后来人们又提出了 Freundlich 吸附等温方程。Freundlich 吸附等温方程适用情况为：在低压范围内压力与吸附量呈线性关系，随压力增高，曲线渐渐弯曲的模型。Freundlich 等温式只是一个经验公式，它适用的 θ 范围，一般来说比 Langmuir 等温式要大一些。

Freundlich 等温式的特点是它没有饱和吸附值，广泛地应用于物理吸附、化学吸附，也可以用于溶液吸附。

Freundlich 归纳相关实验的结果，得到一个经验公式

$$q=kp^{\frac{1}{n}}$$

式中，q 为单位质量固体吸附气体的量，$cm^3\cdot g^{-1}$；k 和 n 是和温度相关的常数。

若吸附剂的质量为 m，吸附气体质量为 x，则吸附等温式也可以表示为

$$\frac{x}{m}=k'p^{\frac{1}{n}}$$

如对等温式取对数，则中以得到直线式

$$\lg q=\lg k+\frac{1}{n}\lg p$$

5.39.4　孔径分布的测定

用氮气吸附法测定中微孔孔径分布是比较成熟而被广泛采用的方法，它是用氮吸附法测定 BET 比表面积的一种延伸，都是利用氮气的等温吸附特性曲线：在液氮温度下，氮气在固体表面的吸附量取决于氮气的相对压力（p/p_0），此时，p 为氮气分压，p_0 为液氮温度下氮气的饱和蒸气压；当 p/p_0 在 $0.05\sim0.35$ 范围内时，样品吸附特性符合 BET 方程；当 $p/p_0\geqslant0.4$ 时，由于产生毛细凝聚现象，即氮气开始在颗粒孔隙中发生凝聚，通过实验和

理论分析，可以测定孔容、孔径分布。

利用氮吸附法测定孔径分布，采用的是体积等效代换的原理，即以孔中充满的液氮量等效为孔的体积。由毛细凝聚现象可知，在不同的 p/p_0 下，能够发生毛细凝聚现象的孔径范围是不一样的。当 p/p_0 值增大时，能发生凝聚现象的孔半径也随之越大，对应于一定的 p/p_0 值，存在一临界孔半径 r_k，半径小于 r_k 的所有孔都发生毛细凝聚，液氮在其中填充，大于 r_k 的孔都不会发生毛细凝聚，液氮不会在其中填充。临界半径可由凯尔文方程给出：

$$\ln\left(\frac{p}{p_0}\right)=\frac{2\sigma_m V_m}{RTr_k}$$

式中，r_k 称为凯尔文半径，它完全取决于相对压力 p/p_0，即在某一 p/p_0 下，开始产生凝聚现象的孔半径为一确定值，当压力低于这一值时，半径大于 r_k 的孔中的凝聚液将气化并脱附出来。

5.39.5　操作过程

如图 5-65 所示为 Micromeritics ASAP 2020HD88 全自动气体吸附仪，操作过程如下。

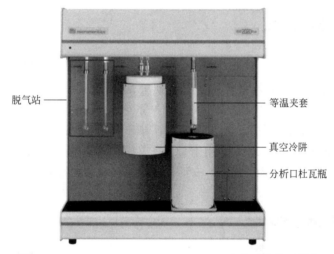

图 5-65　Micromeritics ASAP 2020HD88 全自动气体吸附仪

① 称量空样品管的质量 m_1（空管＋密封塞）。将样品装入样品管中（粉末样品用漏斗送至样品管底部，以免样品沾在管壁上），称重 m_2（空管＋密封塞＋样品）。

② 将样品管安装到脱气站口，在样品管底部套上加热包，再用金属夹套将加热包固定好等待脱气处理。根据样品所含溶剂及热稳定性，加热抽真空保持数小时以除去所含溶剂分子。点击 "File"→"Open"→"Sample Information"，"File name" 中输入 "14051601.SMP"（140516 代表日期，01 代表当日所测的第几个样品，.SMP 文件格式）→"OK"（提示这个文件不存在，是否创建）→"Yes"→"Replace All"（根据样品测试要求选择合适的模板文件，双击进行替换）点击 "Save"→"Close"。点击 "Unit1"→"Start Degas"→"Browse"，双击所建的文件，点击 "Start"，开始脱气（脱气程序与所选模板一致，可在 Degas Conditions 修改）。

③ 脱气处理后等待样品管恢复到室温，缓慢把等温夹套滑下，样品管称重 m_3，m_3 减去 m_1 即为样品脱气后真实质量。移动 P_0 管使其靠近样品管，用海绵盖封进行固定，杜瓦瓶内装入合适高度的液氮，一手托住底部，一手扶着杜瓦瓶小心放在升降电梯上，等待分析。

④ 点击 "Unit1"→"Sample Analysis"，点击 "Browse"，选中所建文件，点击 "OK"，

输入样品质量，检查所输入的分析条件等信息，无误后点击"Start"，开始分析。

⑤ 点击"Reports"→"Start Reports"，双击选择所建立的新文件，即可查看实验报告；点击"Save as"，可将文件另存为 Excel 表格（.xls）格式。

5.39.6　注意事项

① 开机前确认气体钢瓶出口压力为 0.1～0.15MPa，过高会损坏电磁阀。

② 开机时（无论脱气、测试阶段）必须保证真空冷阱的杜瓦瓶中有液氮。微孔材料全孔分析时间约为 40h，当时间更长时，分析口处杜瓦瓶内需补加液氮。

③ 称量时样品管卡在泡沫坐垫中间，保持垂直，样品管底部悬空。

④ 将样品管安装到脱气站口时，用手卡在样品管中上部，防止金属螺帽突然掉落砸碎样品管；O 圈位置与单向塞中 O 圈位置一致（先装螺帽后装 O 圈），旋紧螺帽时，保持样品管和脱气站口垂直，拧螺帽时不可太用力，防止样品管碎裂。

⑤ 将样品管装到分析站口时，一定不能忘记加等温夹套。

⑥ 杜瓦瓶放在升降电梯上一定要卡在槽里、放平；升降电梯下禁止放置任何物品。

5.40　高压气体吸附仪

PCTPro（见图 5-66）是一台全自动的 siverts 型高压气体吸、脱附分析仪，它是由美国 Sandia 国家实验室专门从事高压气体吸附材料研究的 Karl J. Gross 教授开发，可在真空至超高压（200bar）范围内工作，配备多种体积进气系统、双量程压力传感器及 15 套全自动程序，可灵活应对体系测试前准备、样品预处理，实现气体压力-组分等温线（PCT 或 PCI）、动力学、循环寿命的全自动测试。特别适用于 CCS（碳捕获与封存），甲烷吸附、氢吸附的测量，页岩气和多孔材料吸附性能的表征研究，有助于能源与环境领域的研究和开发。

图 5-66　PCTPro 高压气体吸附仪（法国 Setaram）

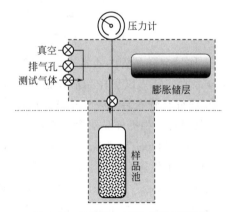

图 5-67　PCTPro 工作原理示意图

5.40.1　基本原理

测定气体吸附量有两种方法：容量法和重量法。而 PCT 则是采用容量法测定气体吸附量，其原理是根据气体容积和压力的关系进行测量（图 5-67），即理想气体状态方程。已知压力及体积的样品体系通过隔离阀与同样已知压力及体积的蓄气体系相连，打开隔离阀可建立新的平衡态，测量平衡态的压力 p_f，通过测量实际气压（p_f）的差值和计算零吸附压力（p_c）来确定气体的吸附量。

对于已知压力及体积的样品体系和蓄气体系，其气体含量表达式分别为：

$$n_s = p_s V_s / RT \quad 和 \quad n_r = p_r V_r / RT$$

打开隔离阀后建立新的平衡态，测得 P_f，即

$$n_r + n_s = (p_r V_r + p_s V_s)/RT = p_f(V_r + V_s)/RT$$

$$(p_r V_r + p_s V_s)/RT - p_f(V_r + V_s)/RT = 0$$

若样品池中存在气体吸附材料时，由于材料对气体的吸附（Δn）导致平衡压力下降，建立新的平衡时，测得 p_f，

$$\Delta n = p_f(V_r + V_s)/RT - (p_r V_r + p_s V_s)/RT$$

5.40.2　操作过程

① 开启仪器　依次开启钢瓶气动阀，真空泵，仪器开关，PCT 相关软件。

② 装样　将样品管用扳手固定，并将温度传感器插在样品管相应位置。

③ 标定体积　打开氦气钢瓶阀，单击主控窗口过程下拉菜单中的 calibrate volume，设置相应的吸、脱附时间与次数，然后点击 continue，测试开始。

④ 气体吸附测试　根据不同测试要求，在主控窗口下拉菜单中进行选择。

a. 动力学测试：非平衡态测试

　　　　　测定动力学常数及吸附容量

b. 压力-组分等温线（PCT 或 PCI）：理想平衡态测量

　　　　　组成与温度、压力关系测定

　　　　　获得热力学性质

c. 循环寿命测试：循环 PCT 及寿命测试

　　　　　吸附及解析测试

　　　　　测定循环吸附、解析及杂质的影响

以动力学测定（吸附与脱附）中的脱附为例：在主控窗口下拉菜单中选择 measure kinetic，将选择挡切换到 desorption，输入测试体积，同时设置起始压力值，进入下一界面输入测试信息，包括（样品名、样品质量、tank 体积、加热温度等），点击 continue，开始测试。

5.40.3　注意事项

① 开机前确认气体钢瓶出口压力在合适范围：气动阀控制气体 N_2 小于 0.5MPa；He 小于 0.3MPa。

② 连接 VCR 接头，需放入垫圈，使用专用扳手拧不超过 40°，不可太用力，并仔细检查螺纹。

③ 避免仪器所在房间可燃气体泄漏，由于仪器配置可燃气体探测器，对可燃气体非常灵敏，使用过程中，即使少量可燃气体都可能使仪器中断测试报警。

5.41　氧弹式量热计

（1）原理

已知质量的可燃物放在充以 1.7～3.0MPa 氧气的氧弹中进行燃烧，物质燃烧时所释放

的热量经氧弹传递给周围的介质（水），在搅拌器搅拌下使水温均匀一致。用高精度的贝克曼温度计测出水的温升值 ΔT。根据已知基准物质的燃烧热可计算出量热计的恒容热容 C_V，则可算出未知物的恒容燃烧热。图 5-68 是氧弹的结构示意图。

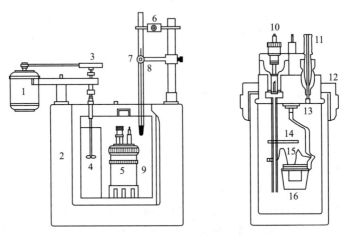

图 5-68　氧弹结构示意图

1—电机；2—空气绝热层；3—搅拌器；4,14—挡板；5—氧弹；6—振动器；7—放大镜；8—贝克曼温度计；
9—不锈钢桶；10—充气口；11—放气口；12—氧弹盖；13—电极；15—点火丝；16—燃烧池

（2）操作步骤

① 将量热计用干布擦净　在内筒内用容量瓶准确量取 3000mL 水。

② 调节贝克曼温度计　使数字贝克曼温度计处于备用状态。

③ 压片　用压片机将样品压片（样品不可压得太紧或太松），样品压好后，准确称重。

④ 接点火丝　将点火丝（如铁丝）在电子天平上准确称重后，把点火丝绕在 $\phi 2mm$ 的圆棒上，绕 3～4 圈，成螺旋状。燃烧池放在电极架上，样品放在燃烧池中。将点火丝的两头用镊子、起子固定在两电极上，此时必须注意，点火丝必须与样品接触，但不可与燃烧池接触，否则容易造成点火失败。

⑤ 充气　将氧弹中充入 1.7～3.0MPa 的氧气（氧弹设计承受压力为 20.3MPa）。在充气时须将氧弹内空气赶净。

⑥ 将氧弹用铁钩勾放至卡计内、插入温度计探头，注意探头与氧弹和内筒壁不能接触，接通电源，开启搅拌计时开关。

⑦ 根据要求，每隔一定时间记录体系温度一次。

⑧ 拨动点火开关点火，这时，体系温度迅速上升，要集中精力观察温度的变化，并做好记录。

⑨ 实验完毕后，关掉总电源，勾出氧弹。氧弹放出余气后，打开氧弹盖，检查燃烧完全情况。将氧弹卡计擦干净后，晾干。

5.42　差示扫描量热仪

5.42.1　差示扫描量热法基本原理

材料在受到外环境的热作用时，会产生内部热转变相关的温度、热流的变化。差示扫描量热法（differential scanning calorimetry，DSC）技术就是测试这类变化的一种新型测试分析技术。将微量样品处于设定的温度程序（升/降/恒温）控制下，观察样品端和参比端的热流功率差随温度或时间的变化过程，以此获取样品在温度程序过程中的吸热、放热、比热变化等相关热效应信息，计算热效应的吸放热量（热焓）与特征温度（起始点、峰值、终止点等）。测试过程中试样产生的热效应能及时得到应有的补偿，使得试样与参比物之间无温差、无热交换，试样升温速度始终跟随炉温线性升温，保证了校正系数 K 值恒定。测量灵敏度和精度大有提高。

DSC 方法广泛应用于无机材料、金属材料、高分子材料、复合材料、生物有机体塑料以及医药、食品等各类领域，可以研究材料的熔融与结晶过程、玻璃化转变、相转变、液晶转变、固化、氧化稳定性、反应温度与反应热焓，测定物质的比热、纯度，研究混合物各组分的相容性，计算结晶度、反应动力学参数等。

（1）DSC 的基本原理图

如图 5-69 所示，样品坩埚装有样品，与参比坩埚（通常为空坩埚）一起置于传感器盘上，两者之间保持热对称，在一个均匀的炉体内按照一定的温度程序（线性升温、降温、恒温及其组合）进行测试，并使用一对热电偶（参比热电偶，样品热电偶）连续测量两者之间的温差信号。由于炉体向样品/参比的加热过程满足傅里叶热传导方程，两端的加热热流差与温差信号成比例关系，因此通过热流校正，可将原始的温差信号转换为热流差信号，并对时间/温度连续作图，得到 DSC 图谱。

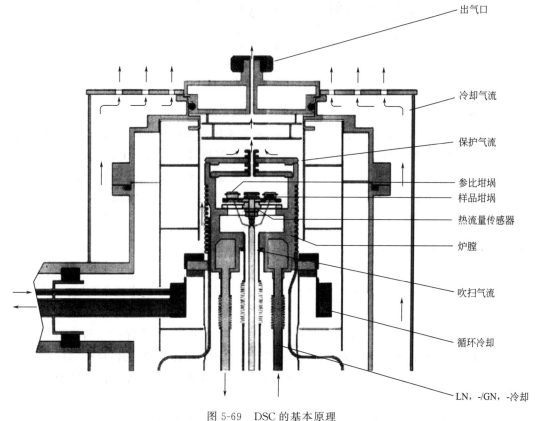

图 5-69　DSC 的基本原理

由于两个坩埚的热对称关系，在样品未发生热效应的情况下，参比端与样品端的信号差接近于零，在图谱上得到的是一条近似的水平线，称为"基线"。实际测试过程中由于热对称性差异和样品端与参比端的热容差异会导致实测基线存在一定的起伏，这一现象称为"基线漂移"。

（2）DSC 的结构解析

从图 5-70 中可以看到保护气（protective gas）和吹扫气（purge gas），其中保护气通常使用惰性的 N_2，在炉体外围通过，能够起到保护加热体、延长使用寿命以及防止炉体外围在低温下结霜的作用。仪器允许同时连接两种不同的吹扫气类型，并根据需要在测量过程中自动切换或相互混合。常规的接法是其中一路连接 N_2 作为惰性吹扫气氛，应用于常规测试；另一路连接空气或 O_2，作为氧化性气氛使用。在气体控制附件方面，可以配备传统的转子流量计、电磁阀，也可配备精度与自动化程度更高的质量流量计（MFC）。

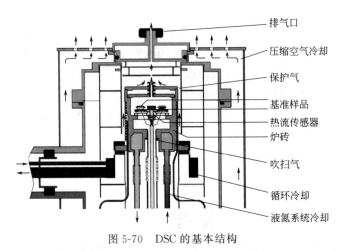

图 5-70　DSC 的基本结构

（3）DSC 的冷却

仪器可以采用三种不同类型冷却方式：a. 液氮系统（LN_2/GN_2 cooling），冷却速度更快，能够冷却到很低的温度（-180℃左右），但是液氮冷却存在耗材费用的因素；b. 机械制冷（circulating cooling 或 intracooler）冷却速度稍慢，能够冷却到较低的温度（-90℃左右）；c. 压缩空气冷却（cooling air）冷却速度慢，最低冷却温度为室温，适用于不需要低温应用的场合（如塑料、热固性树脂行业等）。

5.42.2　DSC 测试的基本操作

（1）开机运行

打开计算机与 DSC 主机，选择制冷方式，稳定 30min 后可以进行样品测试。

（2）气体与液氮

① 确认测量所使用的吹扫气情况　对于 DSC 通常使用 N_2 作为保护气与吹扫气。如果需要进行材料抗氧化性测试，需要配备 O_2 或空气。气体钢瓶减压阀的出口压力（显示的是高出常压的部分），通常调到 $5×10^4 Pa$ 左右，最高不能超出 $1×10^5 Pa$，否则易于损坏质量流量计 MFC。

② 低温测试选择液氮冷却时，确认液氮是否充足，是否需要充灌。

（3）样品制备

DSC209 通常使用干净的铝坩埚。先将空坩埚放在天平上称重，去皮，随后将样品加入坩埚中，称取样品质量。质量值建议精确到 0.01mg。加上扎一小孔的坩埚盖，Al 坩埚需要在压机上将坩埚与坩埚盖压在一起。基本流程如下：

制样→坩埚盖扎孔→样品称量→坩埚密封

（4）装样

将样品坩埚放在仪器中的样品位（右侧），同时在参比位（左侧）放一空坩埚作为参比。坩埚应尽量放置在定位圈的中心位置。特别对于比热测量，为了提高精度，保持坩埚定位的稳定性较为重要。

随后盖上炉体的三层盖子（尽量避免在炉体温度 100℃ 以上时盖上内盖。内盖应平滑盖入腔体，否则会因体系突然受热膨胀而卡住，很难取出）。

（5）新建测量

打开测量软件，点击"文件"菜单下的"新建"，弹出"测量设定"对话框，该对话框包含四个标签页，分别为：

设置　选择测量介质、传感器、炉体信息

基本信息　实验室、操作者、样品名称、编号、质量

温度程序　设置升温、降温起点和终点

保存设置　选择文件名、保存路径。

详细过程如下：

首先在"设置"对话框中确认一下仪器的硬件设置（坩埚类型、冷却设备等），随后点击"下一步"，进入基本信息设定。在对话框的上半部选择测量类型，输入实验室、操作者、样品名称、编号、质量等参数，并确认当前连接的气体种类。其中必填的是测量类型、样品名称、样品编号与样品质量四项。测量类型包括"修正"、"样品"、"修正＋样品"、"样品＋修正"四类，对于常规的 DSC209F1 测试一般选"样品"即可。样品质量最好精确到 0.01mg，而其他的参比质量、坩埚质量等对测试没有影响，均可留空不填。

在对话框的下半部分，选择温度校正、灵敏度校正文件。首先点击"温度校正"区域的"选择"按钮，在弹出的对话框中选择相关的温度校正文件，点击"打开"。同理再点击"灵敏度校正"区域的"选择..."按钮，选择灵敏度校正文件。Tau-R 校正文件为可选项。在设定好了基本参数与校正文件之后，点击"下一步"，进入温度程序设置。

（6）设定温度程序

编辑温度程序，使用右侧的"步骤分类"列表与"增加"按钮逐个添加各温度段，并使用左侧的"段条件"列表为各温度段设定相应的实验条件（如气体开/关，是否使用某种冷却设备进行冷却，是否使用 STC 模式进行温度控制等）。已添加的温度段显示于上侧的列表中，如需编辑修改可直接鼠标点入，如需插入/删除可使用右侧的相应按钮。

（7）设定测量文件名

温度程序编辑完成后，点击"下一步"，弹出测量文件名设定对话框选择存盘路径，设定文件名，设定完成后点击"保存"，回到"测量设定"的主界面。

（8）初始化工作条件与开始测量

在对话框中点击"测量"或"下一步"按钮，弹出"DSC 在 ... 调整"对话框：点击"初始化工作条件"，内置的质量流量计将根据实验设置自动打开各路气体并将其流量调整到"初始"段的设定值。随后点击"诊断"菜单下的"炉体温度"与"查看信号"，调出相应的

显示框：若仪器已处于稳定状态，DSC 信号稳定，当前实际温度与设定起始温度相近或一致，即可点击"开始"开始测量。

（9）测量运行

如果需要在测试过程中将当前曲线（已完成的部分）调入分析软件中进行分析，可点击"工具"菜单下的"运行实时分析"。如果需要提前终止测试，可点击"测量"菜单下的"终止测量"。

（10）测量完成

打开炉盖，取出样品，再合上炉盖。

（11）DSC 的数据分析

在 DCS 软件中打开分析程序，可方便地分析数据，简易数据分析流程如下：

打开数据文件→选择显示的温度段→温度段的拆分→多标签页显示→切换时间/温度坐标→平滑→调整显示范围→调整 X 轴范围→调整 Y 轴范围→曲线标注→玻璃化转变→峰值温度→峰面积→起始点-终止点→峰的综合分析→导出为图元文件→导出文本数据

（12）等待仪器冷却至规定温度后，再次测量。

5.42.3　DSC 注意事项

① 设备要定期维护，经常清洁炉体，在清洁过程中，只能用 DSC 配备的纤维刷轻轻刷，清洁过程中不能碰到传感器。

② 每次测样前要对样品有基本的了解，以便测量程序设定，且测量范围不可超出仪器自身的量程，如果样品挥发性大或者具有腐蚀性的不能测量，以免污染炉体或对传感器造成不可恢复的损害。

③ 开始测量前要对仪器进行检查，看是否一切正常，仪器正常使用过程中保护气和吹扫气可维持小气流一直不关，来保护仪器。

④ 仪器需定期进行校正，一般一年校正一次。

⑤ 温度低于 100℃时才可以打开上层盖子进行快速冷却。

⑥ 仪器的最大升温速率为 100K·min^{-1}，最小升温速率为 0.1K·min^{-1}。推荐使用的升温速率为 5K·min^{-1} 到 30K·min^{-1}。

⑦ 当更换液氮时，液氮发生器的探头拔出液氮罐后会结有一层霜。在将液氮发生器重新放入液氮罐前，必须将这层霜除掉。尤其是头部更应该清洁干净。

5.43　同步热分析仪

5.43.1　同步热分析技术简介

材料在受到外环境的热作用时，会产生质量、热流等变化。同步热分析技术（thermogravimetric analysis，TGA）就是将样品置于控制环境下，改变其温度或者保持某一固定温度去观察样品质量变化和热流变化的一种新型测试分析技术。因此只要物质受热时质量发生变化，就可以用热重法来研究其变化过程，如脱水、吸湿、分解、化合、吸附、解吸、升华等。热重法已被广泛应用在化学及与化学相关的领域中。为便于与其他热分析方法组合，经常采用动态法，即在程序升温下测定物质质量变化与温度的关系，采用连续升温连续称重的方式。热重法实验得到的曲线称为热重曲线（TG 曲线），TG 曲线以质量作纵坐标，从上向下表示质量减少；以温度（或时间）作横坐标，自左至右表示温度（或时间）增加。热分析仪器操作简便、灵敏、速度快、所需试样量少，而得到的科学信息广泛。测试过程中试样产生的热效应能及时得到应有的补偿，使得试样与参比物之间无温差、无热交换，试样升温速度始终跟随炉温线性升温，保证了校正系数 K 值恒定。测量灵敏度和精度大有提高。

热天平的主要工作原理是把电路和天平结合起来，通过程序控温仪使加热电炉按一定的升温速率升温（或恒温）。当被测试样发生质量变化，光电传感器能将质量变化转化为直流电讯号。此讯号经测重电子放大器放大并反馈至天平动圈，产生反向电磁力矩，驱使天平梁复位。反馈形成的电位差与质量变化成正比（即可转变为样品的质量变化），其变化信息通过记录仪描绘出热重（TG）曲线，通常纵坐标表示质量，横坐标表示温度。TG 曲线上质量基本不变的部分称为平台，反映了在均匀升温或降温过程中物质质量与温度或时间的函数关系。曲线中可以精确反映试样产生热变化的起始点、起始温度、终止点、终止温度。从热重曲线可求得试样组成、热分解温度等有关数据。

TG 分析方法广泛应用于无机材料、金属材料、高分子材料、复合材料、生物有机体塑料以及医药、食品等各类领域，可以研究材料的热稳定性、分解过程、组分分析、挥发物测定、脱水脱氢、腐蚀/氧化、还原反应、添加剂与填料影响和反应动力学。

5.43.2　TGA 基本原理

（1）TGA 的基本结构原理图

如图 5-71 和图 5-72 所示，样品坩埚装有样品，与参比坩埚（通常为空坩埚）一起置于传感器盘上，两者之间保持热对称，在一个均匀的炉体内按照一定的温度程序（线性升温、降温、恒温及其组合）进行测试，并使用一对热天平电偶和热流电偶（参比热电偶、样品热电偶）连续测量两者之间的质量变化信号和温差信号。由于炉体向样品/参比的加热过程满足傅里叶热传导方程，两端的加热热流差与温差信号成比例关系，因此通过热流校正，可将原始的温差信号转换为热流差信号，并对质量/温度、时间/温度连续作图，得到 TG 图谱。

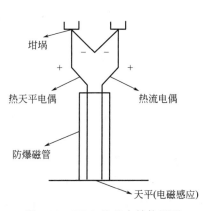

图 5-71　TGA 的基本结构原理

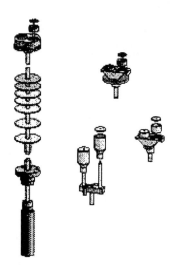

图 5-72　TGA 的支架示意图

（2）STA409PC 同步热分析仪的主要技术参数

温度测量范围	室温～1500℃（不同炉型）
比热测量温度范围	室温～1490℃
比热测量精确度	约5%
比热测量范围	$0.1～5.0J\cdot g^{-1}\cdot K^{-1}$
基线重复性	约1V（±2.5mV）
噪声影响（最大）	约15W（和温度有关）
基线线性漂移	3V
温度精度	＜1K
热焓精度	±3%
真空度	$10^{-2}Pa$
吹扫气氛	氧化性气体，还原性气体，惰性气体，带走产生的有毒性、可燃气体

（3）STA409PC同步热分析仪的测量操作

① 实验室门应轻开轻关，尽量避免或减少人员走动。

② 计算机在仪器测试时，不能上网或运行系统资源占用较大的程序。

③ 保护气体（Protective）　保护气体是用于在操作过程中对仪器及其天平进行保护，以防止受到样品在测试温度下所产生的毒性及腐蚀性气体的侵害。Ar、N_2、He等惰性气体均可用作保护气体。保护气体输出压力应调整为0.05MPa，流速恒定为$10～30mL\cdot min^{-1}$，一般设定为$30mL\cdot min^{-1}$。开机后，保护气体开关应始终为打开状态。

④ 吹扫气体（Purge1/Purge2）　吹扫气体在样品测试过程中，用作为气氛气、或反应气。一般采用惰性气体，也可用氧化性气体（如：空气、氧气等）或还原性气体（如：CO、H_2等）。吹扫气体输出压力应调整为0.05MPa，流速$\leqslant 100mL\cdot min^{-1}$，一般情况下为$70mL\cdot min^{-1}$。

⑤ 恒温水浴　恒温水浴是用来保证测量天平工作在一个恒定的温度下。一般情况下，恒温水浴的水温调整为至少比室温高出2℃。恒温水浴的水应采用软水，每三个月清理滤网，每半年更换一次水。

⑥ 真空泵　为了保证样品测试中不被氧化或与空气中的某种气体进行反应，需要真空泵对测量管腔进行反复抽真空并用惰性气体置换。一般置换两到三次即可。

（4）测试样品要求

① 检查并保证测试样品及其分解物绝对不能与测量坩埚、支架、热电偶或吹扫气体发生反应。

② 为了保证测量精度，测量所用的坩埚（包括参比坩埚）必须预先进行热处理到等于或高于其最高测量温度。

③ 测试样品为粉末状、颗粒状、片状、块状、固体、液体均可，但需保证与测量坩埚底部接触良好，样品应适量（如：在坩埚中放置1/3厚或10～15mg），以便减小在测试中样品温度梯度，确保测量精度。

④ 对于热反应剧烈或在反应过程中易产生气泡的样品，应适当减少样品量。

⑤ 除测试要求外，测量过程中坩埚均应加盖，防止反应物因反应剧烈溅出而污染仪器。

⑥ 用仪器内部天平进行称样时，炉子内部温度必须保持恒定在室温，天平稳定后的读数才有效。

（5）开机

① 开机过程无先后顺序。为保证仪器稳定精确的测试，STA 409PC 的天平主机应一直处于带电开机状态，除长期不使用外，应避免频繁开机关机。恒温水浴及其他仪器应至少提前 12h 打开。

② 开机后，首先检查保护气及吹扫气输出压力及流速并待其稳定。

5.43.3　样品测试程序

测试前必须保证样品温度达到室温及天平稳定，然后才能开始。

升温速度除特殊要求外一般为 $10K \cdot min^{-1}$。

（1）标准样品校正文件的生成

一般情况下，用于样品支架的标准样品校正文件只需每半年更新一次。

① 校正文件包括标准温度校正和标准灵敏度校正两个文件。但 TG-DTA 样品支架不需要进行灵敏度校正。

② 对于不同类型的坩埚、样品支架、气氛及气体流速应分别建立校正文件。

③ 校正文件必须由 3 个以上标样的测试数据产生，使用标样数量越多校正越精确。

④ 所选标样的温度值应尽可能地覆盖仪器的使用范围。

⑤ 针对自己样品的测试温度范围，合理选择不同校正温度点上的数学权重，将有利于提高测量的精确性。

操作程序如下所示。

a. 进入测量运行程序。选 File 菜单中的 New 进入编程文件。

b. 选择 Sample 测量模式，输入识别号、要测量的标准样品名称并称重。点 Continue。

c. 选择 Tcalzero.tcx 然后打开。

d. 选择 Senszero.exx 然后打开。

e. 进入温度控制编程程序。

f. 仪器开始测量，直到完成。

g. 重复上述步骤测量 5 个或以上标准样品（In，Bi，Zn，Al，Ag，Au，Ni）。

h. 打开分析软件，分别对测量过的每一个样品的 ONSET 点及熔化峰面积进行分析计算。

i. 在分析软件中生成校正文件。

j. 在分析软件中生成灵敏度校正文件。

（2）测试样品

① 放坩埚　准备一对重量相近的干净的空坩埚，分别作为参比坩埚与样品坩埚放到支架上。坩埚应加盖。关闭炉体。

② 进入测量运行程序，选 File 菜单中的 New 进入编程文件。

③ 选择 Correction 测量模式，输入识别号、要测量的标准样品名称并称重。点 Continue。选择标准温度校正文件，然后打开。

④ 选择标准灵敏度校正文件，然后打开。当使用 TG-DTA 样品支架进行测试时，选择 Senszero.exx 然后打开。

⑤ 进入温度控制编程程序。

⑥ 编程完毕仪器开始测量，直到完成。

⑦ Correction 测试模式　该模式主要用于基线测量。

a. 进入测量运行程序。选 File 菜单中的 New 进入编程文件。

b. 选择 Correction 测量模式，输入识别号、样品名称可输入为空（Empty），不需称重。点 Continue。

c. 选择标准温度校正文件，然后打开。

d. 选择标准灵敏度校正文件，然后打开。

e. 进入温度控制编程程序。

f. 选择保存基线的名称。建议基线名称中含升温速率和终止温度区间，以利于将来调用。

g. 仪器开始测量，直到完成。

注：基线文件生成后，其后的一系列相同实验条件的样品都可沿用该基线文件，无须为每一个样品测试单独做一条基线。

（3）Sample＋Correction 测试模式

该模式主要用于样品的测量。

① 点击"清零"，对天平进行清零。

② 打开炉体，在样品坩埚放入 $10\sim20mg$ 的样品。将样品坩埚放入样品支架上，关闭炉体。

③ 进入测量运行程序。选 File 菜单中的 Open 打开所需的测试基线进入编程文件。

④ 选择 Sample＋Correction 测量模式，输入识别号、样品名称并输入样品质量数值。

⑤ 调用温度控制编程程序（即基线的升温程序）。应注意的是：样品测试的起始温度及各升降温、恒温程序段完全相同，但最终结束温度可以等于或低于基线的结束温度（即只能改变程序最终温度）。

⑥ 初始化工作条件，待仪器的质量信号稳定后，点击"开始"按钮，仪器将按照设定程序开始测量，直到完成。保存结果后等待下一次测试开始。

（4）TG 曲线的数据分析

本实验所用设备带有自动分析软件，可自动分析给出相应的峰谷温度。

STA-409PC 的测量与分析软件是基于 MicroSoft Windows® 系统的 Proteus® 软件包，它包含了所有必要的测量功能和数据分析功能。这一软件包具有极其友善的用户界面，包括易于理解的菜单操作和自动操作流程，并且适用于各种复杂的分析。Proteus 软件既可安装在仪器的控制电脑上联机工作，也可安装在其他电脑上脱机使用。

TG 部分分析功能：

① 失重台阶手动或自动标注，单位 ％ 或 mg。

② 质量-时间/温度标注。

③ 残余质量标注。

④ 可标注失重台阶的外推起始点与终止点。

⑤ 可对热重曲线作一阶微分（DTG）与二阶微分，并可进行峰值温度标注。

⑥ 自动基线扣除。

DSC/DTA 部分分析功能如下所示：

① 峰的标注　可确定起始点，峰值，拐点和终止点温度，可进行自动峰搜索。

② 峰面积/热焓计算　可选多种不同类型基线，可进行部分面积分析。可选择以哪一温度下的当前质量作为热焓计算的基准。

③ 峰的综合分析　在一次标注中可同时得到温度、面积、峰高与峰宽等各种信息。

④ 全面的玻璃化转变分析。

⑤ 自动基线扣除。

⑥ 曲线相减功能。

⑦ 比热测试与分析。

（5）数据分析和导出

在 TG 软件中打开分析程序 Proteus，可方便的分析数据，简易数据分析流程如下：

打开测试数据文件→选择显示的温度段→切换时间/温度坐标→微分 TG 曲线→平滑→调整显示范围→调整 X 轴范围→调整 Y 轴范围→曲线标注→失重段标注→玻璃化转变→峰值温度→起始点-终止点→导出为图元文件→导出文本数据。

（6）真空泵操作注意事项

通常，在每天第一次测试样品之前或者当样品需要在惰性气体环境中进行测试时，则要对炉子内样品腔体进行反复抽真空及置换惰性气体操作。但需要特别注意的是，启动真空泵前必须确认 STA-409PC 上的排气阀完全关闭，以防在抽真空过程中将样品抽走。抽真空完毕后，只有当充气完成后才能打开（慢慢地、轻轻地开）排气阀门。

5.44　表面张力测量仪

5.44.1　基本原理

全自动表面张力仪的组成部件通常包括顶盖、铂金环挂钩、铂金环、试样皿、升降台、杠杆、扭力丝，传感磁芯等。顶盖是无固定、可拆卸结构，打可后可以调整传感器零点。铂金环挂钩上端挂在杠杆臂的一端，下端用来挂铂金环。铂金环用来测试液体的表界面张力时和液体接触，以感知表界面张力。试样皿为专用玻璃杯，用来盛放试样。升降台在电机带动下可以自动上升下降，用来完成张力测试过程。杠杆和扭力丝结构：打开仪器顶盖，可以看到杠杆和扭力丝结构，扭力丝是测力主动力来源，靠其扭力抵消表界面张力来测得值，它的张紧程度是测量准确度的决定因素之一，出厂前已经精确调整，请勿自行调整。杠杆臂一端挂铂金环，另一端挂传感器磁芯，在正常情况下保持平衡状态。调零旋钮用来带动传感器上下升降，以使传感器磁芯位于传感器的中点。

全自动表面张力仪的原理：使用时将铂金环浸入到被测液体中的一定位置，通过电机、精密丝杠、托盘带动盛有液体的玻璃器皿下降，这时铂金环与被测液体之间的膜被拉长，使铂金环受到一个向下的力，通过杠杆臂使扭力丝随之扭转，传感器测出杠杆臂另一端的位移，将被拉伸的薄膜变形量转变为电压量，经过电路处理转化为相应张力值，并自动显示出来。随着薄膜被逐渐拉长，张力值逐渐增大，直至薄膜破裂，记下最大值就是该液体的实测张力值 P，再乘以该液体的校正因子 F，就得到液体的实际张力值 V，即 $V=P\cdot F$，校正因子 F 取决于实测张力值 P、液体密度、铂金丝的半径及铂金环的半径。

5.44.2　DCAT11 型表面张力仪的使用

（1）仪器的基本情况

DCAT11 型全自动表面张力仪，是一种专门用来测试单一液体表面张力或两种液体之间界面张力的测试仪器。它可以迅速、准确地测出各种液体的表面张力值，并将测试结果自动显示出来。适用于化学试剂、表面活性剂、液态油脂等的表面张力及油水类界面张力的测定。此外，还能测量纤维、粉末等特殊固体的动态接触角，还可以计算固体表面的自由能及其分量。

（2）操作程序

① 仪器调零

每次开机时仪器自动将示值调为零点，此时显示值为"0.0"或"－0.0"，小数点第二位由于受环境因素影响一般不会在零的位置。如果在测试中仪器示值在静止状态下不为 0，则按下"归零"键，示值会回到零点。

② 表面张力的测量：把试样倒入玻璃杯中约一半高，将玻璃杯放在托盘的中间位置上，按"上升"键，使铂金环浸入到液体 5～7mm 处，按"停止"键停止，然后按"试验"键，托盘和被测液体开始下降，显示值将将逐渐增大，当铂金环脱离液面后，按下"停止"键，则在显示屏的右侧显示当前实测表面张力值 P。

③ 界面张力的测量　以石油产品油对水的界面张力为例，把一定量的蒸馏水倒入玻璃杯中（高约 10mm），将玻璃杯放在托盘的中间位置，升高托盘，使铂金环浸入到液体中 5～7mm，在蒸馏水上慢慢倒入待测油品约 10mm 高，注意：不要使铂金环触及油-水界面。让油-水界面保持 30min，按表面张力测试试验步骤进行试验即可。

④ 对实际张力的修正　用圆环法测定张力时需考虑以下两种情况。

a. 在测量过程中，环是被向上拉起的，使液体表面变形。随着环向上移动距离的增加，液体的变形量也在增加，所以由中心到破裂点的半径小于环的平均半径，这种影响由环的半径和铂金丝的半径比给出。

b. 少量液体沾附在环下部，这种影响可以用一种函数形式表示。

从以上两种情况看，实际的张力值 V 应由测得的张力 P 乘以一个校正因子 $V=P\times F$。

在本仪器中，使用 ASTMD—971 计算校正因子，其公式为：

$$F=0.7250+\sqrt{\frac{0.01452P}{C^2(D-d)}+0.04534-\frac{1.679}{R/r}}$$

式中，P 为显示的读数值 mN·m^{-1}；C 是环的周长 6.00cm；R 是环的半径 0.955cm；D 是下相密度（25℃时），g·mL^{-1}，d 是上相密度（25℃时），g·mL^{-1}；r 是铂金丝的半径 0.03cm；D 是液体的密度；d 是气体的密度。

（3）注意事项

① 使用仪器前要经过培训，得到使用许可后方可独立操作。

② 在同一种试样连续多次测试时，请在铂金环进入试样前进行归零操作，测试过程中不可以归零。因为铂金环一旦沾上试样，质量会发生变化，不能调出实际零点。

③ 对于界面张力的测定，每次实验前都必须对铂金环进行净化、烘干处理。

5.45　元素分析仪

5.45.1　基本原理

PE 2400 SERIES Ⅱ CHNS/O 元素分析仪（见图 5-73）采用经典分析技术——纯氧环

境下相应的试剂中燃烧或在惰性气体中高温裂解，以测定有机物中 C、H、N、S、O 的含量。该仪器有三种测定模式：CHN 模式、CHNS 模式和 O 模式。CHN 模式是样品在纯氧中燃烧，转化为 CO_2、H_2O、N_2，然后通过色谱柱分离后分别进行热导检测，得到样品的 C、H、N 的百分含量；CHNS 模式是样品在纯氧中燃烧转化成 CO_2、H_2O、N_2 和 SO_2，通过色谱柱分离后进行热导检测，得到样品的 C、H、N、S 的百分含量；O 模式是样品在 H_2/He 中进行高温裂解得到 CO 和其他气体，分出 CO 并进行热导检测，即可测得样品中 O 的含量。

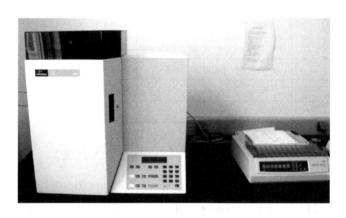

图 5-73　PE 2400 SERIES Ⅱ
CHNS/O 元素分析仪

5.45.2　系统结构

PE 2400 SERIES Ⅱ CHNS/O 元素分析仪由以下几部分构成。

（1）电源

AC220V，DC+5V、24V、±15V。

（2）控制板

包括燃烧区和检测区温度控制、气动阀控制、信号检测处理等。

（3）显示和键盘。

（4）样品分析系统

包括燃烧区、气动阀区、混合和分离区、检测区。PE 2400 SERIES Ⅱ CHNS/O 元素分析仪控制键盘包括六种颜色 26 个键，见表 5-4。

表 5-5　PE 2400 SERIES Ⅱ CHNS/O 元素分析仪控制键盘及功能

键盘颜色	键盘名称	功　能
黑色	0~9 数字键	用作数字输入
	.	用作小数点输入及字母输入的辅助键
	—	用作负数输入
	CE	清除光标所在处值
白色	Parameter	选择和终止该功能，用于参数修改与设定
	Diagnostics	选择和终止该功能，用于仪器的诊断与检查

键盘颜色	键盘名称	功　能
灰色	左箭头	用于光标左移
	右箭头	用于光标右移
	YES	对显示提示接受确认
	NO	对显示提示否定确认
	Monitor	选择和终止该功能，用于监测仪器某些状态
	Purge Gas	选择和终止该功能，用于仪器冲洗
	Single Run	设定单次运行
	Auto Run	设定系列运行
黄色	Enter	显示值及状态确认键
红色	Standby	选择待机模式
绿色	Start	执行运行

5.45.3　CHN 模式操作规程

（1）开机

① 通气　开载气（He，0.14MPa）、气动气（Ar，0.4MPa）、氧气（0.1MPa）。

② 通电　开打印机、开主机、开电子天平，这时仪器进行自动自检。硬件自检通过后，显示器连续显示如下：

- 时间（输入 08 15 30 ENTER，表示 8 点 15 分 30 秒）
- 日期（输入 09 10 96 ENTER，表示 96 年 10 月 9 日）
- 操作者代码 ID（输入任意字母）
- 充填压力值（不改 ENTER）
- 运行计数器：还原管计数（不改 ENTER；新装输入 250）

　　　　　　　　燃烧管计数（不改 ENTER；新装输入 1000）

　　　　　　　　接收器计数（不改 ENTER；刚清理过的输入 350）

　　　　　　　　燃烧管温度（925℃）

　　　　　　　　还原管温度（640℃）

- 冲洗

这时仪器自动向混合腔充压 760mmHg 后，显示 He Y/N? 输入 Y，ENTER，输入 200，ENTER，表示 He 冲洗 200s（若是燃烧区打开过，输入 600）。

仪器显示：OXYGEN Y/N? 输入 60，ENTER，表示 O_2 冲洗 60s。仪器开始按设定进行冲洗，冲洗完毕，仪器进入 STANDBY 状态。

③ 检漏　按 Diagnostics 键，输入 2，ENTER，输入 1，显示：

Leak Tests

Enter Codes：┄┄┄

分别输入 1～3，进行三区域检漏：1. 混合室检漏；2. 燃烧区检漏；3. 分离及检测区检漏。

注意：一般只需进行一区、二区检漏，三区可不检。仪器自动识别检漏是否成功。

④ 开炉子　按 PARAMETER 键，输入 12，ENTER，输入 1，ENTER，炉子打开，

燃烧管、还原管开始升温。

⑤ 设定模式　按 PARAMETER 键，输入 6，ENTER，输入 1，ENTER，则仪器软件上已设为 CHN 模式。

⑥ 检查氧气阀是否关闭　按 PARAMETER 键，输入 20，ENTER，输入 2，ENTER，则氧气阀关闭。

通过以上操作，仪器开机完毕，等待仪器稳定 2.5h(He 条件) 后，再进行以下操作。

（2）空白试验

① 载气空白　不开氧气阀，连续设定空白运行，不进任何样品，直至空白平行。

② 载气与氧气空白　按 PARAMETER 键，输入 20，ENTER，输入 1，ENTER，则氧气阀打开。连续设定空白运行，不进任何样品，直至空白平行。

（3）设定 K 因子

设定 K 因子和空白交替运行（即运行一个 K 因子后，运行一个空白，再运行一个 K 因子），运行 K 因子时，进标样（乙酰苯胺），直至 K 因子平行性达到：C：±0.15H：±3.75N：±0.16，仪器标定完成。

（4）分析标样（乙酰苯胺的理论值为：C＝71.09％ H＝6.71％ N＝10.36％）

设定 2 次以上样品运行，样品进标样，比较所测结果和理论值，看是否达到允许的误差要求。He 时，各元素准确度≤0.3％，精度≤0.2％

（5）试样分析

称量好待测试样，设定样品运行，可直接得到试样的元素含量。推荐每个试样测定两次以上，以确保结果的可信性。

（6）关机

① 按 PARAMETER 键，输入 12，ENTER，输入 2，ENTER，关闭炉子。

② 按 PARAMETER 键，输入 20，ENTER，输入 2，ENTER，关闭氧气阀。

③ 关闭氧气瓶总阀，按 Diagnostics 键，输入 2，ENTER，选 GAS，输入 2，ENTER，选 VALVE，输入 8，ENTER，输入 1，ENTER，打开 H 阀，观察氧气调节器分表头，直至指针回零。

④ 关闭动力气瓶总阀，按 Diagnostics 键，输入 2，ENTER，选 GAS，输入 2，ENTER，选 VALVE，输入 10，ENTER，输入 1，ENTER，打开 GSV 阀，输入 10，ENTER，输入 2，ENTER，关闭 GSV 阀。重复上面两步操作，直至分表指针回零。

⑤ 按 Diagnostics 键，输入 5，ENTER，输入 1，ENTER，打开 E 阀，输入 4，ENTER，输入 1，ENTER，打开 D 阀。关闭载气瓶总阀。输入 1，ENTER，输入 1，ENTER，打开 A 阀，等到分表指针回零，按 Diagnostics 键，仪器退回 STANDBY 状态。

⑥ 关仪器电源，关打印机电源。

⑦ 松开各气体调节器调节阀。

5.45.4　注意事项

① 更换燃烧管、还原管时，一定关掉炉子，等它冷却至室温。

② 还原管处于室温时，决不能进行测定，除非关掉氧阀。

③ 炉子左侧风扇必须工作正常。

④ 开机时必须先给气，再给电。

⑤ 关机时务必遵守关机步骤。

⑥ 开气瓶时，先把分表关死，打开总阀后，再把分表调节到适当数值，以免冲坏分表。

⑦ 所有开封的试剂必须放入干燥器中。

⑧ 载气和氧气的纯度必须大于 99.995%

⑨ 如果使用自动进样器，可在自动进样器的定位器和进样器之间夹上一层四氟乙烯膜，以减小摩擦，保证顺利进样。

⑩ 燃烧管、还原管不能有破损，否则会漏气，造成测定结果失效。

附　　录

附录一　常见酸碱的密度与浓度

试剂名称	相对密度	质量分数/%	浓度/mol·L⁻¹
盐酸	1.18～1.19	36～38	11.5～12.4
硝酸	1.39～1.40	65.0～68.0	14.4～15.2
硫酸	1.83～1.84	95～98	17.8～18.4
磷酸	1.69	85	14.6
高氯酸	1.68	70.0～72.0	11.7～12.0
冰醋酸	1.05	99.0～99.8	17.4
氢氟酸	1.13	40	22.5
氢溴酸	1.49	47.0	8.6
氨水	0.88～0.90	25.0～28.0	13.5～14.8

附录二　弱电解质的电离常数（25℃）

化合物	化学式	K_1	K_2	K_3
亚砷酸	H_3AsO_3	6×10^{-10}		
砷酸	H_3AsO_4	6.3×10^{-3}	1.05×10^{-7}	3.1×10^{-12}
硼酸	H_3BO_3	5.8×10^{-10}		
次氯酸	$HClO$	3.2×10^{-8}		
甲酸	$HCOOH$	1.8×10^{-4}		
乙酸	CH_3COOH	1.8×10^{-5}		
碳酸	H_2CO_3	4.2×10^{-7}	5.6×10^{-11}	
铬酸	H_2CrO_4	1.04×10^{-1}	3.2×10^{-7}	
磷酸	H_3PO_4	7.6×10^{-3}	6.3×10^{-8}	4.8×10^{-13}
亚硫酸	H_2SO_3	1.3×10^{-2}	6.2×10^{-8}	
硫酸	H_2SO_4		1.2×10^{-2}	
氢硫酸	H_2S	1.3×10^{-7}	7.2×10^{-15}	
草酸	$H_2C_2O_4$	(5.9×10^{-2})	(6.4×10^{-5})	
氨水	$NH_3\cdot H_2O$	1.8×10^{-5}		

附录三　难溶化合物的溶度积常数（25℃）

化合物	K_{sp}	化合物	K_{sp}
$AgAc$②	1.94×10^{-3}	$Ag_2SO_4$①	1.4×10^{-5}
$[Ag^+][Ag(CN)_2]$①	7.2×10^{-11}	$Ag_3PO_4$①	1.4×10^{-16}
$CaF_2$①	5.3×10^{-9}	$Ag_4[Fe(CN)_6]$①	1.6×10^{-41}
$CuCrO_4$①	3.6×10^{-6}	$AgBr$①	5.0×10^{-13}
$Ag_2C_2O_4$	5.4×10^{-12}	$AgBrO_3$①	5.3×10^{-5}
Ag_2CO_3	8.45×10^{-12}	$AgCl$①	1.8×10^{-10}
$Ag_2Cr_2O_7$①	2.0×10^{-7}	AgI①	8.3×10^{-17}
Ag_2CrO_4	1.12×10^{-12}	$AgIO_3$①	3.0×10^{-8}
Ag_2S①	6.3×10^{-50}	$AgOH$①	2.0×10^{-8}

续表

化 合 物	K_{sp}	化 合 物	K_{sp}
AgSCN	1.03×10^{-12}	Hg_2CrO_4[1]	2.0×10^{-9}
Al(8-羟基喹啉)$_3$[2]	5×10^{-33}	Hg_2I_2[1]	4.5×10^{-29}
$Al(OH)_3$(无定形)[1]	1.3×10^{-33}	Hg_2SO_4	6.5×10^{-7}
$AlPO_4$[1]	6.3×10^{-19}	HgI_2	2.9×10^{-29}
BaC_2O_4[1]	1.6×10^{-7}	HgS(黑色)[1]	1.6×10^{-52}
$BaCO_3$[1]	5.1×10^{-9}	HgS(红色)[2]	4×10^{-53}
$BaCrO_4$[1]	1.2×10^{-10}	$K_2Na[Co(NO_2)_6]\cdot H_2O$[1]	2.2×10^{-11}
BaF_2	1.84×10^{-7}	$KHC_4H_4O_6$(酒石酸氢钾)[2]	3×10^{-4}
$BaSO_4$[1]	1.1×10^{-10}	Mg(8-羟基喹啉)$_2$[2]	4×10^{-16}
$Ba(OH)_2$(无定形)[1]	1.6×10^{-22}	$Mg(OH)_2$[1]	1.8×10^{-11}
$Ca(OH)_2$[1]	5.5×10^{-6}	$Mg_3(PO_4)_2$	1.04×10^{-24}
$Ca_3(PO_4)_2$[1]	2.0×10^{-29}	$MgC_2O_4\cdot2H_2O$	4.83×10^{-6}
$CaC_2O_4\cdot H_2O$[1]	4×10^{-9}	$MgCO_3$	6.82×10^{-6}
$CaCO_3$	3.36×10^{-9}	$MgNH_4PO_4$[1]	2.5×10^{-13}
$CaCrO_4$[1]	7.1×10^{-4}	$Mn(OH)_2$[1]	1.9×10^{-13}
$CaHPO_4$[1]	1×10^{-7}	$MnC_2O_4\cdot2H_2O$	1.70×10^{-7}
$CaSO_4$[1]	9.1×10^{-6}	$MnCO_3$	2.24×10^{-11}
$Cd(OH)_2$[1]	5.27×10^{-15}	MnS(晶形)[1]	2.5×10^{-13}
$Cd_3(PO_4)_2$[2]	2.53×10^{-33}	$Na(NH_4)_2[Co(NO_2)_6]$[1]	4×10^{-12}
$CdCO_3$	1.0×10^{-12}	$Ni(OH)_2$(新制备)[1]	2.0×10^{-15}
CdS[1]	8.0×10^{-27}	Ni(丁二酮肟)$_2$[2]	4×10^{-24}
$Co(OH)_2$(粉红色)[2]	1.09×10^{-15}	$NiCO_3$	1.42×10^{-7}
$Co(OH)_2$(蓝色)[2]	5.92×10^{-15}	NiS[2]	1.07×10^{-21}
$Co(OH)_3$	1.6×10^{-44}	$Pb(OH)_2$[1]	1.2×10^{-15}
CoS(α-型)[1]	4.0×10^{-21}	$Pb_3(PO_4)_2$	8.0×10^{-43}
CoS(β-型)[1]	2.0×10^{-25}	$PbBr_2$	6.60×10^{-6}
$Cr(OH)_2$[1]	2×10^{-16}	PbC_2O_4	8.51×10^{-10}
$Cr(OH)_3$[1]	6.3×10^{-31}	$PbCl_2$[1]	1.6×10^{-5}
$Cu(IO_3)_2\cdot H_2O$	7.4×10^{-8}	$PbCO_3$[1]	7.4×10^{-14}
$Cu(OH)_2$[1]	2.2×10^{-20}	$PbCrO_4$[1]	2.8×10^{-13}
$Cu_2[Fe(CN)_6]$[1]	1.3×10^{-16}	PbF_2	3.3×10^{-8}
Cu_2S[1]	2.5×10^{-48}	PbI_2[1]	7.1×10^{-9}
$Cu_3(PO_4)_2$	1.40×10^{-37}	PbS[1]	8.0×10^{-28}
CuBr[1]	5.3×10^{-9}	$PbSO_4$[1]	1.6×10^{-8}
CuC_2O_4	4.43×10^{-10}	$Sn(OH)_2$[1]	1.4×10^{-28}
CuCl[1]	1.2×10^{-6}	SnS_2[2]	2×10^{-27}
$CuCO_3$[1]	1.4×10^{-10}	SnS[1]	1×10^{-25}
CuI[1]	1.1×10^{-12}	$Sr(OH)_2$[1]	9×10^{-4}
CuS[1]	6.3×10^{-36}	$SrC_2O_4\cdot H_2O$[1]	1.6×10^{-7}
CuSCN	4.8×10^{-15}	$SrCO_3$	5.6×10^{-10}
$Fe(OH)_2$[1]	8.0×10^{-16}	$SrCrO_4$	2.2×10^{-5}
$Fe(OH)_3$[1]	4×10^{-38}	SrF_2	4.33×10^{-9}
$FeC_2O_4\cdot2H_2O$[1]	3.2×10^{-7}	$SrSO_4$[1]	3.2×10^{-7}
$FeCO_3$	3.13×10^{-11}	$Zn(OH)_2$[1]	1.2×10^{-17}
$FePO_4\cdot2H_2O$	9.91×10^{-16}	$Zn_3(PO_4)_2$[1]	9.0×10^{-33}
FeS[1]	6.3×10^{-18}	$ZnC_2O_4\cdot2H_2O$	1.38×10^{-9}
$Hg_2C_2O_4$	1.75×10^{-13}	$ZnCO_3$	1.46×10^{-10}
Hg_2Cl_2[1]	1.3×10^{-18}	ZnS[2]	2.93×10^{-25}
Hg_2CO_3	3.6×10^{-17}		

[1] 摘自 J. A. Dean Ed. Lange's Handbook of Chemistry，13th. edition 1985。

[2] 摘自其他参考书。

注：摘自 David R. Lide，Handbook of Chemistry and Physics，78th. edition，1997-1998。

附录四　一些常见配离子的稳定常数（25℃）

配 离 子	$K_f^{\ominus}$	配 离 子	$K_f^{\ominus}$
$[AgCl_2]^-$	1.1×10^5	$[Cu(en)_2]^{2+}$	1.0×10^{20}
$[AgI_2]^-$	5.5×10^{11}	$[Cu(NH_3)_2]^+$	7.24×10^{10}
$[Ag(CN)_2]^-$	1.26×10^{21}	$[Cu(NH_3)_4]^{2+}$	2.09×10^{13}
$[Ag(NH_3)_2]^+$	1.12×10^7	$[Fe(NCS)_2]^+$	2.29×10^2
$[Ag(SCN)_2]^-$	3.72×10^7	$[Fe(CN)^6]^{4-}$	1.0×10^{35}
$[Ag(S_2O_3)_2]^{3-}$	2.88×10^{13}	$[Fe(CN)_6]^{3-}$	1.0×10^{42}
$[AlF_6]^{3-}$	6.9×10^{19}	$[FeF_6]^{3-}$	2.04×10^{14}
$[Au(CN)_2]^-$	1.99×10^{38}	$[HgCl_4]^{2-}$	1.17×10^{15}
$[Ca(edta)]^{2-}$	1.0×10^{11}	$[HgI_4]^{2-}$	6.76×10^{29}
$[Cd(en)_2]^{2+}$	1.23×10^{10}	$[Hg(CN)_4]^{2-}$	2.51×10^{11}
$[Cd(NH_3)^4]^{2+}$	1.32×10^7	$[Mg(edta)]^{2-}$	4.37×10^8
$[Co(NCS)^4]^{2-}$	1.0×10^3	$[Ni(CN)_4]^{2-}$	1.99×10^{31}
$[Co(NH_3)_6]^{2+}$	1.29×10^5	$[Ni(NH_3)_6]^{2+}$	5.50×10^8
$[Co(NH_3)_6]^{3+}$	1.58×10^{35}	$[Zn(CN)_4]^{2-}$	5.01×10^{16}
$[Cu(CN)_2]^-$	1.0×10^{24}	$[Zn(NH_3)_4]^{2+}$	2.88×10^9

参 考 文 献

[1] 朱明华. 仪器分析. 第3版. 北京：高等教育出版社，2000.

[2] 方惠群，于俊生，史坚. 仪器分析. 北京：科学出版社，2002.

[3] CHI 电化学分析仪/工作站使用说明书.

[4] Beckman Coulter Co., Operational manual for MDQ with 32 Karat software.

[5] 刘立行. 仪器分析. 北京：中国石化出版社，1999.

[6] 四川大学工科基础化学教学中心，分析测试中心. 分析化学. 北京：科学出版社，2001.

[7] 何金兰，杨克让，李小戈. 仪器分析原理. 北京：科学出版社，2002.

[8] 王彤，刘雪静. 仪器分析与实验. 青岛：青岛出版社，2000.

[9] 北京大学化学系仪器分析教学组. 仪器分析教程. 北京：北京大学出版社，1996.

[10] APEX2 User Manual Bruker AXS Inc, 2010.

[11] 陈小明，蔡继文. 单晶结构分析原理与实践. 北京：科学出版社，2007.

[12] P. Muller. 晶体结构精修. 陈昊鸿译. 北京：高等教育出版社，2009.

[13] 何曼君，陈维孝，董西侠. 高分子物理. 上海：复旦大学出版社，2002.

[14] 金日光，华幼卿. 高分子物理. 北京：化学工业出版社，2012.

[15] 复旦大学高分子科学系高分子科学研究所编著. 高分子实验技术. 上海：复旦大学出版社，1996.

[16] 周智敏，米远祝. 高分子化学与物理实验. 北京：化学工业出版社，2011.